计算机应用基础
实训指导

——财经商贸及公共管理类专业适用

王　颖　万继平　李焕春　主　编
　　　　张立新　刘瑞新　副主编
陈　莹　张伟敬　张菁楠　参　编

清华大学出版社
北京

内 容 简 介

本书共分 8 个单元，内容涉及信息科技与信息素养、信息处理与数字化、人机信息沟通与管理、网络技术与信息安全、图文处理技术、信息统计与分析、多媒体信息处理技术、信息展示与发布。每个单元均包含能力自测、学习指南、实验指导、习题精解、综合任务、考证辅导六个部分。

本书是计算机应用基础教材的配套实训用书，同时又具有独立性，既可作为职业院校学生"计算机应用基础"课程的实训指导书，又可作为计算机等级考试的辅导用书。本书适合作为高职高专院校各专业的学生学习，也可以作为中职学校或者培训学校的学生用书。

图书在版编目（CIP）数据

计算机应用基础实训指导：财经商贸及公共管理类专业适用/王颖，万继平，李焕春主编.—北京：清华大学出版社，2018

ISBN 978-7-302-50985-1

Ⅰ.①计…　Ⅱ.①王…　②万…　③李…　Ⅲ.①电子计算机－高等学校－教学参考资料　Ⅳ.①TP3

中国版本图书馆 CIP 数据核字（2018）第 191820 号

责任编辑：张龙卿
封面设计：徐日强
责任校对：袁　芳
责任印制：杨　艳

出版发行：清华大学出版社
　　　　　网　　　址：http://www.tup.com.cn，http://www.wqbook.com
　　　　　地　　　址：北京清华大学学研大厦 A 座　　　　邮　　编：100084
　　　　　社 总 机：010-62770175　　　　　　　　　　邮　　购：010-62786544
　　　　　投稿与读者服务：010-62776969，c-service@tup.tsinghua.edu.cn
　　　　　质量反馈：010-62772015，zhiliang@tup.tsinghua.edu.cn
印 刷 者：北京富博印刷有限公司
装 订 者：北京市密云县京文制本装订厂
经　　销：全国新华书店
开　　本：185mm×260mm　　　　印　张：19.75　　　　字　数：452 千字
版　　次：2018 年 9 月第 1 版　　　　　　　　　　　印　次：2018 年 9 月第 1 次印刷
定　　价：46.00 元

产品编号：081099-01

高等职业教育计算机应用基础课程体系配套教材
编审委员会

序　言

21世纪初叶，人类已经进入信息社会时代。掌握信息技术、学会利用信息资源已成为现代人必备的基本技能。在"互联网＋"和创新创业、共享发展成为显著时代特征的当今，计算机是信息处理的核心工具之一，掌握其基本知识、学会其基本操作、领略其基本文化，是当代大学生的一门必修课；同时，计算机也成为一种思维工具，互联网时代的主要思维模式理应成为学生必备的基本思维能力。随着时代的发展，目前高职公共基础课"计算机应用基础"课程的内容早已超越单纯的计算机基础操作，内容呈现模块化特征，科学精神与人文精神的渗透、思维模式的培养成为一种趋势。各高校广大计算机基础教学工作者所达成的共识是：计算机基础教育应该将文化教育、素质教育和技术技能教育融为一体，同时应厘清高职计算机应用基础课程的课程价值、功能定位、开发理念、开发目标。因此，编制适应新形势需要的课程标准和对应的配套教材就显得十分紧迫。

本系列教材就是依托清华大学出版社承担的中国职业技术教育学会第四届理事会2016—2017年科研项目《高等职业教育计算机公共基础课改革与课程标准建设的实践研究》所编制的一整套新体系教材。另外，本系列教材编审委员会组织有关专家研发了高职高专《计算机公共基础课程体系》和《计算机应用基础课程标准》等教学文件。现将教材开发的有关情况说明如下。

一、教材目标的实现

高职计算机应用基础课程不仅是学生学好专业技能和专业知识的保障，也是学生在技术技能型人才道路上持续发展的需要，它同时承担着传承社会文化、培养学生的社会适应能力、服务于学生职业生涯发展的重任。

计算机应用基础课程采取"基础＋实训＋数字课程平台"的体系结构

来开发配套的教材,以便供不同起点的学生选用,以期最终达到一致性课程目标的要求。

高等职业教育计算机应用基础课程体系结构(4:8:n)

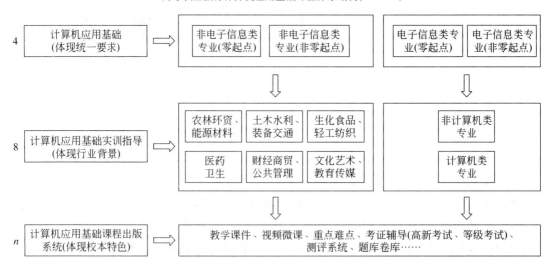

(1)计算机应用基础教材的编写目标:既考虑高职院校计算机应用基础课程改革的方向,又考虑教学实施的实际可能性,要能够确保体现教材的技能性、人文性和职业性。计算机应用基础教材旨在介绍计算机基础知识,提高学生的计算机应用能力,培养学生的信息素养,使学生在今后的职业生涯中能够自觉地应用计算机技术进行高效的学习和工作。计算机应用基础课程是融文化教育、素质教育、技术技能教育为一体的一门高职公共基础课程,要体现计算思维、信息化观念、信息素养、终身学习和核心能力培养等现代信息文化与职业教育改革发展新理念。教材开发要与课程的要求相统一。

(2)计算机应用基础实训教材的编写目标:作为计算机应用基础教材的配套辅导教材,其功能定位具有多重性:一是可以作为上机实习指导手册,重在培养学生的学习兴趣,强化学生的计算机应用技能;二是可以作为学生的学习辅导手册,作为计算机应用基础课程的配套教材,为计算机基础和专业不同的学生提供不同的选择;三是作为职业技能鉴定(考证)辅导材料,书中按照证书考核要求选编了经典题型,以便帮助学生做好考前辅导;四是不同专业的学生可以学习到本专业的实用案例,因为实训教材按教育部颁布的专业目录中的专业大类组合分为8种版本,从而为不同专业的学生学习提供了有针对性的实训内容和操作技能。

二、教材内容的创新

(1)课题组重新进行了高职院校非计算机专业学生的应知、应会、工作案例(典型工作任务)的企业调查和学情分析。按照达到高职高专层次对学生计算机能力的要求来选择和组织内容,并使之明显区别于高中阶段课程。

(2)根据学生将来专业学习和职业工作的实际情况,适当介绍了计算机技术的新知识、新技能、新技术,如大数据、人工智能等。同时借鉴国外信息技术类优秀教材的编写经验,做到课程内容既具有先进性,又兼顾学生专业发展能力的培养,并做到职业教育与学生的终身学习对接。

(3) 采取知识零起点、技能略高于零起点的定位,对基本操作和基础知识进行讲解。在技能操作上特别强调"规范化并符合工业生产要求的操作能力",要求所选案例来自生产实践一线,尽量避免脱离实际的案例。

(4) 计算机应用基础教材的案例主要来自我们的日常生活和师生的共同经验,来自核心能力培养所需要的通用案例。计算机应用基础实训教材增加了适合相关专业及符合职业技能的案例。

三、教材内容的组织

(1) 教材以信息的获取、加工、处理、存储、表达、展示、发布、加密、评价等为主线。同时,注重融入产业文化、"信息处理"等核心能力,使课程具备更多的科学精神和人文精神。

(2) 对于理论性较强的章节,本书采用"案例导入"的模式,先展示计算机技术的应用实例,然后用浅显的语言介绍基本理论,并对易混淆概念进行澄清。在最后进行适当的教学设计对相关知识进行巩固复习。

(3) 对于实践性较强的章节,本书采用"任务导入"的模式,先提出一个需要用计算机完成的实际工作任务,然后围绕完成任务所需要的知识、技能进行介绍,有利于增强学生的学习兴趣,提高其学习效率,做到"目标先行,任务明确""知识服务技能""技能支撑行动""评估检验成效"。

(4) 实训教材与主教材一一对应,同样分为 8 个单元,每个单元均由能力自测、学习指南、实验指导、习题精解、综合任务和考证辅导六大模块组成。

四、考核评价机制

教材引入了先进的第三方评价机制。根据知识、技能要求,探索和借鉴新的评价模式,覆盖全国计算机等级考试(NCRE)2018 版考试大纲的要求、全国计算机信息高新技术考试(NIIT)有关模块的要求。

五、配套实用的数字教学资源

教材编者努力创新教材的呈现形式,推进教材的立体化建设。本系列教材除提供配套的教学课件和相关素材外,还利用清华大学出版社现有的数字出版平台,逐步提供课程的数字化配套资源,内容包括视频微课、考证辅导(包括高新考试、等级考试)、测评系统、题库卷库等资源,全面支持学生技能的提升,满足学生个性化、多元化职业学习的需求。

本系列教材由清华大学出版社主持编写,来自教育部、工业和信息化部、人力资源和社会保障部、企业用人单位的有关专家从不同方面给予了指导。

希望本丛书的出版,能为我国高等职业院校计算机公共基础课程的改革提供有益的尝试和解决方案。

编 者

2018 年 7 月

前　言

作为高等职业院校非计算机专业的公共基础课程，"计算机应用基础"课程旨在介绍计算机基础知识，培养学生学习的兴趣，提高学生的计算机应用能力，培养学生的信息素养，使学生在今后的专业（职业）领域中自觉地运用计算机进行学习、工作。因此，计算机基础教育不仅是文化教育，也是素质教育，更是技术技能教育。

1. 教材内容

本书为清华大学出版社多本《计算机应用基础》教材（零起点/非零起点、电子信息类/非电子信息类）的配套实训教材，本着"案例驱动、重在实训、方便教学"的思路编写而成，紧扣实训教学大纲，并结合考试实际，注重强化性训练。本书共分8个单元，与配套教材一一对应。每章均包含能力自测、学习指南、实验指导、习题精解、综合任务、考证辅导六个模块。

（1）能力自测

本模块包括"先前学习成果评价"和"当前技能水平测评"两部分，旨在了解学生现有学习水平，同时认定其原有学习成果，为分类教学提供支持。

（2）学习指南

本模块包括"知识要点"和"技能要点"两部分，对本单元的知识要求、技能操作做简要介绍，特别是对易混淆的概念进行了辨析。

（3）实验指导

本模块由若干实验组成，侧重对常规操作技能进行训练，属于验证性实践环节。

（4）习题精解

本模块对每个单元学习中遇到的典型习题进行详细的分析、讲解。

（5）综合任务

本模块由若干真实（或典型）工作任务组成，目的是按照实际工作要求,对学生的计算机操作技能进行训练,让学生掌握完成任务的基本步骤。此部分对《计算机应用基础》教材的技能点做了必要的扩展,提升了广度和难度。

(6)考证辅导

本模块提供全国计算机等级考试、全国计算机信息高新技术考试的同步辅导,对典型题型进行分析,并提供模拟试题。

2. 教材特色

(1)关注学生基础差异,支持分层分类指导,凸显大学课程特点,实现知识技能达标。本书在每个单元学习之前设置"能力自测"模块,主要是对学生个体在高中阶段的计算机课程学习的成效进行评估,以便分层、分类教学,最后实现全部学生的知识和技能达标。

(2)提出信息素养、信息化观念、计算思维与计算机操作技能四位一体的先进理念。计算机应用基础课程不仅是学生学好基础知识的保障,更是承担着传承社会信息文化、培养学生信息素养和信息化观念、使学生具备计算思维能力的重任。

(3)实训案例贴近实际生活和社会需求。本书紧跟社会需求,选取 Windows 7+Office 2013 作为教学环境,对传统案例做了"增""扩""简""舍"四个方面的调整,增加了信息处理、信息安全、计算思维、网络文献检索等方面的最新案例。

(4)实用的数字教学资源。为方便读者学习,本书提供配套的教学课件和文字图片素材等计算机辅助教学资源。

3. 编写分工和致谢

为了做好本书的编写工作,我们组建了来自教学科研部门、高等院校、企业行业的职业教育课程专家、专业骨干教师组成编写团队,内容概括精练,编排循序渐进、深入浅出,实训内容和参考步骤非常翔实。

本书由王颖、万继平、李焕春担任主编,张立新、刘瑞新担任副主编,陈莹、张伟敬、张菁楠也参与了编写。具体分工如下:刘瑞新编写第 1 单元,万继平、张伟敬、张菁楠编写第 2、3 单元,李焕春编写第 4、5 单元,王颖编写第 6 单元,张立新编写第 7 单元,陈莹编写第 8 单元。另外,王颖还编写了文前部分并负责全书的统稿工作。

本书在编写过程中得到了计算机界、职业教育领域、企业行业专家的指导,在此表示诚挚的感谢!

由于编者的学识水平有限,书中难免存在不足之处,恳请读者批评、指正。

编　者
2018 年 7 月

目　录

第 1 单元　信息科技与信息素养

　　电子计算机的发明是 20 世纪最重大的事件之一,它使人类文明的进步达到了一个全新的高度,它的出现大大推动了科学技术的迅猛发展。随着微型计算机的出现以及计算机网络的发展,计算机的应用已渗透到社会的各个方面,提高了社会各个领域信息收集、处理和传播的速度与准确性,直接促进了人类向信息化社会的迈进。因此,计算机知识是每一个现代人必须掌握的知识,使用计算机则是每一位现代人必须具备的基本能力。

单元学习目标

- 了解信息科技与信息素养的相关概念及内涵。
- 了解计算机的基本概念。
- 掌握计算机的五大功能部件。
- 理解计算机系统的层次结构。
- 掌握微型计算机外部设备的功能和特点。
- 掌握键盘的使用方法及正确的指法。

第一部分　能　力　自　测

一、先前学习成果评价

　　请向讲课教师提交能证明你以前学过本单元的证据,然后在 20 分钟内回答以下问题。

　　(1) 解释有关电子计算机系统的概念,包括运算器、存储器、控制器、输入设备和输出设备。

　　(2) 了解系统软件(包括操作系统、程序设计语言、语言处理程序、数据库管理系统、网络软件、系统服务程序等)和应用软件的概念。

二、当前技能水平测评

　　连接台式计算机的步骤如下。

　　(1) 将主机与外设(键盘、鼠标、显示器等)连接,连接后插电测试整机。

（2）将台式计算机与投影仪连接，展示一个文档。

第二部分 学习指南

一、知识要点

1. 信息

信息是指以声音、文字、图像、动画、气味等方式表示的实际内容，是事物现象及其属性标识的集合，是人们关心的事情的消息或知识，是由有意义的符号组成的。

信息的特征有可识别性、可量度性、可转换性、可存储性、可处理性、可传递性、可压缩性、时效性和可共享性。

2. 信息社会

信息社会也称为信息化社会，是脱离农业和工业化社会后，信息起主导作用的社会。

3. 信息处理

信息处理是指对信息的获取、加工、存储、转化、传送和发布等。

4. 信息意识

信息意识是对信息与信息价值所特有的感知力、感悟力和较强的亲和力，即对信息所特有的自觉反应。

5. 信息处理能力

信息处理能力是指人们有效利用信息设备和信息技术，获取信息，加工处理信息，以及创造新信息的能力。

6. 信息科学

信息科学是指研究、收集、组织、存储、管理、传播、交换、检索、处理、应用数据信息的理论与方法。信息科学的研究与应用成果可以转换到各个技术领域，如电子出版、网络教学、天气预报、地质勘测、辅助设计与制造、军事、虚拟现实等。

7. 信息技术

信息技术主要是信息的获取、加工（处理）、传递、存储、表示和应用等技术。所谓现代信息技术，是指基于微电子技术、计算机技术及通信技术而发展起来的能高速、大容量进行信息收集、加工、处理、传递和存储等一系列活动的高新技术。

关于信息技术的内涵也有多个层次，从 C（计算机）、C&C（计算机和通信）到 3C（计算机、通信、控制），它们都是狭义上的信息技术。

广义层次上,信息技术被定义为"包括感测技术、通信技术、智能技术和控制技术"。

8. 信息道德

信息道德是指在信息的获取、加工、存储、传播和利用等信息活动各个环节中,用来规范其间产生的各种社会关系的道德意识、道德规范和道德行为的总和。

9. 计算机基础知识

计算机是一种能按照事先存储的程序,自动、高速地进行大量数值计算和各种信息处理的现代化智能电子设备。

(1)计算机的发展:根据计算机所采用的物理元器件的不同,可以将计算机的发展划分为四个阶段:第一阶段(1946—1958 年)是电子管计算机时代;第二阶段(1959—1964 年)是晶体管计算机时代;第三阶段(1965—1970 年)是中小规模集成电路计算机时代;第四阶段(1971 年至今)是大规模和超大规模集成电路计算机时代。

(2)计算机的特点:①高速、精确的运算能力;②准确的逻辑判断能力;③强大的存储能力;④自动功能;⑤网络与通信功能。

(3)计算机的应用领域:①科学计算;②数据/信息处理;③过程控制;④计算机辅助;⑤人工智能;⑥网络通信;⑦多媒体应用;⑧嵌入式系统。

(4)计算机的分类:①按功能和用途,可分为通用计算机和专用计算机两大类;②按工作原理,可分为数字计算机、模拟计算机和数字模拟混合计算机三大类;③按性能和规模,可分为巨型机、大型通用机、微型计算机、工作站和服务器五大类。

(5)计算机的发展趋势:巨型化、微型化、网络化、智能化。

10. 计算机系统

1)冯·诺伊曼型计算机的特点

1945 年数学家冯·诺伊曼等人在研究 EDVAC 时,提出了"存储程序"的概念,以此概念为基础的各类计算机通称为冯·诺伊曼型机。它的特点可归结为如下内容。

(1)计算机由运算器、存储器、控制器、输入设备和输出设备五大部件组成。

(2)各基本部件的功能是:在存储器中以同等地位存放指令和数据,并按地址访问,计算机能区分数据和指令;控制器能自动执行指令;运算器能进行加、减、乘、除等基本运算;操作人员能通过输入、输出设备与主机进行通信。

(3)计算机内部采用二进制表示指令和数据。指令由操作码和地址码组成,操作码用来表示操作的性质,地址码用来表示操作数所在存储器中的位置。程序是由一串指令组成的。

(4)把编好的程序和原始数据送入主存储器中,启动计算机,计算机应在不需操作人员干预的情况下,自动完成逐条取出指令和执行指令的任务。

到目前为止,大多数计算机基本上仍属于冯·诺伊曼型计算机。

2)计算机的硬件系统

计算机系统由硬件系统和软件系统组成。

计算机硬件(computer hardware)是指计算机系统中由电子、机械和光电元件等组成的各种物理装置的总称。这些物理装置按系统结构的要求构成一个有机整体为计算机软件的运行提供物质基础。现代的计算机以存储器为中心,如图1-1所示,图中实线箭头为控制线,虚线箭头为反馈线,双线箭头为数据线。运算器和控制器常合在一起称为中央处理器,简称CPU(Central Processing Unit)。而中央处理器和主存储器(内存)一起构成计算机主机,简称主机。

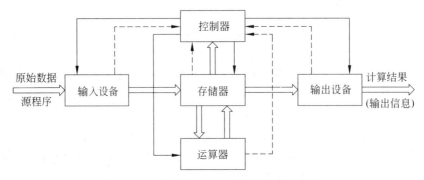

图 1-1 以存储器为中心的计算机结构框图

外部设备简称"外设",它是计算机系统中输入、输出设备(包括外存储器)的统称,是除了CPU和内存以外的其他设备,对数据和信息起着传输、转送和存储的作用,外部设备能扩充计算机系统。

(1)运算器。运算器又称为算术逻辑单元(简称ALU),是执行算术运算和逻辑运算的功能部件,包括加、减、乘、除算术运算及与、或、非逻辑运算等。

(2)控制器。控制器是计算机的指挥中心,它的主要功能是按照人们预先确定的操作步骤,控制整机各部件协调一致地自动工作。

(3)存储器。存储器是计算机用来存储数据的重要功能部件,它不仅能保存大量二进制信息,而且能读出信息,交给处理器处理,或者把新的信息写入存储器。

一般来说,存储系统分为两级:一级为内存储器(主存储器),其存储速度较快,但容量相对较小,可由CPU直接访问;另一级为外存储器(辅助存储器),它的存储速度慢,但容量很大,不能被CPU直接访问,必须把其中的信息送到主存后才能被CPU处理。

(4)输入和输出设备。输入设备用来接收用户输入的原始数据和程序,并将它们转变为计算机能识别的形式(二进制数)存放到内存中。常用的输入设备有键盘、鼠标、扫描仪等。

输出设备用于将存放在内存中由计算机处理的结果转变为人们所能接受的形式。常用的输出设备有显示器、打印机、音箱、绘图仪等。

磁盘及磁盘驱动器是计算机中的常用设备,既能从中读取数据(输入),也能把数据保存到其中(输出)。因此,磁盘及驱动器既是输入设备,也是输出设备,同时又是存储设备。

输入设备与输出设备统称为I/O设备。

(5)总线。将上述计算机硬件的五大功能部件,按某种方法用一组导线连接起来,构成一个完整的计算机硬件系统。这一组导线通常称为总线,它构成了各大部件之间信息传送的一组公共通路。

3) 计算机的软件系统

软件是和硬件相对应的概念,计算机软件是指计算机系统中的程序及其文档,程序是计算任务的处理对象和处理规则的描述;文档是为了便于了解程序所需的阐明性资料。程序必须装入计算机内部才能工作,文档一般是给人看的,不一定装入计算机。文档泛指能在计算机上运行的各种程序甚至包括各种有关的资料。计算机软件具有重复使用和多用户使用的特性。裸机是指没有配置操作系统和其他软件的计算机,在裸机上只能运行机器语言源程序。

计算机软件系统由系统软件和应用软件组成,包括操作系统、语言处理系统、数据库系统等。

(1) 系统软件。系统软件是管理、监督和维护计算机资源的软件。系统软件的作用是缩短用户准备程序的时间,扩大计算机处理程序的能力,提高其使用效力,充分发挥计算机的各种设备的作用等。它包括操作系统、程序设计语言、语言处理程序、数据库管理系统、网络软件、系统服务程序等。

① 操作系统。操作系统(Operating System,OS)用于管理计算机的硬件资源和软件资源,以及控制程序的运行。操作系统是配置在计算机硬件上的第一层软件,其他所有的软件都必须运行在操作系统中,操作系统是所有计算机都必须配置的软件。

② 程序设计语言。语言处理程序是用于处理程序设计语言的软件,如编译程序等。程序设计语言从历史发展的角度来看,包括以下几种。

- 机器语言。机器语言也称作二进制代码语言,是用直接与计算机打交道的二进制代码指令组成的计算机程序设计语言。一条指令就是机器语言中的一个语句,每一条指令都由操作码和操作数组成,无须编译和解释。这是第一代语言。

- 汇编语言。汇编语言是第二代语言,是一种符号化的机器语言,也称符号语言,于20 世纪 50 年代开始使用。它更接近于机器语言而不是人的自然语言,所以仍然是一种面向机器的语言。汇编语言执行速度快,占用内存小。它保留了机器语言中每一条指令都由操作码和操作数组成的形式。使用汇编语言,不需要直接使用二进制 0 和 1 来编写,不必熟悉计算机的机器指令代码,但是要一条指令一条指令地编写。

  计算机必须将汇编语言程序翻译成由机器代码组成的目标程序才能执行。这个翻译过程称为汇编。自动完成汇编过程的软件叫汇编程序。

  汇编工作由机器自动完成,最后得到以机器码表示的目标程序。将二进制机器语言程序翻译成汇编语言程序的过程称为反汇编。

- 高级语言。高级语言是高度封装的编程语言。与低级语言相对,它是以人类的日常语言为基础的一种编程语言,使用一般人易于接受的文字来表示,使程序员编写起来更容易,也有较高的可读性,从根本上摆脱了语言对机器的依附,由面向机器转为面向过程,进而面向用户。

  目前,第四代非过程语言、第五代智能语言相继出现,可视化编程就像处理文档一样简单。发展的结果是使程序的设计更简捷,功能更强大。

③ 语言处理程序。用汇编语言或各种高级语言编写的程序称为源程序。把计算机本身不能直接执行的源程序翻译成相应的机器语言程序,这种翻译后的程序称为目标程序。这个翻译过程有编译过程和解释过程,如图1-2所示。

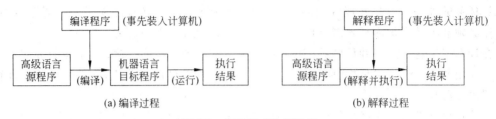

图 1-2　高级语言使用过程

④ 数据库管理系统。数据库管理系统(Data Base Management System,DBMS)是专门用于管理数据库的计算机系统软件,它介于应用程序与操作系统之间,属于数据管理软件。数据库管理系统能够为数据库提供数据的定义、建立、维护、查询和统计等操作功能,并完成对数据完整性、安全性进行控制的功能。

现今广泛使用的数据库管理系统有微软公司的 Microsoft SQL Server、Access,甲骨文公司的 ORACLE、MySQL,IBM 公司的 DB2、Informix 等。

⑤ 网络软件。网络软件主要是指网络操作系统,如 UNIX、Windows Server、Linux 等。

⑥ 系统服务程序。系统服务程序又称为软件研制开发工具、支持软件、支撑软件、工具软件,常用的服务程序主要有编辑程序、调试程序、装配和连接程序、测试程序等。

(2)应用软件。应用软件是用户为了解决某些特定具体问题而开发和研制或外购到的各种程序,在系统软件的支持下运行,例如,字处理、电子表格、绘图、课件制作、网络通信(如 WPS Office、Word、Excel、PowerPoint、AutoCAD、Protel DXP 等),以及用户程序(如工资管理程序、财务管理程序等)。

4)程序的自动执行

程序是按照一定顺序执行的、能够完成某一任务的指令集合。人们把事先编好的程序调入内存,并通过输入设备将待处理的数据输入内存中;一旦程序运行,控制器便会自动地从内存逐条取出指令,对指令进行译码,按指令的要求来控制硬件各部分工作;运算器在控制器的指挥下从内存读出数据,对数据进行处理,然后把处理的结果数据再存入内存;输出设备在控制器的指挥下将结果数据从内存读出,以人们要求的形式输出信息,让人们看到或听到,这样就完成了人们所规定的一个任务。

计算机就是这样周而复始地读取指令,执行指令,自动、连续地处理信息,或者暂时停下来向用户提出问题,待用户回答后再继续工作,直至完成全部任务。这种按程序自动工作的特点使计算机成为唯一能延伸人脑功能的工具,因此被人们称为"计算机"。

11. 微机系统的组成

个人计算机(Personal Computer,PC)在国内称为微型计算机,简称微机,俗称电脑,是电子计算机技术发展到第四代的产物,是 20 世纪最伟大的发明之一。微型计算机的出现，使它成为人们日常生活中的工具，现在，微型计算机已应用到人们的生活和工作的诸多方面。微机系统也由硬件系统和软件系统（与计算机的软件系统相同）两大部分组成。

（1）微机的硬件系统

对用户来说，最重要的是微机的实际物理结构，即组成微机的各个部件。图 1-3 所示的是从外部看到的典型的微机系统，它由主机、显示器、键盘、鼠标几部分组成。

图 1-3　从外部看到的典型的微机系统

主机是安装在一个主机箱内所有部件的统一体，其中除了功能意义上的主机以外，还包括电源和若干构成系统必不可少的外部设备和接口部件，其结构如图 1-4 所示。

图 1-4　主机结构

（2）微机的软件系统

微机的软件系统与计算机的软件系统相同。

（3）微机的主要性能指标

① 运算速度：计算机的运算速度一般用每秒钟所能执行的指令数来表示。计算机的运算速度普遍采用单位时间内执行指令的平均条数来衡量，并用 MPIS（Million Instruction Per Second）作为计量单位，即每秒执行百万条指令。微型计算机速度多用主时钟频率表示，主频越高，运算速度越快。

② 字长：计算机在同一时间内处理的一组二进制数位数。字长不仅标志着计算精度，也反映了计算机处理信息的能力。一般情况下，字长越长，计算精度越高，处理能力越强。

③ 存储容量：是指计算机系统所配置的内存和外存的总字节数。内存容量越大，计算机能运行的程序就越大，处理能力就越强。外存容量越大，可存储的信息越多，可安装的应用软件越丰富。

二、技能要点

进行主机与外设的连接。

（1）鼠标、键盘与主机的连接。

（2）显示器与主机的连接。

（3）主机电源线的连接。

（4）声卡与耳机（音箱）、MIC 的连接。

（5）加电测试整机。

第三部分　实验指导

实验 1.1　微机外部线缆的连接

【实验目的】

（1）熟悉微型计算机的硬件组成与配置。

（2）熟练掌握微型计算机主机与主要输入/输出设备的连接方法。

【实验内容】

（1）仔细观察微型计算机的主机、显示器、键盘和鼠标等几个组成部分。

（2）连接主机与主要输入/输出设备。

【实验步骤】

1．观察机箱外部结构

在教师的指导下，查看机箱外部结构，如图 1-5 所示。

DVI USB 2.0 网卡口 USB 3.0 HDMI VGA 串行口 鼠标接口 键盘接口 Mic In Line Out 主机电源线插座

图 1-5　主机外置接口

2. 连接微机各个部件

对微机用户来说,最基本的要求就是微机外部线缆的连接,即主机箱与显示器、键盘、鼠标之间通过线缆连接起来。图 1-6 所示是从后部看到的电源线、信号线的连接图。

图 1-6　从后部看到的电源线、信号线的连接图

微机外部线缆的连接遵循先连接信号线后连接电源线的原则。其连接步骤如下。

（1）连接显示器

显示器尾部有两根电缆线,一根是三芯电源线,另一根是信号电缆。将显示器信号插口对准显示卡上的显示信号输出插座(DVI 或 VGA),如图 1-7 和图 1-8 所示。平稳插入,然后拧紧插头两端的压紧螺钉,再把显示器电源线插入三孔电源插座。

图 1-7　连接 DVI 信号电缆　　　　　　图 1-8　连接 VGA 信号电缆

（2）连接键盘、鼠标

键盘、鼠标的安装应根据键盘、鼠标的接口类型(USB 或 PS/2),插入主板上的对应插座中。如果键盘、鼠标是 USB 接口,可插入主板上的任何一个 USB 插座中,如图 1-9 所示。如果是 PS/2 接口,则要插入主板上的对应插座中。对于符合规范的主板,键盘接口是紫色的(靠近边沿),如图 1-10 所示;鼠标接口是绿色的,如图 1-11 所示。但要注意,对于 PS/2 接口的键盘、鼠标,不能带电插拔。

（3）连接主机电源

连接主机电源之前,再检查一遍各种设备的连接是否正确,尤其是电源线的连接。确认无误后,将主机电源线一端插在机箱后面的电源插孔内,如图 1-12 所示;另一端插在市电插座上。

9

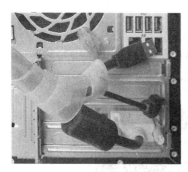

图 1-9　连接 USB 键盘或鼠标

图 1-10　连接 PS/2 键盘

图 1-11　连接 PS/2 鼠标

图 1-12　连接主机电源线

（4）开机测试

按动主机箱面板上的电源开关,机器中的设备将开始运转,其中 CPU 风扇、电源风扇会发出"嗡嗡"的声音,并且可以听到硬盘电动机加电的声音,光驱也开始预检。当听到小扬声器"嘟"的一声响后,显示器屏幕上出现系统提示信息,表明可以正确启动。如果没有出现上述现象,则需要重新检查设备的连接情况,并予以纠正,直至正常工作。

如果在启动中显示器没有显示正常的开机画面,或者主板蜂鸣器发出报错声响,可以按照下面的办法查找原因。

① 确认给主机电源供电。

② 确认主板已经供电。

③ 确认 CPU 安装正确,CPU 风扇通电。

④ 确认内存安装正确并且确认内存功能正常。

⑤ 确认显卡安装正确。

⑥ 确认显示器与显卡连接正确,并且确认显示器通电。

要使计算机运行起来,还需要进行硬盘的分区和格式化,然后安装操作系统及驱动程序,以及应用软件,如 Office、Photoshop 等。

3. 微机的启动和关闭

1）微机的启动

微机的启动有冷启动、重新启动、复位启动 3 种方法,可以在不同情况下选择操作。

（1）冷启动

冷启动又称加电启动，是指微机在断电情况下加电开机启动。

微机在冷启动时，首先对机器硬件进行全面检查，即检查主机和外设的状态，并将检查情况在显示器上显示出来，这个过程称为自检。在自检过程中，若发现某设备状态不正常，则通过显示器或机内喇叭给出提示。若有严重故障，必须排除后方可进行下一步启动操作。自检正常通过后，则自动引导操作系统，进入工作状态。具体启动过程如下。

① 加电。打开显示器电源，接着打开主机电源。如果显示器电源接在主机电源上，则直接打开主机电源。

② 自检。由机器自动完成，一般不需用户干预。首先对微机硬件做全面检查，即检查主机和外设的状态，并将检查情况在显示器上显示，这个过程称为自检。在自检过程中，若发现某设备状态不正常，则通过显示器或机内喇叭给出提示。若有严重故障，必须排除后，方可进行下一步启动操作。遇到故障，应根据提示排除。

③ 引导操作系统。自检通过后，则自动引导至操作系统，例如 Windows 7。操作系统一般存储在硬盘上，由微机自动引导。

（2）重新启动

重新启动是指在微机已经开启的情况下，因死机、改变设置等而重新引导操作系统的方法。由于重新启动是在开机状态下进行的，所以不再进行硬件自检。重新启动的方法是在 Windows 中选择"重新启动"，则微机会重新引导操作系统。

（3）复位启动

复位启动是指在微机已经开启的情况下，通过按下机箱面板上的复位按钮或长按机箱面板上的开关按钮，重新启动微机。一般是在微机的运行状态出现异常（如键盘控制错误），而重新启动无效时才使用。启动过程与冷启动基本相同，只是不需要重新打开电源开关，而是直接按一下机箱面板上的复位开关 Reset。复位启动会丢失部分微机资源以及在微机中进行的未保存的工作，所以复位启动是在无法用正常重新启动时偶尔使用的。

2）微机的关闭

用完微机以后应将其正确关闭，这一点很重要，不仅是因为节能，这样做还有助于使计算机更安全，并确保数据得到保存。关闭计算机的方法有两种：使用"开始"菜单上的"关机"按钮，或者按计算机的电源按钮。

（1）使用"开始"菜单上的"关机"按钮

若要使用"开始"菜单关闭计算机，单击"开始"按钮，然后单击"开始"菜单中的"关机"按钮。计算机关闭所有打开的程序以及 Windows 本身，然后关闭计算机电源。为了使微机彻底断开电源，还要关闭电源插座上的开关，或者把主机和显示器的电源插头从插座上拔出来。关机不会保存文件，因此必须先保存文件。

（2）按计算机的电源按钮

如果要快速关闭微机，要先结束应用程序，回到桌面，然后按一下机箱面板上的开关按钮，Windows 将自动关闭，并切断电源。其作用与通过 Windows 关机菜单方法相同。

提示：如果通过 Windows 关机菜单和按一下机箱面板上的开关按钮都无法关机，可

11

按下机箱面板上的开关按钮不放,等待十几秒,将强制关机。其后果是在下次启动时,Windows 将花费更长时间来自检。

实验 1.2　键盘指法和鼠标操作

【实验目的】

进一步熟悉键盘和鼠标操作。

【实验内容】

(1) 熟悉键盘布局,了解指法基本知识。

(2) 鼠标操作训练(单击、双击、三击、右击、拖动)。

【实验步骤】

1. 键盘的使用

键盘是向计算机中输入文字、数字的主要方式,通过键盘还可以输入键盘命令,控制计算机的执行。键盘是必备的标准输入设备。下面介绍键盘操作的基本常识和键盘命令入门。

1) 键的组织方式及不同键的作用

Windows 普遍使用 104 键的通用扩展键盘,其形式如图 1-13 所示。

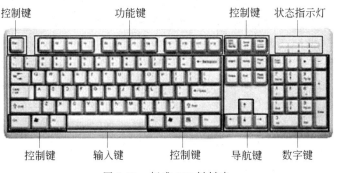

图 1-13　标准 104 键键盘

键盘上的键排列有一定的规律,键盘上的键可以根据功能划分为几个组。

- 键入(字母数字)键。这些键包括与传统打字机上相同的字母、数字、标点符号和符号键。
- 控制键。这些键可单独使用或者与其他键组合使用来执行某些操作。最常用的控制键是 Ctrl、Alt、Windows 徽标键 ⊞ 和 Esc,还有三个特殊键 PrtScn、Scroll Lock 和 Pause/Break。
- 功能键。功能键用于执行特定任务。功能键标记为 F1～F12。这些键的功能根据程序的变化而有所不同。

- 导航键。这些键用于在文档或网页中移动以及编辑文本。这些键包括箭头键（←、→、↑、↓）、Home、End、Page Up、Page Down、Delete 和 Insert。
- 数字键。数字键便于快速输入数字。这些键位于一方块中，分组放置，有些像常规计算器或加法器。

下面分别说明不同键的作用。

（1）键入键

键入键也称字母数字键，除了字母、数字、标点符号和其他符号以外，键入键还包括 Shift、Caps Lock、Tab、Enter、Space（空格）和 Backspace（退格）等键。各种字母、数字、标点符号以及汉字等信息都是通过键入键的操作输入计算机的。

① A～Z 键。默认状态下，按下 A、B、C 等字母键，将输入小写字母。按下";""/"等标点符号键，将输入该键的下部分显示的符号。

② Shift（上档）键。Shift 键主要用于输入上档字符。在输入上档字符时，需先按下 Shift 键不放，然后再按字符键。同时按 Shift 键与某个字母键将输入该字母的大写字母。同时按 Shift 键与数字键或符号键将输入该键的上部分显示的符号。

③ Caps Lock（大写字母锁定）键。按一次 Caps Lock 键（按后放开），键盘右上角的指示灯 Caps Lock 亮，表示目前是在大写状态，随后输入的字母均为大写。再按一次 Caps Lock 键将关闭此功能，右上角相应的指示灯灭，随后的输入又还原为小写字母。

④ Tab（制表定位）键。按 Tab 键会使光标向右移动几个空格，还可以按 Tab 键移动到对话框中的下一个对象上。此键又分为上、下两档。上档键为左移，下档键为右移（键面上已明确标出）。根据应用程序的不同，制表位的值可能不同。该键常用于需要按制表位置上下纵向对齐的输入。在实际操作时，按一次 Tab 键，光标向右移到下一个制表位置；按一次 Shift＋Tab 组合键，光标向左移到前一个制表位置。

⑤ Enter 键。在编辑文本时，按 Enter 键将光标移动到下一行开始的位置。在对话框中，按 Enter 键将选择突出显示的按钮。

⑥ Space（空格）键。Space 键位于键盘的最下方，是一个空白长条键。每按一下 Space 键，产生一个空白字符，光标向后移动一个空格。

⑦ Backspace（退格）键。按 Backspace 键将删除光标前面的字符或选择的文本。按该键一次，屏幕上的光标在现有位置退回一格（一格为一个字符位置），同时抹去退回的那一格的内容（一个字符）。该键常用于清除输入过程中刚输错的内容。

（2）控制键

控制键主要用于键盘快捷方式，代替鼠标操作，可加快工作速度。使用鼠标执行的几乎所有操作或命令都可以使用键盘上的一个或多个键更快地执行。在帮助中，两个或多个键之间的加号（＋）表示应该一起按这些键。例如，Ctrl＋A 组合键表示按下 Ctrl 键不松开，然后再按 A 键；Ctrl＋Shift＋A 组合键表示按下 Ctrl 键和 Shift 键不松开，然后再按 A 键。

① Windows 徽标键■：按 Windows 徽标键■将打开 Windows 的"开始"菜单，与单击"开始"菜单按钮相同。按组合键"Windows 徽标键■＋F1"可显示 Windows 的"帮助

和支持"信息。

② Ctrl(控制)键：单独使用该键没有任何意义，主要用于与其他键组合在一起操作，起到某种控制作用。这种组合键称为组合控制键。Ctrl 键的操作方法与 Shift 键相同，必须按下不放再按其他键。操作中经常使用的组合键有很多，常用的组合控制键有以下几个。

- Ctrl+S：保存当前文件或文档(在大多数程序中有效)。
- Ctrl+C：将选定内容复制到剪贴板。
- Ctrl+V：将剪贴板中的内容粘贴到当前位置。
- Ctrl+X：将选定内容剪切到剪贴板。
- Ctrl+Z：撤销上一次的操作。
- Ctrl+A：选择文档或窗口中的所有项目。

③ Alt(转换)键：Alt 键主要用于组合转换键的定义与操作。该键的操作与 Shift、Ctrl 键类似，必须先按下不放，再按其他键，单独使用没有意义。常用的组合控制键如下。

- Alt+Tab：在打开的程序或窗口之间切换。
- Alt+F4：关闭活动项目或者退出活动程序。

④ Esc 键：Esc 键单独使用时表示取消当前任务。

⑤ 应用程序键▤：应用程序键相当于右击对象，将依据当时光标所处对象的位置而打开不同的快捷菜单。

(3) 功能键

功能键有 F1~F12。功能键中的每一个键具体表示什么功能都是由相应程序来定义的，不同的程序可以对它们的操作功能有不同的定义。例如，F1 键的功能通常为程序或 Windows 的帮助。

(4) 三个特殊的键 PrtScn、Scroll Lock 和 Pause/Break

① PrtScn(Print Screen)键。以前在 DOS 操作系统下，该键用于将当前屏幕的文本发送到打印机。现在，按 PrtScn 键将捕获整个屏幕的图像(屏幕快照)，并将其复制到内存中的剪贴板。可以从剪贴板将其粘贴(Ctrl+V)到画图或其他程序。按 Alt+PrtScn 组合键将只捕获活动窗口的图像。

SysRq 键在一些键盘上与 PrtScn 键共享一个键。以前，SysRq 键设计成一个系统请求，但在 Windows 中未启用该功能。

② Scroll Lock 键。在大多数程序中按 Scroll Lock 键都不起作用。在少数程序中，按 Scroll Lock 键将更改箭头键、Page Up 键和 Page Down 键的行为。按这些键将滚动文档，而不会更改光标或选择的位置。

③ Pause/Break。一般不使用该键。在一些旧程序中，按该键将暂停程序，或者同时按 Ctrl 键可停止程序的运行。

(5) 导航键

使用导航键可以移动光标，在文档和网页中移动以及编辑文本。光标移动键只有在运行具有全屏幕编辑功能的程序中才起作用。表 1-1 列出了这些键的部分常用功能。

表 1-1 导航键及其说明

按 键 名 称	功 能
←、→、↑、↓	将光标或选择内容沿箭头方向移动一个空格或一行,或者沿箭头方向滚动网页
Home	将光标移动到行首,或者移动到网页顶端
End	将光标移动到行末,或者移动到网页底端
Ctrl+Home	移动到文档的顶端
Ctrl+End	移动到文档的底端
Page Up	将光标或页面向上移动一个屏幕
Page Down	将光标或页面向下移动一个屏幕
Delete	删除光标后面的字符或选择的文本;在 Windows 中,删除选择的项目,并将其移动到"回收站"
Insert	关闭或打开"插入"模式。当"插入"模式处于打开状态时,在光标处插入输入的文本。当"插入"模式处于关闭状态时,输入的文本将替换现有字符

(6) 数字键

数字键区域中的字符与其他键上的字符有重复,其设置目的是提高数字 0～9、算术运算符"+"(加)、"-"(减)、"*"(乘)和"/"(除)以及小数点的输入速度。数字键排列便于使用一只手即可迅速输入数字或数学运算符。

数字键区域中的键多数有上档、下档。若要使用数字键来输入数字,按 Num Lock 键,则键盘上的 Num Lock 指示灯亮。当 Num Lock 处于关闭状态时,数字键将作为第二组导航键运行(这些功能印在键上面的数字或符号旁边)。

(7) 其他键

现在一些新出的键盘上带有一些热键或按钮,可以迅速地一键式访问程序、文件或命令。有些键盘还带有音量控制、滚轮、缩放轮和其他小配件。要使用这些键的功能,需要安装该键盘附带的驱动程序。

2) 正确地使用键盘

正确使用键盘可有助于避免手腕、双手和双臂的不适感与损伤,以及提高输入速度和质量。正确的指法还是实现键盘盲打的基础(键盘盲打是指不看键盘也能正确地输入各种字符。所谓键盘操作指法,就是将打字机键区所有用于输入的键位合理地分配给双手各手指,每个手指负责击打固定的几个键位,使之分工明确,有条有理)。

(1) 基准键与手指的对应关系

基准键位:位于键盘的第二行,共有 8 个键,即"A、S、D、F、J、K、L、;"。左右手的各手指必须按要求放在所规定的按键上。键盘对应的指法如图 1-14 所示。按照这样的划分,整个键盘的手指分工就一清二楚了,要击打任何键,只需把手指从基本键位移到相应的键上,正确输入后,再回到基本键位。

(2) 按键的击打方法

击打按键的注意事项如下。

• 手腕要平直,手臂要保持静止,全部动作仅限于手指部分(上身其他部位不得接触

图 1-14　手指键位分配图

工作台或键盘）。

- 手指要保持弯曲，稍微拱起，指尖后的第一关节微成弧形，分别轻轻放在字键的中央。
- 输入时，手抬起，只有要击键的手指才可伸出击键。击后要立即缩回，不可用触摸手法，也不可停留在已击打的按键上（除 8 个基准键外）。
- 输入过程中，要用相同的节拍轻轻地击键，不可用力过猛。

① 空格的击打方法。右手从基准键上迅速垂直上抬 1～2 厘米，大拇指横着向下一击并立即收回，每击一次会输入一个空格。

② 换行的击打方法。需要换行时，抬起右手并伸小指击打一次 Enter 键。击后，右手立即退回原基准键位，在手收回的过程中，小指提前弯曲，以免把"；"带入。

2. 鼠标的使用

鼠标（mouse）的主要用途是用来进行光标定位或用来完成某种特定的输入，可以使用鼠标与计算机屏幕上的对象进行交互。可以对对象进行移动、打开、更改及执行其他操作，这一切只需操作鼠标即可。

（1）鼠标的组成

鼠标通常有两个按钮：主要按钮（通常为左键）和次要按钮（通常为右键），在两个按钮之间还有一个滚轮，使用滚轮可以滚动显示的内容，在有些鼠标上，按下滚轮可以用作第三个按钮。目前常见鼠标的外观如图 1-15 所示。高级鼠标可能有执行其他功能的附加按钮。

右键
滚轮
左键

（2）使用鼠标

使用鼠标时，先使鼠标指针定位在某一对象上，然后再按鼠标上的按键来完成功能。

图 1-15　常见鼠标的外观

① 移动鼠标。

- 移动：将鼠标置于干净、光滑的表面上，如鼠标垫。轻轻握住鼠标，食指放在主按钮上，拇指放在侧面，中指放在次按钮上。若要移动鼠标，可在任意方向慢慢滑动它。在移动鼠标时,屏幕上的指针沿相同方向移动。如果移动鼠标进时超出了书桌或鼠标垫的空间,则可以抬起鼠标并将其放回到更加靠近的位置,继续移动。

- 指向:指向操作就是把鼠标指针移到操作对象上。在指向屏幕上的某个对象时,该对象会改变颜色,同时在鼠标指针右下方会出现一个描述该对象的小框,鼠标指针可根据所指对象而改变。例如,在指向 Web 浏览器中的链接时,指针由箭头 变为伸出一个手指的手形 。

② 鼠标按钮的操作。大多数鼠标操作都将指向和按下一个鼠标按钮结合起来。使用鼠标按钮有 4 种基本方式:单击、双击、右击以及拖动。

- 单击(单击一次):若要单击某个对象,先指向屏幕上的对象,然后按下并释放主要按钮(通常为左按钮)。大多数情况下使用单击来选择(标记)对象或打开菜单。有时称为“单击一次”或“单击左键”。

- 双击:若要双击对象,先指向屏幕上的对象,然后快速地单击两次。如果两次单击间隔时间过长,它们就可能被认为是两次独立的单击,而不是一次双击。双击经常用于打开桌面上的对象。例如,通过双击桌面上的图标可以启动程序或打开文件夹。

- 右击:若要右击某个对象,先指向屏幕上的对象,然后按下并释放次要按钮(通常为右按钮)。右击对象通常显示可对其进行的操作列表(“快捷菜单”),其中包含可用于该项的常规命令。如果要对某个对象进行操作,而又不能确定如何操作或找不到操作菜单在哪里时,则可以右击该对象。灵活使用右击,可使用户的操作快捷、简单。

- 拖动:拖动操作就是用鼠标将对象从屏幕上的一个位置移动或复制到另一个位置。操作方法为,先将鼠标指针指向要移动的对象上,按下鼠标主要按钮(通常为左键)不放,将该对象移动到目标位置,最后再松开鼠标主要按钮。拖动(有时称为“拖放”)通常用于将文件和文件夹移动到其他位置,以及在屏幕上移动窗口和图标。

③ 滚轮的使用。如果鼠标有滚轮,则可以用它来滚动文档和网页。若要向下滚动,则向后(朝向自己)滚动滚轮;若要向上滚动,请向前(远离自己)滚动滚轮。也可以按下滚轮,自动滚动。

④ 自定义鼠标。可以更改鼠标设置以适应个人喜好。例如,可更改鼠标指针在屏幕上移动的速度,或更改指针的外观。如果习惯用左手,则可将主要按钮切换为右按钮。

3. 打字时的注意事项

长期使用不正确的姿势打字会对身体造成损害。为了身体健康,在打字时应该注意以下事项。

(1)屏幕及键盘应该放在身体的正前方,不应该让脖子及手腕处于倾斜的状态。

(2)屏幕的最上缘应低于水平视线,且屏幕离身体一个手臂的距离。

(3)上身要挺直,不要半坐半躺。

17

（4）大腿应尽量和小臂保持平行。

（5）调整座椅高度，使脚能够轻松平放在地板上。

（6）打字之前，可先活动一下自己的手指及手腕。

（7）打字时，手腕不应该放置在桌面上，而应该悬空在一定的高度上。

（8）连续打字一个小时，应至少休息10分钟。

（9）连续看屏幕20分钟，应远眺20秒以上，或闭目休息1分钟。

（10）经常眨眼可帮助眼睛休息及润滑。

（11）保持屏幕清洁。灰尘容易形成反射，从而增加眼睛的疲劳。

（12）字体尽量放大一点，方便阅读。

第四部分　习题精解

一、选择题

1. 第一台电子计算机是1946年在美国研制的，该机的缩写名是（　　）。

　　A. ENIAC　　　　B. MARII　　　　C. EDSAC　　　　D. EDVAC

答案：A

解析：ENIAC全称为Electronic Numerical Integrator and Computer，即电子数字积分计算机。ENIAC是世界上第一台通用的电子计算机。

2. 计算机最早的应用领域是（　　）。

　　A. 过程控制　　　B. 数值计算　　　C. 人工智能　　　D. 信息处理

答案：B

解析：计算机的应用领域有科学计算、数据处理、实时控制、计算机辅助设计等，但是电子计算机的特长是高速度、高精度地解算复杂的数学问题，所以数值计算是计算机最早的应用领域。

3. 基于冯·诺依曼的"程序存储"设计思想而设计的计算机硬件系统包括（　　）。

　　A. 主机、输入设备、输出设备

　　B. 控制器、运算器、存储器、输入设备、输出设备

　　C. 主机、存储器、显示器

　　D. 键盘、显示器、打印机、运算器

答案：B

解析：著名美籍匈牙利数学家冯·诺依曼与美国宾夕法尼亚大学莫尔电气工程学院的莫奇利小组合作，在他们研制的ENIAC的基础上提出了一个全新的存储通用电子计算机的方案，即EDVAC计算机方案。在该方案中，冯·诺依曼提出计算机应包括运算器、控制器、存储器、输入设备及输出设备等基本部件。

4. 第四代计算机使用的逻辑器件是（　　）。

　　A. 晶体管　　　　　　　　　　　　B. 中小规模集成电路

C. 电子管　　　　　　　　　　　　　　D. 大规模及超大规模集成电路

答案：D

解析：计算机发展经历了四个阶段，第一阶段（1946—1958 年）是电子管计算机时代。第二阶段（1959—1964 年）是晶体管计算机时代，第三阶段（1965—1970 年）是集成电路计算机时代，第四阶段（1971 年至今）是超大规模集成电路计算机时代。

5. 下列各存储器中，存取速度最快的是（　　　）。

　　A. 内存储器　　　B. CD-ROM　　　C. 硬盘　　　D. 软盘

答案：A

解析：存储器是存放数据和程序的装置，也称为记忆装置。存储器可分为内存储器（简称内存）和外存储器（简称外存）两类。内存是程序存储的基本单元，存取速度快，但价格较贵，容量不可能配置得非常大；而外存响应速度相对较慢，但容量可以做得很大（如一张 3.5 英寸软盘容量 1.44MB，一张光盘容量 640MB，硬盘容量可达几百 GB）。外存价格比较便宜，并且可以长期保存大量程序或数据，是计算机中必不可少的重要设备。

6. 能直接与 CPU 交换信息的存储器是（　　　）。

　　A. 软盘存储器　　　B. CD-ROM　　　C. 硬盘存储器　　　D. 内存储器

答案：D

解析：内存储器是 CPU 根据地址线直接寻址的存储空间，由半导体器件制成。外部存储器不能与 CPU 直接交换数据。

7. 有关微型计算机系统总线描述正确的是（　　　）。

　　A. 地址总线是单向的，数据总线和控制总线是双向的

　　B. 控制总线是单向的，数据总线和地址总线是双向的

　　C. 控制总线和地址总线是单向的，数据总线是双向的

　　D. 三者都是双向的

答案：A

解析：总线由一组导线和相关控制电路组成，是各种公共信号线的集合，用于微机系统各部件之间的信息传递。总线包括用于传送数据的数据总线、传送地址信息的地址总线和传送控制信息的控制总线。数据总线用来传输数据信息，是双向总线，CPU 既可以通过数据总线从内存或输入设备输入数据，也可以通过数据总线将内部数据送至内存或输出设备。地址总线用于传送 CPU 发出的地址信息，是单向总线。控制总线用来传送控制信号、时序信号、状态信息等。其中，有的总线是 CPU 向内存和外设发出的信息，有的则是内存或外设向 CPU 发出的信息。但控制总线作为一个整体是双向的。

8. 下列设备中，可以作为计算机输入设备的是（　　　）。

　　A. 显示器　　　B. 打印机　　　C. 绘图仪　　　D. 鼠标

答案：D

解析：输入设备的作用是将程序、原始数据、控制命令或现场采集的数据等信息输入计算机。

9. 下列设备组中，完全属于计算机输出设备的一组是（　　　）。

　　A. 喷墨打印机、显示器、键盘　　　　　　B. 激光打印机、键盘、鼠标

C. 打印机、绘图仪、显示器   D. 键盘、鼠标、扫描仪

答案：C

解析：输出设备是把计算机的中间结果或最后结果、机内的各种数据符号及文字或各种控制信号等信息输出。常用的输出设备有显示器、打印机、激光印字机、绘图仪及磁带、光盘机等。

10. 下列选项中，不属于显示器主要技术指标的是（   ）。

A. 分辨率   B. 重量   C. 像素的点距   D. 显示器的尺寸

答案：B

解析：显示器是计算机系统中最基本的输出设备，它的主要参数有分辨率、带宽、尺寸、点距、扫描方式等。

11. 下列各组软件中，完全属于应用软件的一组是（   ）。

A. UNIX、WPS Office 2003、MS-DOS

B. 物流管理程序、Sybase、Windows XP

C. AutoCAD、Photoshop、PowerPoint 2007

D. ORACLE、FORTRAN 编译系统、系统诊断程序

答案：C

解析：系统软件主要包括以下两类：面向计算机本身的软件，如操作系统、诊断程序等；面向用户的软件，如各种语言处理程序、实用程序、文字处理程序等。具有代表性的系统软件有操作系统、支撑服务程序、数据库管理系统以及各种程序设计语言的编译系统等。应用软件是指某特定领域中的某种具体应用，给最终用户使用的软件，如财务报表软件、数据库应用软件等。

12. 一条指令通常由（   ）和地址码两部分组成。

A. 程序   B. 操作码   C. 机器码   D. 二进制数

答案：B

解析：指令是用二进制代码表示的，一条指令的结构通常由操作码和地址码组成。操作码用来指明该命令所要完成的操作。地址码用来指出该指令的源操作数的地址、结果的地址以及下一条指令的地址。

13. 能直接让计算机识别的是（   ）语言。

A. C   B. BASIC   C. 汇编   D. 机器

答案：D

解析：机器语言是直接用二进制代码表示指令系统的语言，可以直接被计算机识别。汇编语言是被改进的符号化的语言，无法被直接执行，必须将汇编语言编写的程序翻译成机器语言程序才能被执行。C 语言和 BASIC 语言属于高级语言源程序，也无法被直接执行，必须通过编译或解释的方式翻译成机器语言才能执行。

14. CAI 表示为（   ）。

A. 计算机辅助设计   B. 计算机辅助制造

C. 计算机集成制造系统   D. 计算机辅助教学

答案：D

解析：CAI 是计算机辅助教学，CAD 是计算机辅助设计，CAM 是计算机辅助制造，CIMS 是计算机集成制造系统。

二、简答题

1. 外存有哪些相同点和不同点？

答案：内存的存储速度较快，容量小。内存直接与 CPU 相连接，是计算机中主要的工作存储器。当前运行的程序与数据都存放在内存中，此时将内存作为临时存储器。

外存的存取速度较慢，但容量很大，不能被 CPU 直接访问。计算机执行程序和加工处理数据时，外存中的信息先送入内存后才能使用，即计算机通过外存与内存不断交换数据的方式使用外存中的信息，属于永久性存储器。常见的外存设备有硬盘、光盘等。

2. 计算机的主要性能指标有哪些？

答案：计算机的性能涉及体系结构、软硬件配置、指令系统等多种因素，一般来说主要有下列技术指标：字长、运算速度、时钟频率（主频）、存储容量、外部设备配置、软件配置、系统的兼容性、系统的可靠性和可维护性、性能价格比。

3. 简述计算机硬件系统和软件系统之间的关系。

答案：计算机系统主要由硬件系统和软件系统两大部分组成。硬件是指看得见、摸得着的实际物理设备，如通常所看到的计算机的机柜或机箱，里边是各式各样的电子元器件，还有键盘、鼠标、显示器和打印机等，这些都是所谓的硬件，它们是计算机工作的物质基础。软件是指各类程序和数据，计算机软件包括计算机本身运行所需要的系统软件和完成用户任务所需要的应用软件。

软件是用于指挥计算机工作的程序与程序运行时所需要的数据，以及与这些程序和数据有关说明的文档资料。软件分为系统软件和应用软件两大类。软件系统是计算机上可运行的全部程序的总和。只有通过软件系统的支持，计算机硬件系统才能向用户呈现出强大的功能和友好的使用界面。

4. 简述"程序存储"原理的内容。

答案：冯·诺依曼提出的"程序存储"原理包含如下思想。

（1）计算机应包括运算器、控制器、存储器、输入设备及输出设备等基本部件。

（2）计算机内部采用二进制来表示指令和数据。每条指令一般具有一个操作码和一个地址码。其中，操作码表示运算性质，地址码指出操作数在存储器中的地址。

（3）将编写好的程序送入内存，然后启动计算机工作，计算机不需要操作人员干预，能自动逐条读取指令和执行指令。

冯·诺依曼设计思想最重要之处在于明确地提出了"程序存储"的概念，其全部设计思想实际上是对"程序存储"概念的具体化。

5. 简述计算机高级程序语言的两种工作方式（解释方式和编译方式）的区别。

答案：解释方式是程序执行一次就翻译一次，不生成其他文件。

编译方式是将源程序一次性翻译成可执行文件，多次执行时就执行可执行文件；若程序改变，需要修改源程序并重新翻译成可执行文件。

第五部分 综合任务

任务 1.1 英文指法训练

【任务目的】

了解计算机键盘的布局,在熟悉了键盘布局后,应掌握使用键盘时的左右手分工合作、正确的击键方法,并养成良好的操作习惯,同时通过大量练习,熟练使用键盘进行计算机应用操作。

【任务要求】

通过练习,应该达到以下要求。

(1) 能够在 5 分钟内,以每分钟不低于 80 个英文字符的速度使用计算机键盘输入指定的新闻、文学类文稿,错误率不高于 6‰。

(2) 能够在 5 分钟内,以每分钟不低于 80 个英文字符的速度使用计算机键盘输入指定的社科、科技类文稿,错误率不高于 6‰。

【任务分析】

本任务旨在考查英文录入能力。在熟悉键盘布局之后,还应该掌握使用键盘时的左右手分工、正确的击键方法和良好的操作习惯,同时要进行大量的练习才能够熟练地使用键盘进行计算机应用操作。

【步骤提示】

1. 熟悉指法要领

(1) 手指分工。十个手指均规定有自己的操作键位区域,任何一个手指不得去按不属于自己分工区域的键,在操作中各个手指必须严格遵守这一规定并进行操作。特别是无名指和小指可能在最开始上机操作时,由于不太听"指挥",很容易造成其他手指"帮忙"的情况,因此从最开始就必须坚持这几个手指按指定的键。

(2) 悬腕打字。不要将手腕搁在桌子上或键盘边框上打,应该悬腕打字,悬腕打字有利于快速输入。有些初学者往往能悬腕但双肩没放松,坚持一会儿就觉得肩酸背痛,只要按正确的姿势调整一下即可。

(3) 坚持盲打。在操作中,必须从最开始就坚持盲打操作,即不要用眼睛看键盘,只能通过大脑来想击的键所处的位置,并指挥相应的手来完成击键。一开始就要严格要求自己,否则,一旦养成错误的打法习惯,以后再想纠正就很困难了。开始训练时可能会有一些手指不好控制,有点别扭,比如无名指、小指,只要坚持几天,慢慢就习惯了,后面就可以有比较好的效果。

（4）迅速归位。要求手指击键完毕后始终放在键盘的起始位置上,每一手指上下两排的击键任务完成后,一定要习惯地回到基本键的位置。这样,再击其他键时,平均移动的距离比较短,因而有利于提高击键速度。

（5）指腕找键。手指寻找键位,必须依靠手指和手腕的灵活运动,不能靠整个手臂的运动来找。

（6）眼观原稿。对打字员和专业录入人员在训练中还应注意,眼睛不仅不能看键盘,同时也不能看屏幕,只可看要录入的纸稿,这样才能训练出真正意义上快速专业的盲打人员。

（7）巧用数字键。小数字键盘的训练也是有必要的,特别是对于从事经常同数字打交道的工作(如财务、金融、统计)来说尤其如此,因为小键盘范围小,一只手就可以操作,另一只手可以解放出来翻看原始单据,在输入数字时的速度要比用主键盘的数字键快很多。

2. 指法练习

（1）基本键位练习

应反复练习,直到能自如、熟练地使用键盘为止。注意,中间的 G、H 两个键不属于基本字键。

（2）G、H 键位练习

整个左手离开基本键位向右移,用左手食指击 G 键。击毕,左手迅速回到基本键位。

整个右手离开基本字键向左移,用右手食指击 H 键。击毕,右手迅速回到基本键位。

（3）第三行键位练习

整个手离开基本字键向上移,方能做到手指给予字键垂直、迅速而轻的触击力。击毕,手迅速回到基本字键位。

（4）第一行键位练习

整个手离开基本字键向下移,用手指指端垂直击键。击毕,手迅速回到基本键位。

（5）大写字母指法练习

连续输入大写字母,只需按下 Caps Lock 键打开"大写锁定"功能即可;若停止输入大写字母,可以再按 Caps Lock 键使其复位即可。

要进行单个大写字母的输入,操作步骤为:**按 Caps Lock 键→击字母键→松开 Caps Lock 键**。

（6）数字指法练习

① 零星数字击打法:整个手离开基本键位向上移至第四行,用手指指端垂直击键。击毕,手迅速回到基本键位。

② 纯数字击打法:可将手摆放在第四行的 1、2、3、4、7、8、9、0 等数字键上。即在纯数字击打法中,将这 8 个键当作"基本键位"。若不是纯数字击打法,手应放在基本键位上。

③ 小键盘击打法:纯数字击打法可以使用小键盘来实现(应确认小键盘上的 Num Lock 指示灯亮)。

23

（7）综合指法练习

Yellow Crane Tower

Yellow Crane Tower is an imposing pagoda close to the Yangzi River. Situated at the top of Sheshan (Snake Hill), in Wuchang, the tower was originally built at a place called Yellow Crane Rock projecting over the water, hence the name. Over the centuries the tower was destroyed by fire many times, but its popularity with Wuhan residents ensured that it was always rebuilt. The current tower was completed in 1985 and its design was copied from a Qing Dynasty (1644—1911) picture. The tower has 5 stories and rises to 51 meters covered with yellow glazed tiles and supported with 72 huge pillars, it has 60 upturned eaves layer upon layer. It is an authentic reproduction of both the exterior and interior design, with the exception of the addition of air-conditioning and an elevator.

Chinatown in New York

On the surface, Chinatown is prosperous—"a model slum", some have called it—with the lowest crime rate, highest employment and least juvenile delinquency of any city district. Walk through its crowded streets at any time of day, and every shop is doing a brisk and businesslike trade: restaurant after restaurant is booming; there are storefront displays of shiny squids, clawing crabs and clambering lobster; and street markets offer overflowing piles of exotic green vegetables, garlic and ginger root.

Chinatown has the feel of a land of plenty, and the reason why lies with the Chinese themselves: even here, in the very core of downtown Manhattan, they have been careful to preserve their own way of dealing with things, preferring to keep affairs close to the bond of the family and allowing few intrusions into a still-insular culture. There have been several concessions to Westerners—storefront signs now offer English translations, and Haagen Dazs and Baskin Robbins ice-cream stores have opened on lower Mott Street—but they can't help but seem incongruous. The one time of the year when Chinatown bursts open is during the Chinese New Year Festival, held each year on the first full moon after January 19, when a giant dragon runs down.

Mott Street to the accompaniment of firecrackers, and the gutters run with ceremonial dyes.

Beneath the neighborhood's blithely prosperous facade, however, there is a darker underbelly. Sharp practices continue to flourish, with traditional extortion and protection rackets still in business. Non-union sweatshops—their assembly lines grinding from early morning to late into the evening—are still visited by the US Department of Labor, who come to investigate workers' testimonies of being paid below minimum wage for seventy-plus-hour work weeks. Living conditions are abysmal for the poorer Chinese—mostly recent immigrants and the elderly—who reside in small rooms in overcrowded tenements ill-kept by landlords. Yet，because the community has been cloistered for so long and has only just begun to seek help from city officials for its internal problems，you won't detect any hint of difficulties unless you reside in Chinatown for a considerable length of time.

【任务结果】

熟练掌握正确的指法、英文打字技巧，打字速度达到 80 英文字符/分钟。

任务 1.2 信息素养训练

【任务目的】

通过训练，了解信息处理的基本过程，培养信息意识和信息处理的基本能力。

【任务要求】

（1）收集指定的信息。
（2）了解信息处理的过程。
（3）进行信息意识和信息能力的测评。

【任务分析】

本任务旨在考查学生的信息素养。首先需要收集制定的信息，其次将收集到的信息进行处理，最后对学生的信息意识和信息能力进行测评。

【步骤提示】

1. 信息收集训练

根据收集的信息，完成表 1-2。

表 1-2　中国奥运代表团历届奥运会奖牌数量统计表

奖牌 历届奥运会	金　牌	银　牌	铜　牌
2012 年伦敦奥运会			
2008 年北京奥运会			
2004 年雅典奥运会			
2000 年悉尼奥运会			
1996 年亚特兰大奥运会			
1992 年巴塞罗那奥运会			

续表

奖牌 历届奥运会	金 牌	银 牌	铜 牌
1988 年汉城奥运会			
1914 年洛杉矶奥运会			

2. 说说你对信息和信息处理的认识

信息和信息处理对我们的影响到底有多大？它在我们的生活和工作中能发挥怎样的作用？我们的世界能否脱离信息处理而独立存在呢？

（1）活动目的

① 让学员了解我们周围的信息。

② 让学员了解信息处理是怎样影响我们生活的。

③ 加深学员对信息处理重要性的认识。

④ 通过讨论增强学员信息处理的意识。

（2）规则与程序

① 每个学员围绕"信息和信息处理怎样影响我们的生活"思考生活中典型的信息处理案例。

② 按 6 人左右将全班分为若干个小组。

③ 每个小组成员在组内向其他组员介绍自己的案例。

④ 各组展开以"信息和信息处理对我们生活的影响有多大"为主题的研讨。

⑤ 各小组选一名代表在全班学员面前介绍一个典型案例和讨论心得。

⑥ 各小组发言完毕后，进行自由发言。

⑦ 教师带领学员进行总结。

3. 信息处理与传递

准确地理解信息是进行信息处理和传递的前提，但是，以讹传讹在日常生活中却并不少见，这是因为人们在进行信息的处理和传递过程中总会产生误差，下面这个活动也许最能说明问题。

（1）活动目的

① 让学员体验信息处理和传递的过程。

② 调动学员进行信息处理能力学习的兴趣。

（2）规则与程序

① 按 8 人一组，将全班分为若干小组，每小组坐成一列，小组之间和小组成员之间保留较大空隙。以小组内任意两人之间的小声交流不被第三人听到为宜。

② 每组第一个学员上台来，看教师写在纸上的信息，时间为 1 分钟，信息字数为 50 字左右。

③ 每组的学员要按座位顺序把信息传给后一位学员，传话时只能让组内的下一位学

员听到。

④ 最后一个学员要以最快的速度把信息写在纸上,并交给教师。

⑤ 教师展示每组学员最后的信息内容,并与实际信息相比较,看哪组学员信息传递得又快又准。

⑥ 教师可准备不同内容的信息,进行多次信息传递活动。

⑦ 学员分析讨论,教师总结。

4．信息处理过程训练

信息的需求与明确、信息的检索与获取、信息的分析与整理、信息的编排与展示、信息的传递与交流、信息的存储与安全、信息的决策与评估是信息处理过程的 7 个步骤。请学员讨论:是不是任何一个信息处理过程都包含这 7 个步骤?如果可以不全部包含,哪些步骤可以省略,并举例说明。

(1) 活动目的

① 清楚信息处理的步骤。

② 灵活掌握信息处理的过程。

③ 提高学员的信息素养。

(2) 规则与程序

① 按 6 人左右将全班分为若干个小组。

② 每个小组成员在组内向其他组员讲述自己的观点。

③ 各组展开以"信息处理步骤是否可以省略"为主题的研讨。

④ 各小组选一名代表在全班学员面前介绍本组的讨论结果和心得。

⑤ 各小组发言完毕后,进行自由发言。

⑥ 教师带领学员进行总结。

5．信息意识测评

本测评主要考查学员的信息意识强弱程度。通过评估,帮助学员认识自己,并能有效地促进评估者信息意识的形成。

(1) 情景描述

请根据实际对下列命题进行判断,不要花太多时间考虑,每个陈述有 5 种选择:1＝很不符合、2＝基本不符合、3＝不太确定、4＝基本符合、5＝非常符合。请将代表选项的数字写在序号前。

① 新信息很容易吸引你的注意力。

② 你能主动查阅、收集本学科及本专业最新发展的动向。

③ 在图书馆查不到所需资料时能主动求助于图书馆工作人员或同学。

④ 你认为信息也是创造财富的资本。

⑤ 你能独立判断信息资源的价值。

⑥ 你能认识到信息对个人和社会的重要性。

⑦ 面对所需要的重要信息,愿意接受有偿信息服务。

⑧ 遇到问题时有使用信息技术解决问题的欲望。

⑨ 在学习遇到困难时,你能立即想到去图书馆或上网查资料。

⑩ 你会利用图书馆所购买的各种数据库来帮助自己学习。

⑪ 你有强烈的求知欲望。

⑫ 你参加过校外 IT 培训考试。

⑬ 你善于从司空见惯的、微不足道的现象中发现有价值的信息。

⑭ 你面对浩如烟海、杂乱无序的信息,能去粗取精、去伪存真,做出正确的选择。

⑮ 你不论何时何地,从工作到日常生活,都积极地去关注、思考问题。

⑯ 你有强烈的紧迫感和超前意识。

⑰ 你有需要增强情报系统能力的愿望和行动。

⑱ 你有高度自我完善以适应形势要求的自觉性。

⑲ 当需要某一资料时,你清楚地知道应该去哪里获取。

⑳ 你对非法截取他人信息或非法破坏他人网络或在网上散发病毒等行为持坚决反对的态度。

㉑ 你认识到信息泄露会造成危害。

㉒ 你在信息活动中,能严格遵守信息法律法规。

㉓ 你认为知识只有得到传播才能显示价值,发挥作用,推动人类社会的进步与发展。

㉔ 你认为信息资源共享有利于实现信息资源的合理配置,能发挥信息资源的价值与作用。

㉕ 你有对知识或已知信息的分析研究进行创造的愿望。

(2)评估标准

信息意识的测评标准见表 1-3。

表 1-3　信息意识的测评标准

选项	很不符合	基本不符合	不太确定	基本符合	非常符合
记分	1分	2分	3分	4分	5分

(3)结果分析

① 25~58 分为较差等级,被试者的信息意识暂时还比较弱,处于初级水平,还需要进一步加强。如果被试者想适应信息社会,就必须针对自己的不足做出改进。

② 59~92 分为中等等级,被试者的信息意识较强,处于中等水平。若加强信息意识方面的锻炼,被试者就会成为一个具有超强信息意识的人,你的事业也会展开新的局面。你需要从信息安全、信息知识创新等方面提高自己。

③ 93~125 分为优秀等级,被试者具有(或将具有)超强的信息意识,处于高等水平,被试者的事业也在蒸蒸日上。你可能已经成功,或都正在走向成功,继续充实自己,努力把工作做得更好。

6. 信息处理能力测试

（1）情景描述

本测评主要考查被试者信息处理能力的强弱和信息处理的偏好与习惯。通过评估，帮助被评估者了解自己的信息处理能力和个性化习惯，明确自己属于哪种信息处理类型以及自己在信息处理方面的弱点和不足。

请快速如实地回答表 1-4 中的问题，在与你的情况相符的选项后面打"√"，每个问题只能选择一项。

表 1-4　信息处理能力测试表

序号	问　　题	选　　项	选择
1	你对信息处理的认识是什么？	A. 所有感官感受到的信息及对这些信息的所有操作	
		B. 以计算机和通信为代表的现代信息处理技术	
		C. 世间万物皆信息，我们每时每刻都在处理信息	
2	你上网大部分时间在做什么？	A. 看电影、小说、聊天或者打游戏。查资料的时间非常少	
		B. 发邮件、聊天或者网上购物等	
		C. 有需要才上网搜索资料，很少娱乐	
3	你对手机中的功能了解多少？	A. 主要用来打电话和发短信，好多功能都没有用过	
		B. 大部分常用功能都会用	
		C. 无论是否有用，手机中的功能我都了解	
4	你是否随身携带记录工具，常带的工具是什么？	A. 几乎不带记录工具。若需要则临时找记录工具	
		B. 有时带，有时不带，工具主要是纸笔	
		C. 经常带，主要是纸笔，有时也用电子工具	
		D. 几乎随身带，纸笔和电子工具同时带	
5	在外出或异地旅游过程中，你是否走错过路？	A. 大方向不会错，到了目的地再打听，总能找到	
		B. 提前将行程路线搞清楚，很少走冤枉路	
		C. 提前将行程路线搞清楚，并且预备多条路线，以备异常情况	
6	你有没有相信过虚假信息，或被人骗过？	A. 有，因为防不胜防，上过好几次当了	
		B. 有，但只有一两次，以后我会倍加小心	
		C. 听别人说过很多上当经历，所以每次遇到都会看穿那是个骗局，不予理睬	
7	你写总结、报告或申请时觉得难吗？	A. 最讨厌写这种没有情节的应用文了	
		B. 如果自己经历的事，比较好写，如果单靠个人构思，我不知道该怎么写	
		C. 别人写不出的时候，我总能找到话题	

序号	问　题	选　项	选择
8	你与人交流时,有没有把一个问题翻来覆去解释给人家听?	A. 有时候感觉对方不好沟通,怎么讲他都听不明白	
		B. 不管问题有多复杂,我一般讲一遍别人就听懂了,很少重复讲同一个问题	
		C. 对于复杂问题,我经常要重复几次,对方才可以理解	
9	你办黑板报的水平如何?	A. 从来也没有办过,不知道该怎么弄	
		B. 参与过,但只是给别人当助手	
		C. 经常参与,而且是主力	
10	你电子排版的水平如何?	A. 什么是电子排版,我不知道	
		B. 会使用一些软件进行简单的平面设计	
		C. 精通至少一个排版软件,排版效果美观	
11	当突发事件发生时,你的表现是怎样的?	A. 尖叫、发呆或不知所措	
		B. 寻求别人的帮助,或等待别人帮忙	
		C. 能够在最短的时间内做出判断	
12	当因为你的决策而使某件事成功或失败,事后你会怎么做?	A. 无论成功与失败,过去的事就让它过去吧	
		B. 成功了我会高兴,但失败了我会总结经验	
		C. 无论成功与失败,我都会总结得与失	
13	你坐公交车时会把钱包放在哪里?	A. 放在外套里面的口袋里	
		B. 放在贴身衣服的口袋或手提包中	
		C. 把钱包拿在手上	

（2）评分标准（见表1-5）

表 1-5　信息处理能力测试参考标准

序号	问　题	选项所体现的能力	分值
1	你对信息处理的认识是什么?	A. 片面的信息处理观点	1
		B. 狭义的信息处理观点	2
		C. 广义上的信息处理观点	3
2	你上网大部分时间在做什么?	A. 娱乐为主,较低的信息处理能力	1
		B. 普通的信息处理能力	2
		C. 较为专业的信息处理能力	3
3	你对你手机中的功能了解多少?	A. 信息的敏感度差	1
		B. 信息的敏感度一般	2
		C. 信息的敏感度很强	3

续表

序号	问题	选项所体现的能力	分值
4	你是否随身携带记录工具,常带的工具是什么?	A. 获取信息的习惯不好	0
		B. 获取信息的习惯一般	1
		C. 获取信息的习惯较好	2
		D. 具有良好的信息获取习惯	3
5	在外出或异地旅游过程中,你是否走错过路?	A. 信息获取的素养较差	1
		B. 信息获取的素养较好	2
		C. 信息获取的素养很好	3
6	你有没有相信过虚假信息,或被人骗过?	A. 辨别信息真伪的能力差	1
		B. 辨别信息真伪的能力较好	2
		C. 辨别信息真伪的能力很好	3
7	你写总结、报告或申请时觉得难吗?	A. 信息的收集和表达能力差	1
		B. 信息的收集和表达能力一般	2
		C. 信息的收集和表达能力强	3
8	你与人交流时,有没有把一个问题翻来覆去解释给人家听?	A. 信息的表达能力差	1
		B. 这是不可能的现象	2
		C. 信息的表达能力较好	3
9	你办黑板报的水平如何?	A. 信息的手工表达能力差	1
		B. 信息的手工表达能力一般	2
		C. 信息的手工表达能力较好	3
10	你电子排版的水平如何?	A. 信息的电子展示能力差	1
		B. 信息的电子展示能力较好	2
		C. 信息的电子展示能力很好	3
11	当突发事件发生时,你的表现是怎样的?	A. 信息决策的能力差	1
		B. 信息决策的能力一般	2
		C. 信息决策的能力较好	3
12	当因为你的决策而使某件事成功或失败,事后你会怎么做?	A. 没有什么信息评估意识和能力	1
		B. 具有一定的信息评估意识和能力	2
		C. 具有很强的信息评估意识和能力	3
13	你坐公交车时会把钱包放在哪里?	A. 信息的安全意识一般	1
		B. 信息的安全意识较强	2
		C. 过度敏感的安全意识	3

（3）结果分析

根据信息处理能力测试参考标准，测试者可以计算自己的得分。10～15分：信息处理能力差；16～25分：信息处理能力一般；26～32分：信息处理能力良好；33～37分，信息处理能力强。

【任务结果】

加深对信息技术内涵的理解，提高自身的信息素养。

第六部分　考　证　辅　导

一、全国计算机等级考试考证辅导

1. 考试要求

（1）一级考试

① 具有微型计算机的基础知识。

② 了解微型计算机系统的组成和各部分的功能。

③ 了解计算机的发展、类型及其应用领域。

（2）二级考试

与一级考试要求相同。

2. 模拟练习

（1）美国的第一台电子数字计算机诞生于（　　）年。
　　　A. 1936　　　　　　B. 1946　　　　　　C. 1952　　　　　　D. 1959
（2）以微处理器为核心组成的微型计算机属于（　　）计算机。
　　　A. 第一代　　　　　B. 第二代　　　　　C. 第三代　　　　　D. 第四代
（3）冯·诺依曼结构计算机包括输入设备、输出设备、存储器、控制器、（　　）五大组成部件。
　　　A. 处理器　　　　　B. 运算器　　　　　C. 显示器　　　　　D. 模拟器
（4）个人计算机属于（　　）。
　　　A. 小巨型机　　　　　　　　　　　　B. 小型计算机
　　　C. 微型计算机　　　　　　　　　　　D. 中型计算机
（5）计算机的发展方向是微型化、巨型化、多媒体化、智能化和（　　）。
　　　A. 模块化　　　　　B. 系列化　　　　　C. 网络化　　　　　D. 功能化
（6）中央处理器（CPU）包括（　　）。
　　　A. 控制器、运算器和内存储器　　　　B. 控制器和运算器
　　　C. 内存储器和控制器　　　　　　　　D. 内存储器和运算器
（7）计算机中运算器的作用是（　　）。

    A. 控制数据的输入/输出

    B. 控制主存与辅存间的数据交换

    C. 完成各种算术运算和逻辑运算

    D. 协调和指挥整个计算机系统的操作

(8) 下列说法中,正确的是(　　)。

    A. 软盘驱动器是唯一的外部存储设备

    B. U 盘的容量远大于硬盘的容量

    C. 软盘的容量远远小于硬盘的容量

    D. 硬盘的存取速度比软盘的存取速度慢

(9) 内存的大部分由 RAM 组成,其中存储的数据在断电后(　　)丢失。

    A. 不会　　　　　B. 部分　　　　　C. 完全　　　　　D. 不一定

(10) ROM 是指(　　)。

    A. 存储器规范　　B. 随机存储器　　C. 只读存储器　　D. 存储器内存

(11) 在计算机中,条码阅读器属于(　　)。

    A. 计算设备　　　B. 输入设备　　　C. 存储设备　　　D. 输出设备

(12) 高级语言编写的程序必须转换成(　　)程序,计算机才能执行。

    A. 汇编语言　　　B. 机器语言　　　C. 中级语言　　　D. 算法语言

(13) 以下属于高级语言的有(　　)。

    A. 汇编语言　　　B. C 语言　　　　C. 机器语言　　　D. 以上都是

(14) 计算机的软件系统分为(　　)。

    A. 程序和数据　　　　　　　　　　B. 工具软件和测试软件

    C. 系统软件和应用软件　　　　　　D. 系统软件和测试软件

(15) 计算机系统是由(　　)组成的。

    A. 主机及外部设备　　　　　　　　B. 主机、键盘、显示器和打印机

    C. 系统软件和应用软件　　　　　　D. 硬件系统和软件系统

二、全国计算机信息高新技术考试考证辅导

此部分内容在高新技术考试中不涉及。

第 2 单元　信息处理与数字化

　　本单元的学习,旨在使大家掌握获取和处理信息的方式。信息可以是数字、文字,也可以是图像、声音、动画等。由于二进制编码技术实现简单,运算简单可靠,适合逻辑运算并且易于转换,所以计算机内部采用二进制形式表示各种信息。对于一切非二进制形式的数字、字符、文字、声音、图像等信息,都要表示成二进制数据的形式才能被计算机传输、存储和处理。

单元学习目标

- 掌握信息与数据的概念及区别。
- 掌握二进制、八进制、十进制及十六进制之间的转换方法。
- 掌握计算机中数据的存储单位。
- 掌握西文字符的编码方式。
- 了解中文字符的编码方式及计算机对汉字的处理过程。
- 打字速度达到每分钟 80 个英文字符或 45 个汉字的速度。

第一部分　能 力 自 测

一、先前学习成果评价

　　首先向任课教师提交自己以前学习过本单元内容的证据,然后在 20 分钟内回答以下问题。

　　(1) 信息处理包含哪些步骤? 信息收集的方法有哪些? 信息清洗都需要清洗什么样的数据?

　　(2) 能够叙述十进制数转换为二进制数的两种方法的运算步骤。

　　① 除基倒取余法。

　　② 减权定位法。

　　(3) 你的打字速度可以达到每分钟 80 个英文字符或 45 个汉字的速度吗?

　　(4) 你知道如何输入特殊字符(如Ⅲ、※等)吗?

二、当前技能水平评测

（1）手动进行下列计算。

① 将二进制数 11010.01、八进制数 5652、十六进制数 3ACF 转换为十进制数。

② 将十进制数 526 转换为二进制数、八进制数和十六进制数。

③ 将八进制数 526、十六进制数 522C 转换为二进制数。

④ 将二进制数 10010110 转换为八进制数和十六进制数。

（2）新建一个 Word 文档或打开写字板，在 3 分钟内输入下面的两部分文字。要求：使用正确的键盘指法并能盲打。

You Have Only One Life

There are moments in life when you miss someone so much that you just want to pick them from your dreams and hug them for real! Dream what you want to dream; go where you want to go; be what you want to be, because you have only one life and one chance to do all the things you want to do.

May you have enough happiness to make you sweet, enough trials to make you strong, enough sorrow to keep you human, enough hope to make you happy? Always put yourself in others'shoes. If you feel that it hurts you, it probably hurts the other person, too.

The happiest of people don't necessarily have the best of everything; they just make the most of everything that comes along their way. Happiness lies for those who cry, those who hurt, those who have searched, and those who have tried, for only they can appreciate the importance of people.

大　数　据

对于"大数据"（big data），研究机构 Gartner 给出了这样的定义："大数据"是需要新处理模式才能具有更强的决策力、洞察发现力和流程优化能力来适应海量、高增长率和多样化的信息资产。

从技术上看，大数据与云计算的关系可以说密不可分。大数据无法用单台的计算机进行处理，必须采用分布式架构，它的特色在于对海量数据进行分布式数据挖掘，但它必须依托云计算的分布式处理、分布式数据库和云存储、虚拟化技术。

随着云时代的来临，大数据也吸引了越来越多的关注。分析师团队认为，大数据通常用来形容一个公司创造的大量非结构化数据和半结构化数据，这些数据在下载到关系型数据库用于分析时会花费过多时间和金钱。大数据分析常和云计算联系到一起，因为实时的大型数据集分析需要像 MapReduce 一样的框架来向数十、数百或甚至数千的计算机分配工作。

第二部分 学 习 指 南

一、知识要点

1. 数据的存储单位

计算机中数据的最小存储单位是位(bit,简写为 b),存储容量的基本存储单位是字节(Byte,简写为 B),此外还有 KB、MB、GB、TB 等。

$$1B＝8b$$
$$1KB＝1024B＝2^{10}B$$
$$1MB＝1024KB＝2^{10}KB$$
$$1GB＝1024MB＝2^{10}MB$$
$$1TB＝1024GB＝2^{10}GB$$

字是计算机进行数据存储和数据处理的运算单位,是计算机在同一时间内处理的一组二进制数。一个字由若干个字节组成(通常取字节的整数倍)。

2. 数制

目前常用的数制有二进制、八进制、十进制和十六进制。

二进制由 0、1 两个数字组成,基数为 2,在运算时遵循"逢二进一,借一当二"的原则。

八进制由 0、1、2、3、4、5、6、7 八个数字组成,基数为 8,在运算时遵循"逢八进一,借一当八"的原则。

十进制由 0、1、2、3、4、5、6、7、8、9 十个数字组成,基数为 10,在运算时遵循"逢十进一,借一当十"的原则。

十六进制由 0、1、2、3、4、5、6、7、8、9 十个数字和 A、B、C、D、E、F 六个字母组成,基数为 16,在运算时遵循"逢十六进一,借一当十六"的原则。

3. 数制转换

(1) 二、八、十六进制数转换成十进制数:将二进制数、八进制数、十六进制数按权展开再求和,所得到的值即为对应的十进制数。

(2) 十进制数转换成二、八、十六进制数:将十进制数转换为 R(R 为 2、8 或 16)进制数,整数部分采取"除 R 取余"的方法,即整数部分连续地除以 R,直到商为 0,将每次所得余数按出现的顺序逆序书写;小数部分采用"乘 R 取整"的方法,即小数部分连续地乘以 R,直到小数部分为 0 或达到所要求的精度为止,将每次求得的结果的整数部分按出现的顺序书写即可。

(3) 二进制数转换为八进制、十六进制数:因为 $2^3＝8$,$2^4＝16$,所以 3 位二进制数可以表示 1 位八进制数,4 位二进制数可以表示 1 位十六进制数。将二进制数转换为八进制数(十六进制数),以二进制数的小数点为界,整数部分从右至左每 3 位(每 4 位)组成一组,小数部分从左至右每 3 位(每 4 位)组成一组,最后不足 3 位(4 位)时用 0 补足,然后将每组二进制数转换为 1 位八进制数(十六进制数)即可。

(4) 八进制数、十六进制数转换为二进制数:将每一个八进制数(十六进制数)转换为 3 位(4 位)二进制数即可。

4. 西文字符编码

最常用的西文字符编码是 ASCII 码(American Standard Code for Information Interchange,美国信息交换标准码),它用 7 位二进制数来表示一个字符,可以表示 52 个大小写英文字母、10 个阿拉伯数字、34 个控制字符和 32 个标点符号与运算符号,共 128 个字符。在这些字符中,ASCII 码值从小到大的排列为控制字符(DEL 除外)、0~9、A~Z,a~z。大小写字母之间 ASCII 码相差 32。由于计算机基本处理单位为字节(8 位),所以一般仍以一个字节来存放一个 ASCII 字符,每一个字节中多出来的一位(最高位)为 0。

5. 中文字符编码

每个汉字的处理及对应编码都包括输入码、交换码、内码及字形码,其基本信息处理过程如图 2-1 所示。

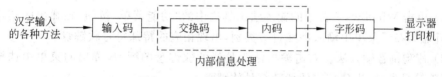

图 2-1　汉字信息的基本处理过程

(1) 汉字输入码也称外码,是为将汉字输入计算机而设计的代码。汉字输入码分为数字编码、拼音编码和字形编码。

(2) 汉字信息交换码简称交换码,也称国标码。我国于 1980 年颁布的《信息交换用汉字编码字符集——基本集》(GB 2312—1980),是国家规定的用于汉字信息处理使用的代码依据,这种编码称为国标码。其中任意一个汉字或字符用两个字节表示,每个字节用 7 位二进制数表示。

(3) 汉字的区位码是将 GB 2312—1980 的所有国标汉字和字符组成一个 94×94 的方阵,每一行称为一个"区",每一列称为一个"位",用区位图的位置来表示汉字或符号的编码。

(4) 汉字机内码是为了避免 ASCII 码和国标码同时使用时产生二义性问题而引入的,大部分汉字系统都采用将国标码每个字节高位置 1 作为汉字机内码。

(5) 汉字字形码又称汉字字模,用于汉字在显示屏或打印机的输出。

各种汉字编码的关系为:

$$交换码＝区位码＋2020H \quad 内码＝交换码＋8080H$$

二、技能要点

1. 中英文打字技巧

（1）中英文之间的切换（4种方法）

- 按 Ctrl+Space 组合键可以启动或关闭中文输入法。
- 在中文输入法状态下按 Shift 键。
- 在输入法工具栏上单击中/英文标志。
- 在中文状态下输入英文后按 Enter 键。

（2）半角/全角的切换（两种方法）

- 按 Shift+Space 组合键。
- 单击输入法工具栏上的半角/全角标志。

（3）简体/繁体字切换（两种方法）

- 用 Windows 7 自带的输入法输入繁体字，在"文本服务和输入语言"对话框中选中使用的输入法：依次选择"属性"→"高级"→"繁体中文"命令。
- 搜狗拼音输入法：右击输入法工具栏并选择"简繁转换"→"繁体"命令。

2. 特殊符号的输入

（1）单击 Windows 7 自带的输入法工具栏中的"功能菜单"按钮，在弹出的菜单中选择"软键盘"，在子菜单中输入特殊符号类别，出现相应的特殊符号软键盘。

（2）搜狗拼音输入法。右击输入法工具栏的软键盘图标，在弹出的菜单中选择要输入的特殊符号类别，出现相应的特殊符号软键盘。

第三部分 实验指导

实验 2.1 不同数制转换练习

【实验目的】

（1）掌握手工计算不同进制之间的转换方法。
（2）掌握使用计算机进行不同进制之间的转换方法。
（3）了解计算机的 MAC 地址和 IP 地址。

【实验内容】

（1）将十进制数转换为二进制数、八进制数、十六进制数。
（2）将二进制数转换为八进制数和十六进制数。
（3）将二进制数、八进制数、十六进制数转换为十进制数。
（4）了解计算机的 IP 地址与 MAC 地址。

（5）使用 Windows 7 自带的计算器进行数制的转换。

【实验步骤】

一、将十进制数转换为二进制数、八进制数、十六进制数

1. 将十进制数 35.34 转换成二进制数

将十进制转换成二进制数，整数部分采取"除 2 取余"的方法，即整数部分连续地除以 2，直到商为 0，将每次所得余数按出现的逆序书写；小数部分采用"乘 2 取整"的方法，即小数部分连续地乘以 2，直到小数部分为 0 或达到所要求的精度为止，将每次求得的结果的整数部分按出现的顺序书写即可，如图 2-2 所示。

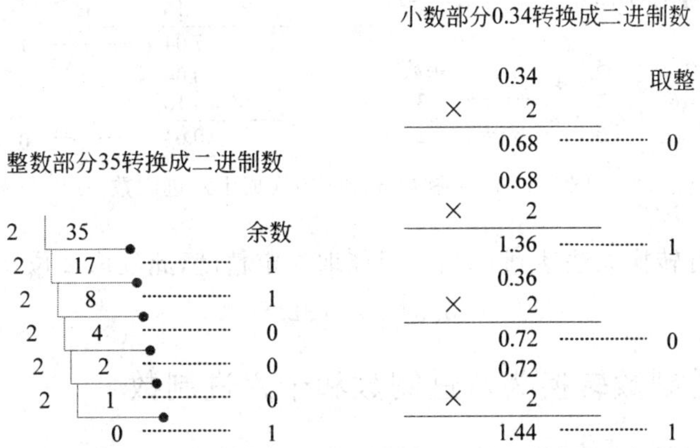

图 2-2　十进制数 35.34 转换成二进制数的过程

小数部分进行转换无法达到 0，所以只能取一定精度，此处取 4 位。因此：

$$(35.34)_{10} = (100011.0101)_2$$

2. 将十进制数 35.34 转换成八进制数

将十进制数转换成八进制数，整数部分采取"除 8 取余"的方法，小数部分采用"乘 8 取整"的方法，如图 2-3 所示。

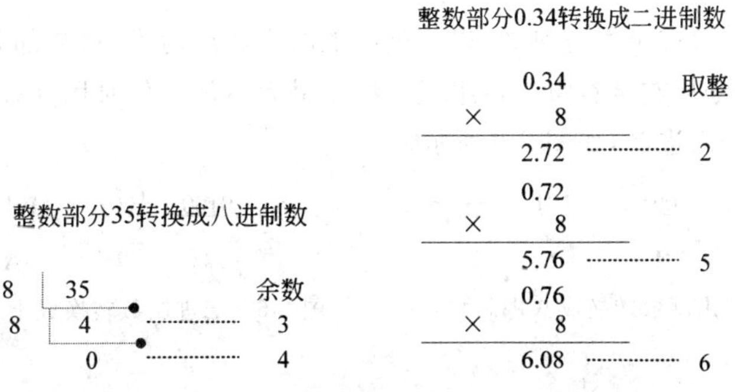

图 2-3　十进制数 35.34 转换成八进制数的过程

小数部分进行转换无法达到 0,所以只能取一定精度,此处取 3 位。因此:
$$(35.34)_{10} = (43.256)_8$$

3. 将十进制数 35.34 转换成十六进制数

将十进制数转换成十六进制数,整数部分采取"除 16 取余"的方法,小数部分采用"乘 16 取整"的方法,如图 2-4 所示。

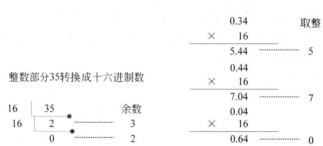

图 2-4 十进制数 35.34 转换成十六进制数

小数部分进行转换无法达到 0,所以只能取一定精度,此处取 2 位。因此:
$$(35.34)_{10} = (32.57)_8$$

二、将二进制数转换为八进制数和十六进制数

1. 将二进制数 1001001.1010 转换成八进制数

将二进制数转换成八进制数,以二进制数的小数点为界,整数部分从右至左每 3 位组成一组,小数部分从左至右每 3 位组成一组,最后不足 3 位时用 0 补足,然后将每组二进制转换成 1 位八进制,如图 2-5 所示。

因此:
$$(1001001.1010)_2 = (111.5)_8$$

2. 将二进制数 1001001.1010 转换成十六进制数

将二进制数转换成十六进制数,以二进制数的小数点为界,整数部分从右至左每 4 位组成一组,小数部分从左至右每 4 位组成一组。最后不足 4 位时用 0 补足,然后将每组二进制转换成 1 位十六进制,如图 2-6 所示。

001	001	001	.	101	000		0100	1001	.	1010
1	1	1		5	0		4	9		A

图 2-5 二进制数转换成八进制数   图 2-6 二进制数转换成十六进制数

因此:
$$(1001001.1010)_2 = (49.A)_{16}$$

三、将二进制数、八进制数、十六进制数转换为十进制数

1. 将二进制数 1001001.1010 转换成十进制数

只需将二进制数按权展开再求和，即为所对应的十进制数。

$$(1001001.1010)_2 = 1 \times 2^7 + 1 \times 2^4 + 1 \times 2^0 + 1 \times 2^{-1} + 1 \times 2^{-3} = 73.625$$

2. 将八进制数 347 转换成十进制数

只需将八进制数按权展开再求和，即为所对应的十进制数。

$$(347)_2 = 3 \times 8^2 + 4 \times 8^1 + 7 \times 8^0 = 231$$

3. 将十六进制数 B35 转换成十进制数

只需将十六进制数按权展开再求和，即为所对应的十进制数。

$$(B35)_2 = B \times 16^2 + 3 \times 16^1 + 5 \times 16^0 = 2869$$

四、了解计算机的 IP 地址与 MAC 地址

1. 计算机 IP 地址

在主机或路由器中，IP 地址是 32 位的二进制数，标识每台主机或路由器在网络中所处位置。每台主机或路由器的 IP 地址在 Internet 范围内是唯一的。例如，某台因特网上的主机的 IP 地址为 10010110 01011001 10101100 00100110。为了提高可读性，通常用点分十进制记法来表示一个 IP 地址。点分十进制将 IP 地址的 32 位二进制数分成四段，每段 8 位（1 个字节），中间用小数点隔开，然后将每 8 位二进制数转换成十进制数。因此上面的 IP 地址我们可以表示为：

10010110.01011001.10101100.00100110，我们将其进行十进制表示为：

$$(10010110)_2 = 1 \times 2^7 + 0 \times 2^6 + 0 \times 2^5 + 1 \times 2^4 + 0 \times 2^3 + 1 \times 2^2 + 1 \times 2^1 + 0 \times 2^0 = 150$$
$$(01011001)_2 = 0 \times 2^7 + 1 \times 2^6 + 0 \times 2^5 + 1 \times 2^4 + 1 \times 2^3 + 0 \times 2^2 + 0 \times 2^1 + 1 \times 2^0 = 89$$
$$(10101100)_2 = 1 \times 2^7 + 0 \times 2^6 + 1 \times 2^5 + 0 \times 2^4 + 1 \times 2^3 + 1 \times 2^2 + 0 \times 2^1 + 0 \times 2^0 = 172$$
$$(00100110)_2 = 0 \times 2^7 + 0 \times 2^6 + 1 \times 2^5 + 0 \times 2^4 + 0 \times 2^3 + 1 \times 2^2 + 1 \times 2^1 + 0 \times 2^0 = 38$$

因此，上述 IP 地址用十进制表示为 150.89.172.38。

2. 计算机的 MAC 地址

每台计算机的网卡 ROM 中都固化了一个地址，称为 MAC 地址或物理地址，由 48 位二进制数组成。为方便使用，通常用十六进制数表示 MAC 地址，即将每 4 位二进制数字用一个十六进制数表示，每两个十六进制数字与它后面两个十六进制数字之间用连字符隔开。例如，MAC 地址 01000010 01101000 10001110 01011100 10011010 10101011 用十六进制表示为 42-68-8E-5C-9A-AB。

3. 查看本机的 IP 和 MAC 地址

(1) 选择"开始"→"运行"命令，在弹出的"运行"对话框中输入 cmd，按 Enter 键。

（2）进入 MS-DOS 状态后，输入 ipconfig/all 可以查看本机的 IP 地址与 MAC 地址。例如，本机的物理地址为 FE-85-DE-96-AB-6C，IP 地址为 192.168.43.151，如图 2-7 所示。

图 2-7　MAC 地址和 IP 地址

五、使用 Windows 7 自带的计算器进行数制的转换

可以利用 Windows 7 自带的计算器功能将本机的 MAC 地址和 IP 地址转换成二进制地址，操作方法如下。

（1）依次选择"开始"→"所有程序"→"附件"→"计算器"命令，调出计算器功能。

（2）在打开的"计算器"窗口中选择"查看"→"程序员"命令，如图 2-8 所示。

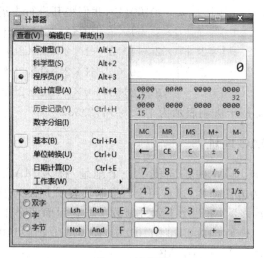

图 2-8　计算器

（3）在计算器左侧选中"十六进制"，输入 MAC 地址的两位数如 FE，然后选择"二进

制",即可将十六进制转换成二进制,如图 2-9 所示。重复此过程,将 MAC 地址 FE-85-DE-96-AB-6C 每两个数字转换为 8 位二进制数,不足 8 位的左端补 0,最终的二进制地址为 11111110 10000101 11011110 10010110 10101011 01101100。

图 2-9　十六进制与二进制的转换

(4) 在计算器中选中"十进制",然后输入 IP 地址中的第 1 个数字 192,即可将十进制转换为二进制,如图 2-10 所示。重复此过程,将 IP 地址 192.168.43.151 进行二进制转换,每个数字转换为一个 8 位二进制数,不足的在左侧补 0,最终转换的二进制地址为 11000000.10101000.00101011.10010111。

图 2-10　十进制与二进制的转换

实验 2.2　文字录入与造字

【实验目的】

(1) 掌握特殊字符的输入方法。

（2）掌握造字程序的使用方法。

【实验内容】

（1）输入一个特殊字符，如☽。

（2）输入字库中没有的字。

【实验步骤】

一、输入一个特殊字符☽

特殊字符的输入一般使用软键盘对罗马字、数字符号、标点符号等进行录入，或使用输入法中的特殊字符项进行录入，录入方法如下。

（1）使用搜狗输入法，单击输入法上的"输入方式"按钮，选择"特殊符号"选项，如图 2-11 所示，单击进入。

图 2-11　输入法中的"特殊符号"选项

（2）进入后便可查找自己想要插入的符号，如图 2-12 所示。

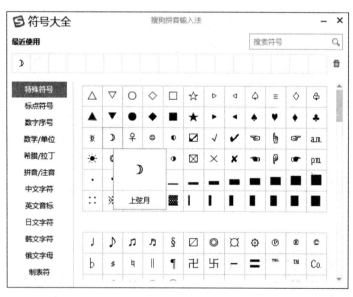

图 2-12　特殊符号界面

（3）在输入方式上右击，也可选择"特殊符号"项，进入软键盘模式，进行特殊符号的录入，如图 2-13 所示。

二、输入字库中没有的字

某些字库中不存在的生僻字，无法使用输入法打出来，这时可以利用 Windows 7 系统自带的造字程序造出这些字。例如，造字"餸"的具体步骤如下。

（1）依次选择"开始"→"所有程序"→"附件"→"系统工具"→"专用字符编辑程序"命令。在弹出的"选择代码"对话框中双击任意一个空白编码点，如 AAA2，或者选中编码点后单击"确定"按钮，如图 2-14 所示。

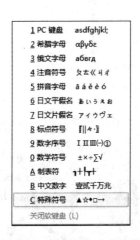

图 2-13　搜狗输入法中的特
　　　　　殊字符选择界面

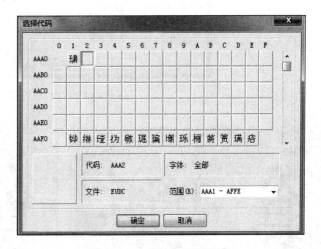

图 2-14　"选择代码"对话框

（2）进入编辑界面后，就可以开始造字。可以在编辑区用窗口左侧工具栏中的工具（如直线、矩形或画笔等）直接绘出字形。但是这种方法绘出的字不够漂亮。可以利用"拼凑"的方法造字。

① 单击"窗口"并选择"参照"命令，在弹出的"参照"对话框中单击"字体"按钮，在弹出的"字体"对话框中选择字体和字形后，单击"确定"按钮，返回"参照"对话框。

② 在"参照"对话框的形状中输入以"食"为偏旁部首的字，如"餅"，单击"确定"按钮，如图 2-15 所示。

③ 利用窗口左侧"自由图像选择"工具选择"食"字旁。将选中的区域拖动到左侧的编辑区，并调整到合适的位置。如果有多余的部分，可以用"橡皮擦"工具擦除。

④ 重复以上三步，输入"送"字，并拖动到编辑区，再调整到合适的位置，结果如图 2-16 所示。

（3）造字完成后，选择"编辑"菜单中的"保存字符"命令。

（4）建立输入法链接。在造字程序的"编辑"菜单中，有输入法链接和 TextService 链接两种方式。前一种方式需要输入法支持内码输入，后一种方式要求输入法支持 EUDC 的链接方式。链接时可以指定想要的外码，如拼音输入方式。如打开"微软拼音新体验2010"输入法，选择"编辑"菜单中的"TextService 链接"选项，在弹出的"TextService 链

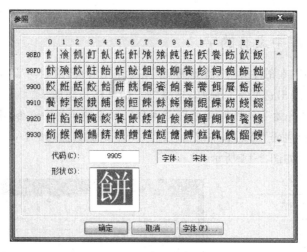

图 2-15　"参照"对话框

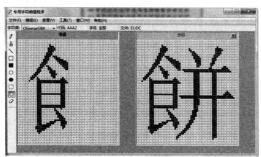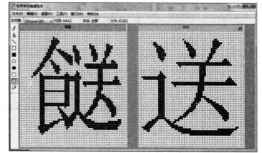

图 2-16　造字

接-E001"对话框中输入所造字的拼音和声调,如刚才所造的"餸"字,输入 song4,单击"注册"按钮,完成输入法链接,如图 2-17 所示。

　　(5)字体链接。选择"文件"菜单中的"字体链接"选项,在弹出的"字体链接"对话框中如果选择"与所有字体链接"选项,表示所造的字符与系统中所有的字体链接,可以通过任意字体访问造字字符;如果选择"与选定字体链接"选项,即将造字字符与系统中选定字体链接,可通过选定字体访问造字字符。

图 2-17　TextService 链接注册

　　(6)选择"编辑"菜单中的"保存字符"命令。

　　(7)打开一个 Word 文档或写字板,切换到"微软拼音—新体验 2010"输入法,输入 song,则显示"餸"字,如图 2-18 所示。或者依次选择"开始"→"所有程序"→"附件"→"系统工具"→"字符映射表"选项,在弹出的"字符映射表"对话框中的下拉菜单中选择所有"字体(专用字符)",就会显示出所有造过的字,选择"餸",然后选择"选择"命令,再单击"复制"按钮,在需要的地方粘贴即可。

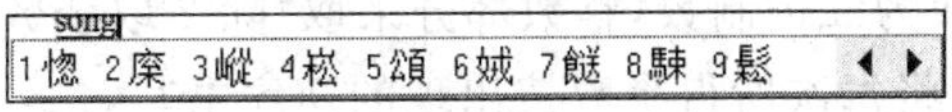

图 2-18　微软拼音输入法

第四部分　习 题 精 解

1. 计算机内部采用(　　)编码表示数据。

　　A. 十进制　　　　　B. 二进制　　　　　C. 八进制　　　　　D. 十六进制

答案：B

解析：计算机内部采用二进制形式表示数据。一切非二进制形式的数字、字符、文字、声音、图像等信息都要表示成二进制数据的形式才能被计算机传输、存储和处理。

2. 计算机存储数据的基本单位是(　　)。

　　A. 字节(Byte)　　　　　　　　　B. 二进位(bit)

　　C. 字(word)　　　　　　　　　　D. 双字(double word)

答案：A

解析：计算机中数据的常用存储单位有位、字节和字。计算机中最小的数据单位是二进制的一个数位,简称为位。8 位二进制数为一个字节,字节是计算机中用来表示存储空间大小的基本的容量单位。

3. 字库中存放的汉字是(　　)。

　　A. 汉字的内码　　　　　　　　　B. 汉字的外码

　　C. 汉字的字模　　　　　　　　　D. 汉字的变换码

答案：C

解析：汉字字库是汉字的字形码(汉字字模)的集合。

4. 1GB＝(　　)KB。

　　A. 1024　　　　　　　　　　　　B. 1024×1024

　　C. 1024×1024×1024　　　　　　D. 1

答案：B

解析：1GB＝1024MB＝1024×1024KB。

5. 二进制数 110111 对应的十进制数是(　　)。

　　A. 53　　　　　B. 54　　　　　C. 55　　　　　D. 56

答案：C

解析：将二进制数转换为十进制数,只要将二进制数按权展开再求和,即为所对应的十进制数。

6. 十进制数 234 转换成二进制数后是(　　)。

　　A. 11101000　　　B. 11101010　　　C. 11101011　　　D. 11111010

答案：B

解析：将十进制转换为二进制数,整数部分采取"除 2 取余数"的方法,即整数部分连续地除以 2,直到商为 0,将每次所得余数按出现的逆序书写,如图 2-19 所示。

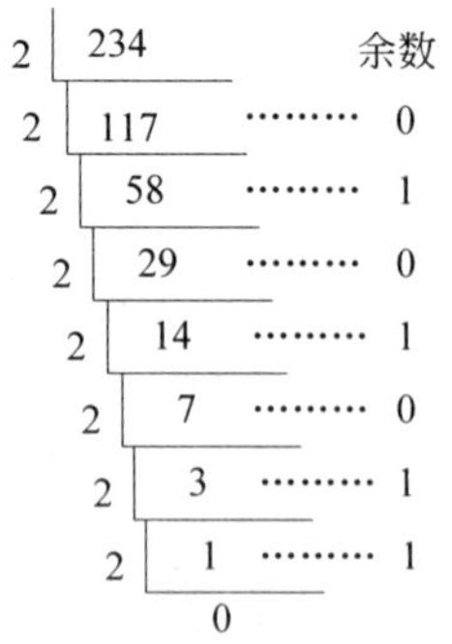

7. 将十六进制数 2B2D 转换为十进制数是(　　)。

    A. 11050　　　　　　　　　　　B. 11051

    C. 11052　　　　　　　　　　　D. 11053

答案：D

2	234	余数
2	117	……… 0
2	58	……… 1
2	29	……… 0
2	14	……… 1
2	7	……… 0
2	3	……… 1
2	1	……… 1
	0	

图 2-19　234 转换成二进制数

解析：将十六进制数转换为十进制数,只要将十六进制数按权展开再求和,即为所对应的十进制数。

8. 二进制数 1110110110101 转换成十六进制数是(　　)。

    A. 1DB5　　　　　　　　　　　B. 1BD5

    C. EDA1　　　　　　　　　　　D. 3DB1

答案：A

解析：将二进制数转换为十六进制数,整数部分从右至左每 4 位组成一组,最后不足 4 位时用 0 补足,然后将每组二进制数转换为 1 位十六进制数即可,如图 2-20 所示。

$$\underbrace{0001}_{1}\ \underbrace{1101}_{D}\ \underbrace{1011}_{B}\ \underbrace{0101}_{5}$$

图 2-20　每 4 位二进制数转换成 1 位十六进制数

9. 下列叙述中,正确的是(　　)。

    A. 十进制数 101 的值大于二进制数 1000001 的值

    B. 十进制数 55 的值小于八进制数 66 的值

    C. 二进制的乘法规则比十进制的复杂

    D. 所有十进制小数都能准确地转换为有限位的二进制小数

答案：A

解析：比较不同数制的数的大小时,要先将其转换为相同数制再比较大小,由于 $(101)_{10}=(1100101)_2$,所以比 $(1000001)_2$ 大。由于 $(55)_{10}=(67)_8$,所以比 $(66)_8$ 大。各数制的运算规则是相同的。十进制小数在转换成二进制时,基本上都是不精确转换的,存在舍去误差。

10. 西文字符最常用的编码是(　　)。

    A. EBCDIC 码　　　　　　　　B. ASCII 码

    C. 国标码　　　　　　　　　　D. BCD 码

答案：B

解析：ASCII 码是美国信息交换标准码的英文缩写,它是使用最多和最普遍的字符编码。它用 7 位二进制数表示一个字符(或用一个字节表示,最高位为 0),由于 $2^7=128$,所以共有 128 种不同组合,表示 128 个不同的字符。

11. 已知英文字母 B 的 ASCII 码为 66,则小写英文字母 f 的 ASCII 是(　　)。

    A. 65　　　　　B. 97　　　　　C. 98　　　　　D. 102

答案：D

解析：在 ASCII 码表中 26 个小写英文字母和大写字母是依次按顺序存放的。大写字母的 ASCII 码小于小写字母，大小写字母之间 ASCII 码相差 32。所以如果 B 的 ACSII 码是 66，则小写字母 b 的 ASCII 码是 66＋32＝98，字母 f 的 ASCII 码是 102。

12. 下列符号在 ASCII 编码表中，(　　)的 ASCII 码值最大。

    A. 空格　　　　　B. 9　　　　　　　C. a　　　　　　　D. F

答案：C

解析：在 ASCII 编码表中，ACSII 码值从小到大的排列为：控制字符(DEL 除外)、数字(0～9)、大写字母(A～Z)、小写字母(a～z)。

13. 在 Windows 的中文输入法选择操作中，以下说法不正确的是(　　)。

    A. Shift＋Space 组合键可以切换全/半角输入状态

    B. Ctrl＋Space 组合键可以切换中/英文输入法

    C. Shift 键可以关闭汉字输入法

    D. Ctrl＋Shift 组合键可以切换其他已安装的输入法

答案：C

解析：在输入法中也可以使用键盘。在默认状态下，按 Ctrl＋Space 组合键可以切换中英文输入状态；按 Ctrl＋Shift 组合键可以切换各种输入法。按 Shift 键不可以关闭汉字输入法，而是在不关闭输入法的情况下实现中英文切换。

14. 存储 100 个 32×32 点阵的汉字字形码信息所占用的字节数是(　　)。

    A. 12800　　　　　　　　　　　B. 128

    C. 32×3200　　　　　　　　　　D. 32×32

答案：A

解析：在计算机中，一个字节由 8 位二进制数组成。一个 32×32 点阵的汉字字形码需要 32×32/8＝128(字节)的存储空间，100 个 32×32 点阵的汉字字形码需要 12800 字节的存储空间。

15. 某汉字的区位码是 3721，它的国标码是(　　)。

    A. 5445H　　　　　　　　　　　B. 4535H

    C. 6554H　　　　　　　　　　　D. 3555H

答案：B

解析：一个汉字的国标码＝区位码＋2020H(H 表示此数为十六进制)。此题要求将区位码转换为国标码，首先要将区位码的十进制区号 37 和位号 21 分别转换为十六进制 25 和 15，然后分别加上 20，即 4535H 为此汉字的国标码。

16. 一个汉字的国标码是 5E48H，则其内码应该是(　　)。

    A. DE48H　　　　　　　　　　　B. DEC8H

    C. 5EC8H　　　　　　　　　　　D. 7E68H

答案：B

解析：一个汉字的内码＝国标码＋8080H，因此，5E48H＋8080H＝DEC8H。

第五部分　综合任务

任务 2.1　不同汉字输入方式的比较

【任务目的】

了解不同汉字输入方式的特点及其优缺点。

【任务要求】

分组对不同汉字输入方式进行实验,对比其输入速度、正确率。

【任务分析】

本任务旨在了解目前所用到的不同的汉字输入方式。首先,通过上网收集资料,了解目前常用的汉字输入方式的特点、使用条件及优缺点,然后利用所给素材进行输入实验。对这些输入方式进行速度、正确率等方面进行比较。

【步骤提示】

(1) 提供一篇演示文稿作为素材,字数大约 4000 字。

(2) 将学生分成四个小组,第一组采用键盘录入法,第二组采用语音录入法,第三组采用扫描输入法,第四组采用手写输入法。

(3) 请各组学生分别列出各自采用的输入法所需的软件、硬件清单。

(4) 上网查找资料,并亲自动手实验,了解每一种输入方式的特点、使用范围、优缺点等。然后对这些输入法的输入速度、正确率等方面进行比较,列表比较或撰写小论文。

(5) 最后每组派代表对本组所使用的输入法的特点等进行讲解。

任务 2.2　打字训练

【任务目的】

熟练掌握中英文打字技巧,中英文打字速度达到每分钟 80 个英文字符或 45 个汉字。

【任务要求】

通过练习,达到以下要求。

(1) 能在 10 分钟内,以每分钟不低于 80 个英文字符的速度,使用计算机键盘输入指定的英文文稿,错误率不高于 5%。

(2) 能在 10 分钟内,以每分钟不低于 45 个汉字的速度,使用计算机键盘输入指定的中文文稿,错误率不高于 5%。

（3）能在 10 分钟内，以每分钟不低于 45 个汉字或 80 个英文字符的速度，使用计算机键盘输入指定的中英文文稿，错误率不高于 5%。

【任务分析】

本任务旨在考查中英文录入能力。首先，需要熟悉键盘布局，掌握使用键盘时的左右手分工合作、正确的击键方法、良好的操作习惯和打字技巧。然后，通过大量的练习，熟练使用键盘进行中英文录入，达到一定的速度与准确率。

【步骤提示】

下面说明如何进行指法与英文打字练习。

（1）熟悉键盘布局与指法要领。

（2）各键位击键要领、要求与练习可从本书资源网站下载。

（3）使用打字练习软件进行指法与英文打字练习。

常用的打字练习软件有金山打字通、打字高手、爱不释手等，可以从网上下载。下面以金山打字通为例，说明打字练习软件的使用。

- 安装金山打字通软件。从网上下载"金山打字通"软件，进行安装即可。
- 启动金山打字通软件。双击桌面上"金山打字通"图标，打开金山打字通软件。
- 登录系统。单击主界面上"新手入门"按钮或主界面上方的"登录"按钮，按照提示即可进行登录，如图 2-21 所示。

图 2-21　登录金山打字通

- 登录软件后可以进行打字练习了，根据自己的需要可以进行英文、中文和五笔测试，如图 2-22 所示。

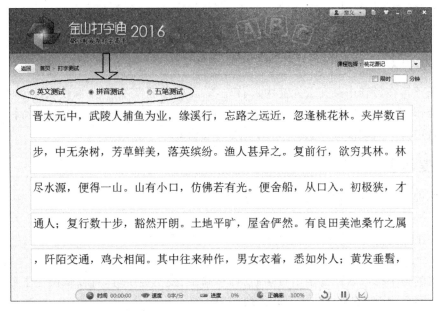

图 2-22　打字练习界面

　　"金山打字通"软件还带有打字测试、打字教程和打字游戏。打字测试可以随时检查打字练习成果,并且查看自己的总成绩全球排名和分模块全球排名。打字教程提供了认识键盘、英文打字、拼音打字和五笔打字教程。打字游戏是以游戏的方式进行打字练习,但需要从网上下载相应的打字游戏安装文件进行安装。

第六部分　考 证 辅 导

一、全国计算机等级考试考证辅导

1. 考试要求

(1) 一级考试的考试内容包括计算机中数据的表示、存储与处理。

(2) 二级考试的考试内容包括计算机中数据的表示与存储。

2. 模拟练习

(1) 计算机中表示存储容量的最小单位是(　　)。

　　A. 字节(Byte)　　　　　　　　　　B. 二进位(bit)

　　C. 字(word)　　　　　　　　　　　D. 双字(doubled word)

(2) 1TB=(　　)KB。

　　A. 1024　　　　　　　　　　　　　B. 1024×1024

　　C. 1024×1024×1024　　　　　　　D. 1

（3）二进制数 1111001101 转换成十进制数是（　　　）。

  A．973   B．974   C．975   D．976

（4）十六进制数 3C1F 转换成二进制数是（　　　）。

  A．11110000011111   B．11110000011110

  C．11110000001111   D．11101000011111

（5）计算机中采用的标准 ASCII 编码用（　　　）位二进制数表示一个西文字符。

  A．6   B．7   C．8   D．16

（6）已知大写的英文字母 K 的十六进制 ASCII 码值是 4B，则二进制 ASCII 码 1001000 对应的字符是（　　　）。

  A．G   B．H   C．I   D．J

（7）五笔字形码属于（　　　）。

  A．拼音编码   B．自然码

  C．全拼编码   D．字形编码

（8）汉字"春"的区位码是 2026，它的机内码是（　　　）。

  A．343AH   B．2026H   C．C0C6H   D．B4BAH

（9）存储 100 个 48×48 点阵的汉字字形码需要的字节个数是（　　　）。

  A．28800   B．288   C．48×4800   D．48×48×100

（10）汉字在计算机内部的传输、处理和存储都使用汉字的（　　　）。

  A．输入码   B．国标码   C．机内码   D．字形码

二、全国计算机信息高新技术考试考证辅导

1．考试要求

（1）新建文件：在文字处理程序中新建文档，并以指定的文件名保存到要求的文件夹中。

（2）录入文档：录入汉字、字母、标点符号和特殊符号，并具有较高的准确率和一定的速度。

2．模拟练习

（1）新建文件：在 Microsoft Word 2010 程序中新建一个文档，以 A2.docx 为文件名保存至考生文件夹。

（2）录入文本与符号：按照样文 2-1，录入文字、字母、标点符号、特殊符号等。

【样文 2-1】

  跑酷也称作"城市疾走"或 Prkour。它诞生于 20 世纪 80 年代的法国，Parkour 一词来自法文的 parcourir，直译就是"到处跑"，此外它还有"超越障碍训练场"的意思。Parkour 把整个城市当作一个大训练场，一切围墙、屋顶都成为可以攀爬、穿越的对象，特别是废弃的房屋。这项街头疾走极速运行非常具有观赏性。

（3）复制及粘贴：将素材文档中全部文字复制到考生录入的文档之后。

（4）查找及替换：将文档中所有"极速运动"替换为"极限运动"，结果如样文 2-2 所示。

【样文 2-2】

跑酷也称作"城市疾走"或 Parkour。它诞生于 20 世纪 80 年代的法国，Parkour 一词来自法文的 parcourir，直译就是"到处跑"，此外它还有"超越障碍训练场"的意思。Parkour 把整个城市当作一个大训练场，一切围墙、屋顶都成为可以攀爬、穿越的对象，特别是废弃的房屋。这项街头疾走极限运行非常具有观赏性。

跑酷有时简写为 PK，常被归类为是一种极限运动，以日常生活的环境（多为城市）为运动的场所。它并没有既定规则，做这项运动的人只是将各种日常设施当作障碍物或辅助，在其间跑、跳、穿行。目前有多种中文译法，除"跑酷"外，还有"暴酷""城市疾走""位移的艺术"等。

这项极限运动是由法国的大卫·贝尔（David Belle）所创立的，它能使人通过敏捷的运动来增强对紧急情况的应变能力，这点和武术近似。不同之处是，武术可以模拟格斗反击，而跑酷可以模拟紧急脱逃。

第 3 单元　人机信息沟通与管理

通过本单元的学习,旨在使大家掌握 Windows 7 操作系统的基本操作与应用。操作系统为人与计算机之间的沟通搭建起了桥梁,让用户通过操作系统提供的各种命令和交互功能实现对计算机的各种操作,并为用户提供了一个清晰、简洁、友好、易用的工作界面。

单元学习目标

- 了解操作系统的基本概念、功能和分类。
- 了解 Windows 7 操作系统的安装与个性化系统配置。
- 掌握文件与文件夹的管理。
- 掌握 Windows 7 操作系统的磁盘管理方法。
- 了解常见应用程序的操作方法。

第一部分　能　力　自　测

一、先前学习成果评价

首先,请向任课教师提交能证明你先前学习过本单元内容的证据。然后,在 20 分钟内回答以下问题。

(1) 你的计算机使用的是什么操作系统? Windows 7 操作系统需要计算机的最低配置是什么?

(2) 你知道如何创建、复制、移动、删除、重命名文件或文件夹吗?

(3) 你知道如何对 Windows 7 操作系统进行维护、优化磁盘管理吗?

二、当前技能水平测评

1. Windows 7 个性化设置

(1) 将桌面背景图片更换为自己喜欢的图片。

(2) 将任务栏移动到桌面右侧,并锁定任务栏。

(3) 在桌面上添加"天气"小工具。

(4) 更改窗口颜色为"大海",并启用透明效果。

（5）在桌面上添加"天气"小工具。

（6）将屏幕保护程序设置为"起泡"，等待时间为 1 分钟，且恢复时显示登录屏幕。

（7）为本机添加账户 student，密码为 123456。

2. 文件与文件夹的管理

（1）在 D 盘上新建一个文件夹 DATA，在该文件夹中新建文件夹"练习 1"和"练习 2"。

（2）利用快捷菜单，在"练习 1"文件夹中新建文件 file1.docx 和 file2.txt。

（3）将文件 file1.docx 移动到"练习 2"文件夹中。

（4）设置 file1.docx 文件的属性为只读和隐藏。

（5）显示 DATA 文件夹中所有文件的扩展名和所有隐藏文件。

（6）搜索 DATA 文件夹中所有以 f 开头的文件和文件夹。

（7）复制"练习 1"文件夹中的文件 file2.txt 到"练习 2"文件夹中，并将其重命名为 file3.txt。

（8）按照文件的类型重新排列"练习 2"文件夹中的文件。

（9）显示"练习 1"文件夹中文件的详细信息。

3. Windows 7 常用附件的使用

（1）使用 Windows 7 自带的便笺，新建内容为"天气预报说明天有雨，记得带伞呦!"。

（2）利用 Windows 7 自带的"画图"程序绘制校徽。

（3）使用 Windows 7 自带的计算器计算"6.4 * 102＋3/4"的值。

（4）利用 Windows 7 自带的录音工具录制一首歌曲。

（5）对 C 盘进行磁盘清理，查看 C 盘是否需要进行磁盘碎片整理，如需要，则进行碎片整理。

第二部分　学　习　指　南

一、知识要点

1. 操作系统

操作系统是计算机硬件与用户之间的接口，是管理和控制计算机硬件与软件资源的计算机程序，是直接运行在"裸机"上的最基本的系统软件，任何其他软件都必须在操作系统的支持下才能运行。操作系统主要有微处理器管理、内存管理、进程管理、文件管理和外部设备管理五大功能。

常用的操作系统分为单用户操作系统、批处理操作系统、分时操作系统、实时操作系统和网络操作系统五类。常用的操作系统有 DOS、Windows、UNIX、Linux、OS/2、Mac OS、Novell NetWare 等。

2．图形用户界面

图形用户界面或图形用户接口（Graphical User Interface，GUI）是指采用图形方式显示的计算机操作环境用户接口。与早期计算机使用的命令行界面相比，现代计算机操作系统普遍采用的图形界面对于用户来说更为简便易用。

3．桌面

"桌面"是完成 Windows 7 的安装后，用户启动计算机登录到系统后看到的整个屏幕界面，它是用户和计算机进行交流的窗口。桌面上存放有用户经常用到的应用程序和文件夹图标，用户还可以根据自己的需要在桌面上添加各种快捷图标，在使用时双击快捷图标就可以快速启动相应的程序和文件。

4．窗口与对话框

在打开应用程序或文件时，会出现一个"窗口"。窗口一般由标题栏、菜单栏、工具栏、工作区、状态栏、滚动条、窗口缩放按钮（"最大化""最小化""关闭"按钮）组成。

"对话框"是人机交流的一种方式，用户对对话框进行设置，计算机就会执行相应的命令。"对话框"的组成与窗口类似，一般由标题栏、选项卡、文本框、列表框、命令按钮、单选框、复选框等组成。"窗口"中有"最小化""最大化"按钮，而"对话框"中却没有，因而不能像窗口那样任意改变大小。

5．任务栏

任务栏是位于屏幕底部的水平长条，显示了系统正在运行的程序和打开的窗口、当前时间等。用户可以通过任务栏完成许多操作，还可以对它进行一系列的设置。

6．快捷方式

快捷方式是 Windows 7 桌面上显示的，用于指向各种应用程序、文件、文件夹、打印机或网络中的计算机等实际位置的图标（称为"快捷方式"图标），双击该图标，就可以快速打开相应的项目。

7．回收站

回收站对应着硬盘上的一个区域，可以视作一个特殊的文件夹，主要用来存放用户临时删除的文档资料。当用户按 Delete 键将文件删除，实际上是将文件放到了回收站里，可以通过回收站将此文件恢复。只有在回收站里删除文件，才是真正彻底地将文件从计算机中删除。如果选中文件后按 Shift＋Delete 组合键，文件将不经过回收站直接从硬盘中删除。

8．剪贴板

剪贴板是内存中用来存储的临时区域。当使用复制、剪切命令时，会将复制或剪切的内容保存到剪贴板中，且在使用"粘贴"命令前将一直存储在剪贴板中。

9. 文件和文件系统

计算机是以文件的形式组织和存储数据的。Windows 中的文件是用图标和文件名来标识的。文件名由主文件名和扩展名两部分组成,中间用"."分隔。

(1) 主文件名可以由英文字母(大小写等价)、数字、汉字和"$、#、&、@、()、_、[ ]、^、~"等符号组成,但不能含有"\、/、?、:、*、"、>、<、|"等字符,其中"*"表示任意多个任意字符,"?"表示任意一个字符。主文件名最多不能超过 255 个字符。

(2) 扩展名通常为 3 个或 4 个英文字符,表示文件的类型。

文件夹是组织文件的一种方式,用来存放文件和子文件夹。Windows 7 采用树形结构的文件夹对文件进行管理。

文件系统是操作系统用于确定磁盘上的文件存储结构的规则。

(1) FAT 16:16 位的文件分配表。DOS 和 Windows 3.x 采用 FAT 16 文件系统,最大支持 2GB 空间。

(2) FAT 32:32 位的文件分配表。它是 FAT 16 的增强版本,从 Windows 98 开始使用,最大支持 2TB 空间,可以有效提高磁盘利用空间。

(3) NTFS:新技术文件系统。最早用于 Windows NT 和 Windows 2000,最大支持 2TB 空间。能够更好地支持大容量硬盘,且硬盘的每个分配单元非常小,从而减少了磁盘碎片的产生。

10. 文件属性

文件属性主要包括创建日期、文件长度、访问权限等信息,这些信息作为文件系统管理文件的依据。不同文件系统通常有不同种类和数量的文件属性。

11. 资源管理器

资源管理器是 Windows 文件管理的核心程序之一,双击任何一个文件夹图标,系统都会通过资源管理器打开并显示该文件的内容。通过资源管理器可以非常方便地完成对文件、文件夹和磁盘的各种操作,还可以作为启动平台去启动其他应用程序。

12. 库

为了帮助用户更加有效地对硬盘上的文件进行管理,Microsoft 公司在 Windows 7 中提供了新的文件管理方式——库。作为访问用户数据的首要入口,库在 Windows 7 中是用户指定的特定内容集合,和文件夹管理方式是相互独立的,分散在硬盘上不同物理位置的数据可以逻辑地集合在一起,查看和使用都更方便。库是管理文档、音乐、图片和其他类型文件的位置,可以使用与在文件夹中相同的操作方式浏览文件,也可以查看按属性(如日期、类型和作者)排列的文件。在某些方面,库类似于文件夹,例如打开库时将看到一个或多个文件。但与文件夹不同的是,库可以收集存储在多个位置中的文件,这是一个细微但重要的差异。库实际上不存储项目,它监视包含项目的文件夹,并允许以不同的方式访问和排列这些项目。例如,如果在本地硬盘和外部驱动器上的文件夹中有音乐文件,则可以使用音乐库同时访问所有音乐文件。

13. 控制面板

控制面板是 Windows 的功能控制和系统配置中心,它提供了丰富的专门用于设置 Windows 外观和行为方式的工具。可以通过控制面板来更改 Windows 的设置,使其更加适合应用的需要。

14. 磁盘格式化

磁盘在首次使用之前,一般要经过格式化。通过格式化,可以为磁盘划分磁道、扇区,建立目录区,并且检查磁盘中有无损坏的磁道、扇区。

15. 账户

Windows 7 允许多个用户共同使用一台计算机,每个用户的个人设置和配置文件会有所不同,各用户在使用公共系统资源时,可以设置富有个性的工作空间。账户就是 Windows 7 操作系统为了支持多个用户使用计算机而给每个用户分配的登录名称。

Windows 7 具有账户管理功能,可以设置管理员账户、标准账户、来宾账户三类账户,它们具有不同的操作权限。

16. 应用程序

运行于 Windows 7 操作系统上的各类面向实际问题的指令代码集合,经常简称为 “应用”。应用程序以文件的形式存放,是能够实现某种功能的一类文件,通常把这类文件称为可执行文件(扩展名为.exe)。

17. 驱动程序

驱动程序(Device Driver)是操作系统和硬件设备之间信息沟通的软件接口,有了驱动程序,Windows 才能实现对硬件更好的管理,从而全面发挥出硬件设备的性能。

18. 屏幕保护程序

屏幕保护程序是指在一段指定的时间内没有鼠标或键盘事件时,在计算机屏幕上出现的移动图片或图案。

二、技能要点

1. 桌面个性化设置

(1)添加桌面图标:右击桌面空白处,在弹出的快捷菜单中选择“个性化”→“更改桌面图标”命令,在弹出的“桌面图标设置”对话框中添加桌面图标。

(2)添加桌面小工具:右击桌面空白处,在弹出的快捷菜单中选择“小工具”命令,在弹出的对话框中双击要添加的小工具图标。

（3）修改屏幕分辨率：右击桌面空白处，在弹出的快捷菜单中选择"屏幕分辨率"命令，在"屏幕分辨率"窗口中设置。

（4）调整任务栏属性：右击任务栏空白处，在弹出的快捷菜单中选择"属性"命令，在弹出的对话框的"任务栏"选项卡中设置。

（5）创建快捷方式：右击桌面空白处，在弹出的快捷菜单中选择"新建"→"创建快捷方式"命令，在弹出的"创建快捷方式"对话框中根据提示进行操作。

2. 账户管理

选择"开始"→"控制面板"→"用户账户"选项，在"用户账户"窗口中管理账户。

3. 文件与文件夹的管理

（1）资源管理器的启动方法，主要有 3 种方法。

① 选择"开始"→"所有程序"→"附件"→"Windows 资源管理器"命令。

② 右击"开始"按钮，选择"打开 Windows 资源管理器"命令。

③ 打开任意一个文件夹。

（2）新建文件或文件夹，主要有两种方法。

① 右击空白处，选择"新建"命令，选择文件类型或文件夹，输入文件或文件夹名。

② 选择"文件"→"新建"命令，选择文件类型或文件夹，输入文件或文件夹名。

（3）选择文件或文件夹。

① 选择全部对象：按 Ctrl＋A 组合键。

② 选择单个对象：单击所选文件或文件夹的图标或名字。

③ 选择不连续的多个对象：按住 Ctrl 键不放，单击所要选定的每一个文件或文件夹。

④ 选择连续的多个对象：按住 Shift 键不放，单击所要选定的每一个文件或文件夹，再单击所要选定的最后一个文件或文件夹。

（4）重命名文件与文件夹，主要有 4 种方法。

① 右击文件或文件夹，选择"重命名"命令。

② 选中文件或文件夹，选择"文件"→"重命名"命令。

③ 单击文件或文件夹名，输入新名。

④ 选中需重命名的文件或文件夹，按 F2 键。

（5）复制或移动文件与文件夹，主要有 5 种方法。

① 选中文件或文件夹，选择"编辑"→"复制或剪切"命令，在目标文件夹选择"编辑"→"粘贴"命令。

② 右击文件或文件夹，选择"复制或剪切"命令，右击目标文件夹，选择"粘贴"命令。

③ 选中文件或文件夹，按 Ctrl＋C 组合键或按 Ctrl＋X 组合键，然后在目标位置按 Ctrl＋V 组合键。

④ 选中文件或文件夹，按住 Ctrl 键，用鼠标拖动（复制）。

⑤ 选中文件或文件夹，用鼠标拖动（移动）。

注意：在同一个驱动器下直接拖动是移动，在不同的驱动器下拖动是复制。

（6）删除文件与文件夹，主要有 4 种方法。

① 将文件或文件夹直接拖动到回收站。

② 右击文件或文件夹，选择"删除"命令。

③ 选择文件或文件夹，按 Delete 键。

④ 选中文件与文件夹，选择"文件"→"删除"命令。

（7）文件与文件夹属性设置：右击文件与文件夹，选择"属性"命令，在"属性"对话框中进行设置。

（8）搜索文件或文件夹，主要有两种方法。

① 单击"开始"按钮，在"搜索"输入框中输入要搜索的内容。

② 在"Windows 资源管理器"右上角的检索中输入要搜索的内容栏。

4. 常用附件

选择"开始"→"所有程序"→"附件"命令，在附件列表中选择要使用的附件。

第三部分　实验指导

实验 3.1　Windows 7 的个性化设置

【实验目的】

（1）掌握 Windows 7 系统中调整桌面布局的方法、任务栏的使用方法。

（2）掌握 Windows 7 系统中添加输入法、安装字体的方法。

（3）掌握 Windows 7 系统中账户管理的方法。

【实验内容】

一、桌面设置

（1）在桌面上添加"计算机""网络"图标。

（2）更改桌面背景为风景图片。

（3）设置屏幕保护程序为三维文字"你好！"，屏幕保护时间为 10 分钟。

（4）设置窗口颜色，色调为 85，饱和度为 123，亮度为 205。

（5）将屏幕分辨率改为 800×600。

（6）在桌面上添加日期和时钟小工具。

（7）在桌面上添加"计算器"的快捷方式。

二、调整任务栏

（1）将任务栏移动到桌面的最上方，再把它移至原位。

（2）改变任务栏的高度。

（3）关闭任务栏中的时钟显示。

三、输入法与字体的安装

（1）添加"微软—新体验 2010"输入法。

（2）添加"徐静蕾字体"。

四、账户管理

（1）添加一个用户，用户名为 abc，密码为 123456，账户图片为小猫。

（2）控制用户 abc 的上网时间为周六和周日的 8：00—24：00。

（3）删除刚才所建账户。

【实验步骤】

一、桌面设置

1. 添加桌面图标

Windows 7 操作系统默认桌面上只有一个回收站的图标。

（1）在桌面空白处右击，在弹出的快捷菜单中选择"个性化"命令。

注意：如果安装的是 Windows 7 家庭普通版，在右键快捷菜单中没有"个性化"命令，可以通过控制面板设置或者将 Windows 7 家庭普通版进行升级。

（2）在弹出的"个性化"窗口的左侧选择"更改桌面图标"选项，如图 3-1 所示。

图 3-1 "个性化"窗口

（3）在弹出的"桌面图标设置"对话框中，选中"计算机"和"网络"复选框，单击"确定"按钮，如图 3-2 所示。

图 3-2　"桌面图标设置"对话框

2. 更改桌面背景

（1）在"个性化"窗口中选择"桌面背景"选项。

（2）在弹出的"桌面背景"窗口中的"图片位置"下拉列表中选择"Windows 桌面背景"，在之下的列表框中选择一张风景图片，在"图片位置"下拉列表中选择图像显示方式，然后单击"保存修改"按钮，如图 3-3 所示。

图 3-3　设置桌面背景

3. 设置屏幕保护程序

（1）在"个性化"窗口中选择"屏幕保护程序"选项。

（2）在弹出的"屏幕保护程序设置"对话框中，屏幕保护"等待"时间为10分钟。

（3）在"屏幕保护程序"下拉列表中选择"三维文字"，单击"设置"按钮，在弹出的"三维文字设置"对话框中的"自定义文字"文本框中输入"你好！"，单击"确定"按钮，返回"屏幕保护程序设置"对话框，再单击"确定"按钮，如图3-4所示。

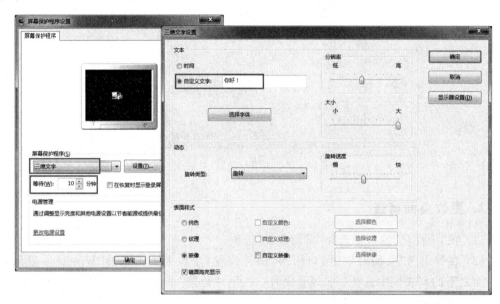

图3-4　设置屏幕保护程序

4. 更改窗口颜色

（1）在"个性化"窗口中选择"窗口颜色"选项。

（2）在弹出的"窗口颜色和外观"对话框的"项目"下拉列表中选择"窗口"，在"颜色"下拉列表中选择"其他颜色"。

（3）在弹出的"颜色"对话框中输入色调为85，饱和度为123，亮度为205，然后单击"添加到自定义颜色"按钮，单击两次"确定"按钮，再单击"保存修改"按钮，如图3-5所示。

5. 修改屏幕分辨率

（1）在桌面空白处右击，在弹出的快捷菜单中选择"屏幕分辨率"命令。

（2）在弹出的"屏幕分辨率"窗口中，在"分辨率"下拉列表中选择800×600，单击"确定"按钮，如图3-6所示。

6. 在桌面中添加日期和时钟小工具

（1）在桌面空白处右击，在弹出的快捷菜单中选择"小工具"命令。

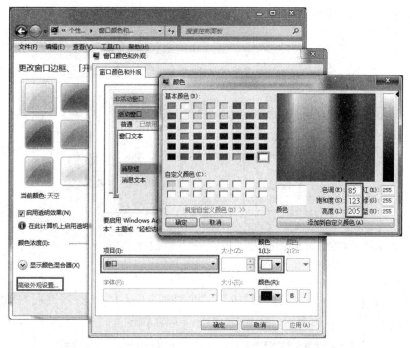

图 3-5　设置窗口颜色

图 3-6　设置屏幕分辨率

（2）在弹出的窗口中，双击需要添加的小工具"日历"和"时钟"，或者在"日历"和"时钟"图标处右击，选择"添加"命令，如图 3-7 所示。

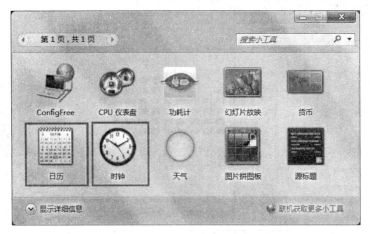

图 3-7　添加桌面小工具

（3）将光标移至桌面右上角的"日历"和"小时钟"工具上，在右侧出现的图标中单击"选项"按钮，可以设置日历与时钟的样式，如图 3-8 所示。

图 3-8　修改小工具样式

7. 创建快捷方式

选择"开始"→"所有程序"→"附件"命令，按住鼠标左键拖动"计算器"图标至桌面。或者按住鼠标右键拖动"计算器"图标至桌面，在弹出的快捷菜单中选择"在当前位置创建快捷方式"命令，即可在桌面创建计算器的快捷方式。

或者在桌面空白处右击，在弹出的快捷菜单中选择"新建"→"快捷方式"命令，在弹出的"创建快捷方式"对话框中单击"浏览"按钮选择计算器的位置，单击"下一步"按钮。然后输入快捷方式的名称"计算器"，单击"完成"按钮，即可在桌面创建计算器的快捷方式，如图 3-9 所示。

二、调整任务栏

（1）在任务栏空白处右击，在弹出的快捷菜单中选择"属性"命令。

（2）在弹出的属性对话框中选择"任务栏"选项卡，取消选中"锁定任务栏"复选框，选中"自动隐藏任务栏"复选框，在"屏幕上的任务栏位置"下拉列表中选择"顶部"，如

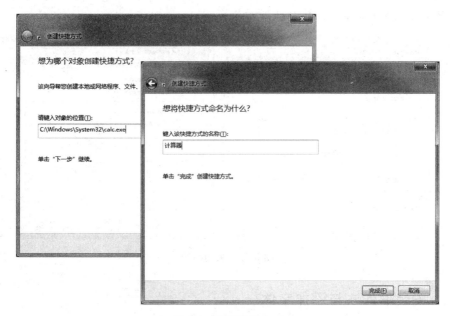

图 3-9　创建快捷方式

图 3-10 所示,则可将任务栏自动隐藏并移至桌面顶部。

图 3-10　设置任务栏属性

(3) 在任务栏空白处右击,选择"锁定任务栏"命令,以取消该命令前面的"√"符号,将鼠标指针移动到任务栏边缘,当鼠标指针变成双向箭头时,拖动鼠标可以调整任务栏的高度。

(4) 在属性对话框中单击"通知区域"的"自定义"按钮。

(5) 在弹出的"通知区域图标"对话框中单击"打开或关闭系统图标"选项。

(6) 在弹出的"系统图标"对话框的"时钟"下拉列表中选择"关闭",单击"确定"按钮,任务栏中将不再显示时钟,如图 3-11 所示。

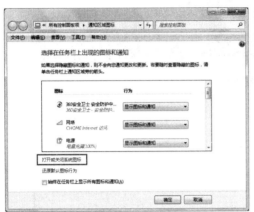

图 3-11 关闭系统

三、安装输入法与添加字体

1. Windows 7 自带的输入法的安装与卸载

(1)单击 Windows 的"开始"按钮,选择"控制面板"命令。

(2)在弹出的"控制面板"窗口中,如果查看方式改为"类别",选择"更改键盘或其他输入法";如果查看方式为"大图标",选择"区域和语言",如图 3-12 所示。在弹出的"区域和语言"对话框中选择"键盘和语言"选项卡,单击"更改键盘"按钮,如图 3-13 所示。或者右击桌面状态栏上右侧的输入法图标▦,在弹出的菜单中选择"设置"命令。

图 3-12 "控制面板"窗口

(3)在弹出的"文本服务和输入语言"对话框中单击"添加"按钮,如图 3-14 所示。在弹出的"添加输入语言"对话框中选中需要添加的输入法,如图 3-15 所示。

(4)连续两次单击"确定"按钮,即可添加 Windows 7 自带的输入法。

(5)若想删除某个输入法,可以在"文本服务和输入语言"对话框中选中要删除的输入法,单击"删除"按钮,再单击"确定"按钮即可。

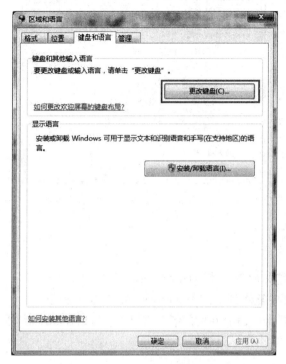

图 3-13　"区域和语言"对话框

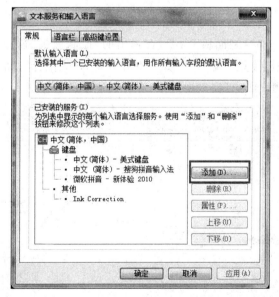

图 3-14　"文本服务和输入语言"对话框

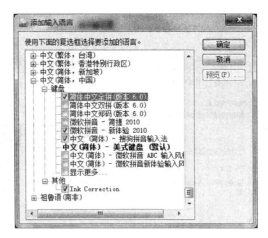

图 3-15 添加 Windows 7 自带的输入法

2. 添加字体

（1）从网上下载"徐静蕾字体"，此文件后缀名为 .ttf。

（2）将此字体文件复制到 C：\Windows\Fonts 文件夹下。

（3）新建一个 Word 文档，在"开始"选项卡"字体"组中的"字体"下拉列表中查看是否有此字体。

四、账户管理

1. 添加用户

（1）选择"开始"→"控制面板"命令，在弹出的"控制面板"窗口中，如果查看方式为"类别"，选择"添加或删除用户账户"。如果查看方式为"大图标"，则选择"用户账户"。

（2）在弹出的"用户账户"窗口中选择"管理其他账户"，如图 3-16 所示。

图 3-16 "用户账户"窗口

（3）在打开的"管理账户"窗口中单击"创建一个新账户"，在弹出的"创建新账户"对话框中输入用户名 abc，选择"标准用户"，单击"创建账户"按钮，添加新账户，如图 3-17 所示。

图 3-17　创建账户

（4）在"管理账户"窗口中单击刚才创建的账户 abc，在弹出的"更改账户"窗口左侧中选择"创建密码"选项。然后在弹出的"创建密码"窗口中输入并确认账户密码 123456，单击"创建密码"按钮，如图 3-18 所示。

图 3-18　创建账户密码

（5）在"更改账户"窗口左侧选择"更改图片"选项，在"选择图片"窗口中选择小猫的图片，单击"更改图片"按钮。

2. 设置家长控制

（1）在"管理账户"窗口左侧选择"设置家长控制"选项，在弹出的"家长控制"窗口中选择用户 abc。

（2）选择"开始"→"控制面板"命令，在弹出的"控制面板"窗口中，如果查看方式为"大图标"，选择"家长控制"。或者在"管理账户"窗口左侧选择"设置家长控制"。

（3）在弹出的"家长控制"窗口中的"选择一个提供商"下拉列表中选择"无"，然后单击进行家长控制的用户 abc，如图 3-19 所示。

图 3-19　"家长控制"窗口

（4）在弹出的"用户控制"窗口中选择"启用，应用当前设置"选项，分别设置用户的时间限制、游戏、允许和阻止特定程序。如设置用户 abc 上网时间为周六与周日 8:00—24:00，如图 3-20 所示。

3. 删除刚才所建账户

在"管理账户"窗口左侧选择"删除账户"选项，在询问"是否保留 abc 的文件？"时，单击"删除文件"按钮，然后单击"删除账户"按钮，如图 3-21 所示。

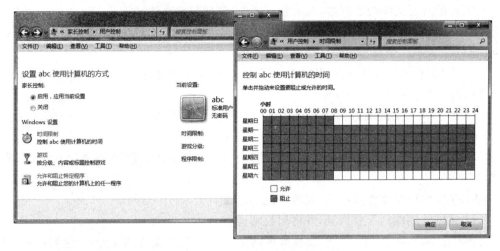

图 3-20　设置用户使用计算机的时间

图 3-21　删除账户

实验 3.2　文件与文件夹的管理

【实验目的】

（1）理解文件及文件夹的概念。

（2）掌握文件及文件夹的基本操作。

（3）掌握资源管理器的使用方法。

【实验内容】

（1）按照名称、类型、大小和修改日期等方式排列"实验 3.2"文件夹中的文件。

（2）用大图标、小图标、列表、详细信息和平铺等方式显示此文件夹中的内容。

（3）显示所有文件的扩展名，显示所有文件（包括隐藏文件）。

（4）在"实验 3.2"文件夹中新建"图片""Word"和"日记"文件夹，新建文件"Windows 练习.txt"。

（5）将"实验 3.2"文件夹中的文件分别移动到相应的文件夹中，将"Windows 练习.txt"文件复制到"练习"文件夹中。

（6）将"word"文件夹改名为"word 练习"，将此文件夹中的"word1.docx"文件改名为"word 练习.docx"。

（7）将"Windows 练习.txt"文件设置为"只读"属性，将"日记"文件夹设置为"隐藏"属性。

（8）删除"日记"文件夹中的"我的日记.jnt"文件。

（9）将刚才删除的文件恢复，并将回收站清空。

（10）在"实验 3.2"文件夹中查找所有以 w 字母开头的文件和文件夹（注意：文件名不区分大小写）。

（11）利用 WinRAR 软件将"实验 3.2"文件夹进行压缩和解压缩。

【实验步骤】

1. 排列文件

（1）双击"实验 3.2"文件夹，打开此文件夹。

（2）在"查看"菜单中选择"排序方式"命令，然后在级联菜单中分别选择按名称、修改日期、类型和大小等方式重新排列文件。

或者在打开的"实验 3.2"文件夹空白处右击，在弹出的快捷菜单中选择"排序方式"命令，在级联菜单中分别选择按名称、修改日期、类型和大小等方式重新排列图标。

2. 改变文件显示方式

在打开的"实验 3.2"文件夹窗口中，通过"查看"菜单中的大图标、小图标、列表、详细信息、平铺等方式显示此文件夹的内容。

或者在打开的"实验 3.2"文件夹空白处右击，在弹出的快捷菜单中选择"查看方式"命令，在级联菜单中分别选择名称、大小、类型和修改日期等方式显示此文件夹中的内容。

或者在工具栏右侧单击"更改您的视图"图标，在下拉列表框中分别选择名称、大小、类型和修改日期等方式显示此文件夹中的内容。

3. 显示或隐藏文件（夹）

（1）在"工具"菜单中选择"文件夹选项"命令，在弹出的"文件夹选项"对话框中选择"查看"选项卡。

（2）在"高级设置"区域中选择"显示隐藏的文件、文件夹和驱动器"选项，取消选中"隐藏已知文件类型的扩展名"复选框，如图 3-22 所示。

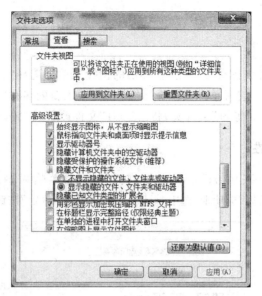

图 3-22　"文件夹选项"对话框

4. 新建文件(夹)

(1) 在"实验 3.2"文件夹空白处右击,在弹出的快捷菜单中选择"新建"→"文件夹"命令,输入文件夹名称"图片"。或者在打开的"实验 3.2"文件夹窗口的工具栏中选择"新建文件夹"命令。或者选择"文件"→"新建"→"文件夹"命令,均可新建文件夹。

(2) 重复上一步骤,新建文件夹"word"和"日记"。

(3) 在"实验 3.2"文件夹空白处右击,选择"新建"→"文本文档"命令,输入文件名"Windows 练习"。

5. 移动或复制文件(文件夹)

(1) 选中"实验 3.2"中的所有图片,右击,在快捷菜单中选择"剪切"命令,或者按 Ctrl+X 组合键,或者选择"编辑"菜单中的"剪切"命令。

注意:若选择不连续的文件,可以按住 Ctrl 键的同时选中文件。若选择连续的文件,可以先选中第一个文件,然后按住 Shift 键的同时选中最后一个文件。

(2) 双击打开"图片"文件夹,右击,在快捷菜单中选择"粘贴"命令,或者按 Ctrl+V 组合键,或者选择"编辑"菜单中的"粘贴"命令,即可将所有图片移动到"图片"文件夹中。

(3) 接着将"实验 3.2"文件夹中的所有 Word 文件移动至"word"文件夹,将 jnt 文件移动到"日记"文件夹中。

(4) 选中"Windows 练习"文件,右击,在快捷菜单中选择"复制"命令;或者按 Ctrl+C 组合键;或者选择"编辑"菜单中的"复制"命令。

(5) 双击打开"练习"文件夹,右击,在快捷菜单中选择"粘贴"命令;或者按 Ctrl+V 组合键;或者选择"编辑"菜单中的"粘贴"命令,将文件"Windows 练习"文件复制到"练习"文件夹中。

6. 重命名文件(夹)

(1) 在"word"文件夹图标处右击,在弹出的快捷菜单中选择"重命名"命令,然后输入新的名称"word 练习"。或者单击文件夹名"word",输入新的名称"word 练习"。

(2) 双击打开"word 练习"文件夹,将"word1"文件改名为"word 练习"。步骤同上。

7. 改变文件属性

(1) 选中"Windows 练习.txt"文件,右击,在弹出的快捷菜单中选择"属性"命令,在弹出的"属性"对话框中选择"常规"选项卡,选中"只读"复选框,单击"确定"按钮,如图 3-23 所示。

图 3-23   设置只读属性

(2) 选中"日记"文件夹,右击,在弹出的快捷菜单中选择"属性"命令,在弹出的"属性"对话框中选择"常规"选项卡,选中"隐藏"复选框,单击"确定"按钮。在弹出的"确认属性更改"对话框中选择"将更改应用于此文件夹、子文件夹和文件",单击"确定"按钮,如图 3-24 所示。

8. 删除文件

双击打开"日记"文件夹,选中"我的日记.jnt"文件,按 Delete 键。或者右击"我的日记.jnt"文件,在弹出的快捷菜单中选择"删除"命令。

9. 恢复文件

(1) 双击打开"回收站",选中文件"我的日记.jnt",单击工具栏中的"还原此项目"按钮,可将删除的文件还原。或者在文件"我的日记.jnt"处右击,在弹出的快捷菜单中选择"还原"命令,也可还原选中文件。

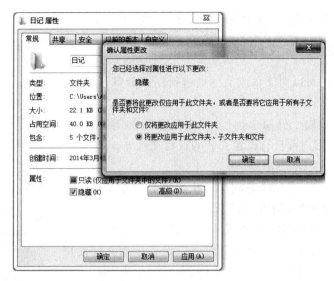

图 3-24　设置隐藏属性

（2）在"回收站"窗口中，单击工具栏中的"清空回收站"，即可将回收站清空。或者在
"回收站"窗口空白处右击，在弹出的快捷菜单中选择"清空回收站"命令，也可将回收站中
的文件彻底删除。

10. 查找文件（夹）

打开"实验 3.2"文件夹，在窗口的检索框中输入"w＊"，按下 Enter 键，则搜索结果会
显示在文件列表框中，如图 3-25 所示。也可以根据文件修改日期和大小进行搜索。

图 3-25　搜索文件

注意：通配符"＊"表示任意多个任意字符，"?"表示任意一个字符。

11. 压缩和解压缩文件

WinRAR 软件可以对文件或文件夹进行压缩和解压缩，此软件可以从网上下载。

WinRAR 的安装十分简单，只要双击下载后的压缩包，就会出现安装界面，用户可自行设置安装的目标文件夹。

（1）快速压缩文件，方法如下。

① 选中"实验 3.2"文件夹，右击，在弹出的快捷菜单中包括压缩操作的相关选项，如图 3-26 所示。

② 在快捷菜单中选择"添加到压缩文件"命令，弹出"压缩文件名和参数"对话框，在该对话框内可以设置压缩文件使用的相关参数，默认压缩文件名与原文件名一致，单击"确定"按钮，开始对文件进行压缩，如图 3-27 所示。压缩完成后，在同一个文件夹中会出现一个压缩文件，这个压缩文件的大小比原文件小，如图 3-28 所示。

图 3-26　右键快捷菜单

（2）解压缩文件。在压缩文件上右击，如果在弹出的快捷菜单中选择"解压到当前文件夹"命令，则将当前压缩文件释放到当前文件夹中；如果在快捷菜单中选择"解压到实验 3.2 文件夹"命令，则会在当前文件夹中创建"实验 3.2"文件夹，压缩文件会被释放到新创建的文件夹中；如果在快捷菜单中选择"解压文件"命令，则会弹出"解压路径和选项"对话框，在此对话框中可以设置解压时使用的相关参数。

图 3-27　压缩向导

实验3.2.rar

图 3-28　图标

思考：如何使用 WinZip 压缩工具软件？WinZip 和 WinRAR 是否兼容？

实验 3.3　Windows 7 常用附件的使用

【实验目的】

(1) 掌握磁盘清理、磁盘碎片整理等系统维护工具的使用方法。

(2) 掌握画板、写字板、计算器、截图工具等常用附件的使用方法。

【实验内容】

一、系统管理

(1) 对 C 盘进行磁盘清理。

(2) 查看是否要对 D 盘进行磁盘碎片整理,如果需要则对其进行整理。

(3) 自定义 Windows 7 开机启动程序。

(4) 卸载计算机上不常用的某一软件。

(5) 查看任务管理器中正在运行的应用程序。

二、常用附件

(1) 在写字板中撰写一段自我介绍,字数在 200 字左右,格式为: 标题黑体三号,正文楷体四号。

(2) 计算器的使用。

① 利用计算器计算 sin30°。

② 某人买房共需要 150 万元,首付 50 万元,贷款 30 年,贷款利率为 6.55%,利用计算器计算每个月需要还贷款多少元。

(3) 利用截图工具将当前桌面截图。

(4) 将刚才的截图用"画图"工具打开,在空白处添加姓名、学号,并在右下角绘制一颗星星。

【实验步骤】

一、系统管理

1. 磁盘清理

磁盘清理工具可以删除垃圾文件,清理磁盘,释放磁盘空间,提高系统性能。

(1) 选择"开始"→"所有程序"→"附件"→"系统工具"→"磁盘清理"命令。

(2) 在弹出的"磁盘清理: 驱动器选择"对话框中,将"驱动器"选择为磁盘 C,单击"确定"按钮。

(3) 在弹出的"磁盘清理"对话框中选中要删除的文件,单击"确定"按钮。对于"确实要永久删除这些文件吗?"的询问,单击"删除文件"按钮,如图 3-29 所示。

图 3-29 磁盘清理

2. 磁盘碎片整理

计算机中的文件是被分散保存到整个磁盘的不同地方，而不是连续地保存在磁盘的簇中，从而形成了磁盘碎片。定期整理磁盘碎片，可以保证文件的完整性，提高计算机读取文件的速度。

（1）选择"开始"→"所有程序"→"附件"→"系统工具"→"磁盘碎片整理程序"命令。

（2）在弹出的"磁盘碎片整理程序"对话框中的"当前状态"区域，选择准备进行磁盘碎片整理的磁盘分区选项，如图 3-30 所示。

图 3-30 磁盘碎片整理程序

（3）单击"分析磁盘"按钮，查看是否需要对磁盘进行碎片整理，如果需要则单击"磁盘碎片整理"按钮开始进行磁盘碎片整理，整理完毕后单击"关闭"按钮。

3．自定义 Windows 开机启动程序

在 Windows 系统启动的过程中，一些服务和程序会随着一起启动，因而影响开机速度。关闭一些不必要的 Windows 开机启动项，可以提高计算机的开机速度。

（1）单击"开始"按钮，选择"运行"命令，在"运行"对话框中的"打开"文本框中输入 msconfig，单击"确定"按钮，如图 3-31 所示。

图 3-31　"运行"对话框

（2）在弹出的"系统配置"对话框中选择"启动"选项卡，取消选中不需要开机启动的选项，然后单击"确定"按钮，如图 3-32 所示。

图 3-32　选择开机启动项

4．卸载程序

（1）选择"开始"→"控制面板"→"程序和功能"命令。

（2）在弹出的"程序和功能"窗口中双击要卸载的程序，在弹出的询问是否卸载的对话框中单击"是"按钮，即可将应用程序卸载，如图 3-33 所示。

图 3-33 卸载应用程序

5. 任务管理器

按 Ctrl＋Alt＋Delete 组合键，或者在任务栏空白处右击，从弹出的快捷菜单中选择"启动任务管理器"命令，弹出"Windows 任务管理器"窗口。在"应用程序"选项卡中可以查看正在运行的应用程序，如图 3-34 所示。

图 3-34 "Windows 任务管理器"窗口

如果要强制关闭某应用程序，先选中此应用程序，然后单击"结束任务"按钮即可。

二、常用附件

1. 写字板

(1) 选择"开始"→"所有程序"→"附件"→"写字板"命令,打开写字板窗口。

(2) 在写字板中输入自我介绍。

(3) 在"主页"选项卡的"字体"组中设置字体、字号等格式。

2. 计算器

Windows 7 自带的计算器的功能非常强大,包括:标准计算器,可以进行加、减、乘、除、开方、倒数等运算;科学计算器,添加一些比较常用的数学函数;程序员计算器,可以进行数制之间的转换;统计计算器,可以计算各种统计数据。

【例 3-1】　计算 $\sin 30°$。

(1) 选择"开始"→"所有程序"→"附件"→"计算器"命令。

(2) 在弹出的"计算器"窗口中,选择"查看"菜单中的"科学型"命令,在"科学型计算器"窗口中输入 30,然后单击 sin 按钮,即可计算出 $\sin 30°$的值,结果如图 3-35 所示。

图 3-35　利用计算器计算 $\sin 30°$

【例 3-2】　某人买房共需要 150 万元,首付 50 万元,贷款 30 年,贷款利率为 6.55％,那么每个月需要还贷款多少元?

(1) 在"计算器"窗口中,选择"查看"→"工作表"→"抵押"命令。

(2) 在计算器中的"采购价"文本框输入 1500000,"定金"文本框输入 500000,"期限"文本框输入 30,"利率"文本框输入 6.55,单击"计算"按钮,即可得出每月还款额,如图 3-36 所示。

3. 截图工具

(1) 显示桌面。

(2) 选择"开始"→"所有程序"→"附件"→"截图工具"命令,打开"截图工具"窗口。

83

图 3-36　利用计算器计算贷款每月还款额

（3）在"截图工具"窗口中选择"新建"菜单中的"全屏幕截图"命令，将桌面截图，然后保存此截图，如图 3-37 所示。

4. 画图工具

（1）选择"开始"→"所有程序"→"附件"→"画图"命令，打开"画图"窗口。

（2）在"画图"窗口中单击"画图"按钮，选择"打开"命令，在弹出的"打开"对话框中选择刚才保存的截图文件，单击"打开"按钮。

图 3-37　"截图工具"窗口

（3）在"主页"选项卡的"工具"组中单击"文本"工具，即可在图片上添加学号、姓名，并设置合适的字体、字号。

（4）在"主页"选项卡的"形状"组中选择星形，颜色选择红色，在截图右下角绘制一个星星图形。

第四部分　习 题 精 解

一、选择题

1. 操作系统的主要功能是(　　)。

　　A. 把高级程序设计语言和汇编语言编写的程序翻译成计算机硬件可以直接执行的目标程序

　　B. 负责诊断机器的故障

　　C. 控制和管理计算机系统的各种硬件和软件资源的使用

　　D. 负责外设与主机之间的信息交换

　　答案：C

　　解析：操作系统是计算机硬件与用户之间的接口，是管理和控制计算机硬件与软件资源的计算机程序,是直接运行在"裸机"上的最基本的系统软件,其他所有软件都必须在操作系统的支持下才能运行。

2. Windows 7 是(　　　)。
　　A. 单用户单任务操作系统　　　　　　B. 多用户多任务操作系统
　　C. 单用户多任务操作系统　　　　　　D. 多用户单任务操作系统

答案:B

解析:Windows 7 是多用户多任务操作系统。

3. 关于 Windows 运行环境说法正确的是(　　　)。
　　A. 对内存容量没有要求　　　　　　　B. 对处理器配置没有要求
　　C. 对硬件配置有一定要求　　　　　　D. 对硬盘配置没有要求

答案:C

解析:Windows 操作系统对硬件配置是有一定要求的,例如 Windows 7 系统的内存配置不得低于 512MB,推荐 2GB 及以上。

4. 在 Windows 资源管理器中,选定多个非连续文件的操作为(　　　)。
　　A. 按住 Shift 键,单击每一个要选定的文件图标
　　B. 按住 Ctrl 键,单击每一个要选定的文件图标
　　C. 先选中第一个文件,按住 Shift 键,再单击最后一个要选定的文件图标
　　D. 先选中第一个文件,按住 Ctrl 键,再单击最后一个要选定的文件图标

答案:B

解析:C 选项是用来选择多个连续的文件,所以应该选 B。

5. 按(　　　)组合键可以实现中文与西文输入方式的切换。
　　A. Shift+Space　　　B. Shift+Tab　　　C. Ctrl+Space　　　D. Alt+F6

答案:C

解析:Shift+Space 组合键实现半角与全角之间的切换,Shift+Tab 组合键实现在对话框的选项之间向后移动,Ctrl+Space 组合键实现中英文输入方式的切换,Alt+F6 组合键实现从打开的对话框切换回文档。

6. 回收站是(　　　)的一块区域。
　　A. 内存　　　　　　　B. 软盘　　　　　　　C. 硬盘　　　　　　　D. CPU

答案:C

解析:回收站是硬盘的一部分,主要用来存放用户临时删除的文档资料。回收站中存放的只能是硬盘上的文件。

7. 把 Windows 的应用程序窗口和对话框窗口比较,应用程序窗口可以移动和改变大小,而对话框窗口一般(　　　)。
　　A. 既不能移动,也不能改变大小　　　B. 仅可以移动,不能改变大小
　　C. 仅可以改变大小,不能移动　　　　D. 既能移动,也能改变大小

答案:B

解析:对话框窗口不能最大化、最小化和还原,也不能改变窗口大小,只能进行移动或直接关闭操作。

8. 剪贴板是(　　)的一块区域。

    A. 内存　　　　　　B. 软盘　　　　　　C. 硬盘　　　　　　D. CPU

答案：A

解析：剪贴板是内存中的一块区域，是 Windows 系统用来存放交换信息的临时存储区域，该区域不但可以存储正文，还可以存储图像、声音等其他信息。当使用"复制""剪切"命令时，会将复制或剪切的内容保存到剪贴板中。

9. 关于 Windows 文件命名的规定，正确的是(　　)。

    A. 文件名中不能有空格和扩展名间隔符"."

    B. 文件名可用字符、数字或汉字命名，文件名最多使用 8 个字符

    C. 文件名可用允许的字符、数字或汉字命名

    D. 文件名可用所有的字符、数字或汉字命名

答案：C

解析：在 Windows 操作系统中，文件名最多由 255 个字符组成，文件名(包括扩展名)中可用的字符为"A～Z　0～9　!　@　#　$　%　&"等，不能使用的字符为"\ / ? : * " > < |"。

10. 在搜索文件或文件夹时，若输入"＊.＊"，则将搜索(　　)。

    A. 所有含有 ＊ 的文件　　　　　　B. 所有扩展名中含有 ＊ 的文件

    C. 所有文件　　　　　　D. 以上全不对

答案：C

解析：在查找文件时，通配符"＊"表示任意多个任意字符，通配符"?"表示任意一个字符。

11. 在记事本中保存文件的扩展名(又称为文件的后缀)是(　　)。

    A. .txt　　　　　　B. .docx　　　　　　C. .bmp　　　　　　D. .pptx

答案：A

解析：画图程序创建文件的默认扩展名是.png，Word 2010 创建文件的默认扩展名是.docx，Excel 2010 创建文件的扩展名是.xlsx，PowerPoint 2010 创建文件的扩展名是.pptx 等。.bmp 是图像文件格式。

12. 直接删除文件，不送入回收站的组合键是(　　)。

    A. Alt＋Delete　　B. Delete　　　　C. Shift＋Delete　　D. Ctrl＋Delete

答案：C

解析：按 Delete 键会将选中的文件放到回收站中，并没有真正地从硬盘上删除，用户可以恢复(还原)这些文件。如果使用 Shift＋Delete 组合键，将直接删除文件，不送入回收站。

13. 在 Windows 系统中，文件夹是指(　　)。

    A. 文档　　　　　　B. 程序　　　　　　C. 磁盘　　　　　　D. 目录

答案：D

解析：无论是操作系统的文件，还是用户自己生成的文件，其数量和种类都是非常多的。为了便于对文件进行存取和管理，系统引入了文件夹，它实际上相当于 DOS 系统中目录的概念。

14. 当 Windows 应用程序被最小化后,表示该程序(　　)。

    A. 停止运行　　　　B. 后台运行　　　　C. 不能打开　　　　D. 不能关闭

答案:B

解析:在 Windows 系统中,用户可以同时打开几个窗口以运行多个应用程序,并可实现它们之间的快速切换。当应用程序被最小化后,表示该程序在后台运行,而不是被关闭。

15. 按住(　　)键的同时用鼠标拖动一个文件,可以复制此文件。

    A. Ctrl　　　　　　B. Alt　　　　　　C. Shift　　　　　　D. Home

答案:A

解析:在确保能看到待复制的文件或文件夹,并且能看到目标文件夹时,选定要复制的文件或文件夹,按住 Ctrl 键,用鼠标拖动选中的文件或文件夹至目标文件夹中(如果在两个不同的盘之间进行复制,则可以直接用鼠标拖动进行复制,而不必按住 Ctrl 键),然后释放鼠标左键和 Ctrl 键,完成复制操作。

16. 下列关于 Windows 菜单的说法中,不正确的是(　　)。

    A. 命令前有"·"记号的菜单选项,表示该项已经选用

    B. 当鼠标指针指向带有黑色箭头符号的菜单选项时,弹出一个子菜单

    C. 带省略号(...)的菜单选项执行后会打开一个对话框

    D. 用灰色字符显示的菜单选项表示相应的程序被破坏

答案:D

解析:命令前有"·"记号的菜单选项,表示该项已经选用。当鼠标指针指向带有黑色箭头符号的菜单选项时,会出现一个级联菜单。菜单命令后面有省略号(...)表示会出现一个对话框,供用户进一步提供参数或选择。如果某菜单选项是灰色,表示此选项当前不可用。

二、简答题

1. 对话框与窗口有什么区别?

答案:对话框外形和窗口外形类似,"窗口"中有"最小化""最大化""关闭"按钮;对话框的顶部有对话框标题(标题栏)和"关闭"按钮,但没有"最大化"和"最小化"按钮,可以移动位置,但不能像窗口那样任意改变大小。

2. 什么是快捷方式?它有什么特点?

答案:快捷方式是一种特殊类型的图标,它是一个指向对象的指针而不是对象本身。如果想打开某个对象,不必非得找到其执行文件,只需双击该图标就可以打开。快捷图标所处位置并不影响其对象的位置,即使删除快捷图标,对象也不会被删除。

3. 如何复制或移动文件与文件夹,方法有几种?

答案:

(1) 选中文件或文件夹,选择"编辑"→"复制或剪切"命令,在目标文件夹选择"编辑"→"粘贴"命令。

(2) 右击文件或文件夹,选择"复制或剪切"命令;右击目标文件夹,选择"粘贴"命令。

(3) 选中文件或文件夹,按 Ctrl＋C 组合键或 Ctrl＋X 组合键,然后在目标位置按

Ctrl＋V 组合键。

  (4) 选中文件或文件夹,按住 Ctrl 键,用鼠标拖动(复制)。

  (5) 选中文件或文件夹,用鼠标拖动(移动)。

  注意:在同一个驱动器下直接拖动是移动,在不同的驱动器下拖动是复制。

第五部分　综 合 任 务

任务 3.1　多操作系统的安装与恢复

【任务目的】

  掌握操作系统 Windows XP 和 Windows 7 的安装方法,以及 Windows 7 操作系统的恢复方法。

【任务要求】

  (1) 安装 Windows XP 和 Windows 7 双操作系统。

  (2) 使用 Windows 7 系统自带的工具对系统进行备份和还原。

【任务分析】

  本任务旨在考查操作系统的安装与使用能力。首先安装 Windows XP,然后安装 Windows 7 操作系统,再对 Windows 7 系统与重要文件进行备份和还原。

【步骤提示】

一、安装 Windows XP 与 Windows 7 双操作系统

  (1) 首先了解本机硬件配置是否符合安装 Windows XP 与 Windows 7 的条件。

  (2) 在安装系统之前,首先在 BIOS 中将光驱设置为第一启动项。然后将安装光盘放入光驱,重新启动,按照安装提示进行操作。

  (3) 在安装完 Windows XP 或已经存在 Windows XP 的情况下,安装 Windows 7。下载 Windows 7 安装镜像文件,用虚拟光驱软件打开,按照提示安装即可。

  注意:在安装过程中会出现询问 Windows 7 安装在何处的对话框,最好能将 Windows 7 与 Windows XP 安装到不同的分区上,使两者相互独立。另外,Windows 7 只能安装在 NTFS 分区上,而不能安装在 FAT 分区上。

二、系统还原

1. 利用系统还原点还原系统

  Windows 7 系统的还原功能可以将系统快速还原到先前的某个状态,同时不会影响

用户创建的个人文件。如果计算机运行缓慢或者无法正常工作，或者意外修改、删除了某个文件或文件夹，都可以使用系统还原功能将系统还原到之前可以正常使用的状态。主要步骤如下。

（1）创建系统还原点。Windows 7 系统默认每周自动创建还原点，并且当系统检测到计算机发生更改时也将自动创建还原点，还可以手动创建还原点，方法如下。

①在桌面上的"计算机"图标上右击，在弹出的快捷菜单中选择"属性"命令，在弹出的"系统"窗口中选择左侧的"系统保护"选项。

②在打开的"系统属性"对话框中选择"系统保护"选项卡，单击"创建"按钮，如图 3-38 所示。

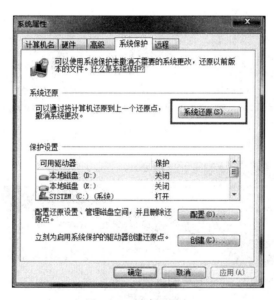

图 3-38　创建还原点

③根据提示创建还原点。

（2）还原系统。在打开的"系统属性"对话框中选择"系统保护"选项卡，单击"系统还原"按钮，根据提示进行系统还原。或者选择"开始"→"控制面板"→"操作中心"命令，在"操作中心"窗口中单击右下方的"恢复"按钮（将计算机还原到一个较早的时间点），如图 3-39 所示，根据提示进行系统还原。

2. 利用系统映像还原系统

当系统或文件遭受到严重损害，系统无法启动时，这些普通的还原点可能无法进行完全恢复，此时可以先为 Windows 7 系统创建系统映像文件，再恢复系统。主要步骤如下。

（1）创建系统映像。选择"开始"→"控制面板"→"备份和还原"命令，在弹出的"备份和还原"窗口中选择"创建系统映像"选项，根据提示进行系统备份，如图 3-40 所示。备份完成后，会提示是否创建系统恢复盘，选择"否"选项即可。此时保存备份的驱动器下就会有 WindowsImageBackup 目录。

图 3-39 "操作中心"窗口

图 3-40 创建系统映像

（2）还原系统。选择"开始"→"控制面板"→"恢复"命令，在弹出的"恢复"窗口中依次选择"高级恢复方法"→"使用之前创建的系统映像恢复计算机"，即可进行系统还原。

如果 Windows 7 无法正常启动，在开机启动时快速按下 F8 键，打开 Windows 7 系统的高级启动菜单，依次选择"修复计算机"→"系统映像恢复"命令，然后根据系统提示进行操作,就可以彻底还原受损的 Windows 7 系统。

三、备份与还原重要文件

1. 备份文件

(1) 选择"开始"→"控制面板"→"备份和还原"命令,打开"备份和还原"窗口,单击"设置备份"按钮。

(2) 在弹出的"设置备份"对话框中选择"保存备份的位置",单击"下一步"按钮。然后选择要备份的内容为"让我选择",单击"下一步"按钮。再在对话框中选中需要备份的内容,单击"下一步"按钮。

(3) 查看备份设置,如果没有错误,单击"开始设置并运行备份"按钮。默认情况下系统会在每个星期日的 19:00 执行备份计划,用户可以通过"更改计划"根据自己的需要修改备份的时间和频率。

2. 恢复文件

(1) 选择"开始"→"控制面板"→"恢复"命令。

(2) 在弹出的"恢复"窗口的左侧选择"恢复文件"选项,在打开的"备份和还原"窗口中选择"还原我的文件"选项,即可将备份的文件进行恢复。

【任务结果】

安装 Windows XP 及 Windows 7 操作系统,并将系统及重要文件进行备份。

任务 3.2　磁盘的格式化

【任务目的】

(1) 了解不同格式化方式的区别与应用。
(2) 掌握对磁盘进行格式化的方法。

【任务要求】

用不同方法对磁盘进行格式化。

【任务分析】

本任务旨在让大家掌握磁盘格式化的方法。首先,需要了解磁盘格式化的 3 种不同方法,以及各方法的区别与使用情境,然后,尝试对磁盘进行格式化操作。由于格式化操作会删除磁盘上的所有数据,所以在格式化前一定要备份好磁盘上的重要数据。

【步骤提示】

1．了解高级格式化、快速格式化、低级格式化的概念及区别

查找资料，了解 3 种格式化的概念及使用情境，对比 3 种格式化的区别。

2．高级格式化的步骤

格式化卷将会破坏分区上的所有数据，所以格式化前应该备份所有要保存的数据，然后再开始操作。

（1）在桌面"计算机"图标处右击，在弹出的快捷菜单中选择"管理"命令。在弹出的"计算机管理"窗口左侧选择"存储"选项中的"磁盘管理"选项。

（2）在要格式化的卷处右击，在弹出的快捷菜单中选择"格式化"命令。在弹出的"格式化"对话框中，取消选中"执行快速格式化"复选框，单击"确定"按钮。提示相关信息，单击"确定"按钮，即可进行高级格式化，如图 3-41 所示。

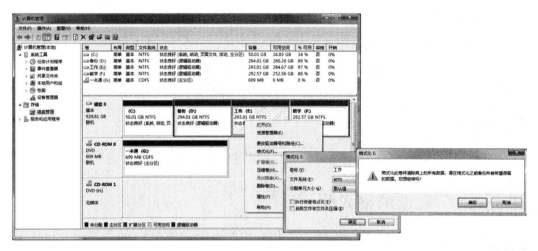

图 3-41　"磁盘管理"窗口

3．快速格式化的步骤

快速格式化的步骤与高级格式化的步骤相同，只需要在"格式化"对话框中选中"执行快速格式化"复选框即可。

4．低级格式化的步骤

低级格式化可以通过汇编语言的 Debug 程序进行，也可以通过一些工具软件来进行，如 Format、DM 及硬盘厂商们推出的各种硬盘工具等。

【任务结果】

能够对磁盘进行高级格式化和快速格式化，了解低级格式化。

第六部分　考 证 辅 导

一、全国计算机等级考试考证辅导

1. 考试要求

一级考试的基本要求为：了解操作系统的基本功能和作用，掌握 Windows 的基本操作和应用。

一级考试包括以下内容。

（1）操作系统的基本概念、功能、组成及分类。

（2）Windows 操作系统的基本概念和常用术语，比如文件、文件夹、库等。

（3）Windows 操作系统的基本操作和应用。

① 桌面外观的设置，基本的网络配置。

② 熟练掌握资源管理器的操作与应用。

③ 掌握文件、磁盘、显示属性的查看、设置等操作。

④ 中文输入法的安装、删除和选用。

⑤ 掌握检索文件、查询程序的方法。

⑥ 了解软件、硬件的基本系统工具。

2. 模拟练习

在考生文件夹下进行下列操作。

（1）将考生文件夹下 PASTE 文件夹中的文件 BALLYY.bas 复制到考生文件夹下的 JUSTY 文件夹中。

（2）将考生文件夹下 PARM 文件夹中的文件 HOLIER.docx 设置为"只读"属性。

（3）在考生文件夹下 CHUNBA 文件夹中建立一个新文件夹 MYCUT。

（4）将考生文件夹下 SMITH 文件夹中的文件 COUNTING.wri 移动到考生文件夹下的 OFFICE 文件夹中，并改名为 IDEND.wri。

（5）将考生文件夹下 SUPPER 文件夹中的文件 HUIZONG.pptx 删除。

二、全国计算机信息高新技术考试考证辅导

1. 考试要求

（1）设备及系统程序的基本操作：进入操作系统，建立考生文件夹，复制考试用文档，重命名文件。

（2）系统设置与优化：磁盘清理、设置任务栏、设置桌面背景、设置系统声音、设置时间和日期、查找文件等。

2. 模拟练习

（1）操作系统的基本操作。

① 启动"资源管理"。开机，进入 Windows 7 操作系统，启动"资源管理器"。

② 创建文件夹。在 C 盘根目录下建立考生文件夹，文件夹名为考生准考证后 7 位。

③ 复制、重命名文件。C 盘中有考试题库 2010KSW 文件夹，文件夹结构如图 3-42 所示。

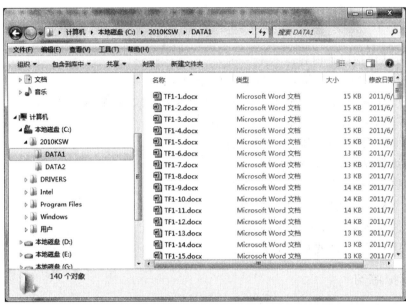

图 3-42　试题库 2010KSW 文件夹

根据选题单指定题号，将题库中 DATA1 文件夹内相应的文件复制到考生文件夹中，将文件分别重命名为 A1、A2、A3、A4、A5、A6、A7、A8，扩展名不变。本单元的题需要考生在做该题时自己新建一个文件。

举例：如果考生的选题单如图 3-43 所示，则应将题库中 DATA1 文件夹内的文件 TF1-12.docx、TF2-5.docx、TF3-13.docx、TF4-14.docx、TF5-15.docx、TF6-6.xlsx、TF7-18.xlsx、TF8-4.docx 复制到考生文件夹中，并分别重命名为 A1.docx、A2.docx、A3.docx、A4.docx、A5.docx、A6.xlsx、A7.xlsx、A8.docx。

单元	一	二	三	四	五	六	七	八
题号	12	5	13	14	15	6	18	4

图 3-43　考生的选题单

（2）操作系统的设置与优化。

① 在控制面板中将系统的"日期和时间"更改为"2018 年 10 月 1 日 10 点 50 分 30 秒"。

② 在资源管理器中删除桌面上"便笺"的快捷方式。

第4单元　网络技术与信息安全

通过本单元的学习,读者能够进行基本的网络接入操作,能够进行计算机之间的通信,连接使用基本的网络设备,提高信息安全意识,能够对浏览器做安全设置,对计算机做安全防护,能够利用多种电子方法搜寻多种形式的信息,正确规范地使用网络技术,正确地筛选有效信息。

单元学习目标

- 了解网络的基本概念和因特网的基础知识。
- 熟练掌握 IE 浏览器的基本操作和使用。
- 熟练掌握 Outlook 的基本操作和使用。
- 了解常用网络服务应用。
- 了解计算机病毒防治信息与网络安全的基本配置。

第一部分　能力自测

一、先前学习成果评价

首先,请向任课教师提交能证明你以前学习过本单元内容的证据,然后在 20 分钟内回答以下问题。

(1) 你知道计算机网络的概念吗? 你知道什么是域名、IP 地址吗? 如何查看本机的 IP 地址?

(2) 你家里的网络是如何组建的?

(3) 你有电子邮箱吗? 你收发过电子邮件吗?

(4) 你知道如何保护个人计算机信息安全吗?

二、当前技能水平测评

1. IE 浏览器的使用

(1) 使用 IE 浏览器打开本校网站的主页,并设置为浏览器主页。

(2) 保存学校网站上的照片。

(3) 整理 IE 浏览器的收藏夹。

2. 信息检索

搜索本专业的招聘信息,并保存下来。

3. 收发电子邮件

使用 IE 和 Outlook 分别将刚才搜索到的招聘信息发送给你的同学。

4. 网络应用服务

(1) 将你搜索到的招聘信息上传至百度网盘,并分享给你的同学。

(2) 将你搜索到的招聘信息上传至 FTP 服务器。

(3) 安装并使用一种即时通信工具。

第二部分 学 习 指 南

一、知识要点

1. 计算机网络

计算机网络是分布在不同地理位置上的具有独立功能的多台计算机,通过通信设备和通信线路连接起来,在网络协议和网络操作系统的支持下实现资源共享的系统。

2. 信号

信号是指数据的电子或电磁编码形式。信号可以分为数字信号和模拟信号。数字信号是一种离散的脉冲序列,模拟信号是一种连续变化的信号。

3. 调制与解调

将发送端数字脉冲信号转换为模拟信号的过程称为调制,将接收端模拟信号还原成数字脉冲信号的过程称为解调。将调制和解调两种功能结合在一起的设备称为调制解调器(Modem)。

4. 计算机网络的分类

计算机网络的分类标准很多,依据网络覆盖的地理范围和规模分为局域网、城域网和广域网。

(1) 局域网(LAN)的通信距离通常为几百米到几千米,最大距离不超过 10 千米,具有数据传输速率高、误码率低、成本低、易管理和易维护等特点。

(2) 城域网(MAN)的通信距离一般为几千米到几十千米,是在一个城市范围内所建立的计算机通信网。

(3) 广域网(WAN)的通信距离为几十千米到几千千米,可跨越城市和地区,覆盖全国甚至全世界。因特网就是一种广域网。

5．计算机网络拓扑结构

计算机网络拓扑是将构成网络的节点和连接节点的线路抽象成点和线，用几何关系表示网络结构，从而反映出网络中各实体的结构关系。常见的网络拓扑结构有星形结构、环形结构、总线形结构、树形结构和网状结构。

6．计算机网络体系结构

（1）OSI 参考模型。国际标准化组织（ISO）于 1978 年提出了开放系统互联（Open System Interconnection，OSI）参考模型。它将计算机网络体系结构的通信协议规定为 7 层，从高层到最低层依次是应用层、表示层、会话层、传输层、网络层、数据链路层和物理层。

（2）TCP/IP 参考模型。TCP/IP 参考模型最初产生于 1969 年，该模型将不同的通信功能集成到不同的网络层次，形成了一个具有 4 个层次的体系结构，从高层到低层依次是应用层、传输层、网际层、网络接口层。

7．无线局域网

无线局域网（WLAN）利用无线技术在空中传输数据、语音和视频信号。

8．网络硬件

（1）传输介质。常用的传输介质有双绞线、同轴电缆、光缆和无线电波等。

（2）网络接口卡。网络接口卡也叫网络适配器（简称网卡），通常安装在计算机的扩展槽上，用于计算机和通信线缆的连接，是构成网络必需的基本设备。

（3）集线器。集线器的主要功能是对接收到的信号进行再生整形放大，以扩大网络的传输距离，同时把所有节点集中在以它为中心的节点上。

（4）交换机。交换机是一种用于电信号转发的网络设备。它可以为接入交换机的任意两个网络节点提供独享的电信号通路。

（5）路由器。路由器是实现局域网与广域网互联的主要设备，它会根据信道的情况自动选择和设定路由，以最佳路径按前后顺序发送信号。

（6）无线 AP。无线 AP（Access Point）也称为无线访问点或无线桥接器，任何一台装有无线网卡的主机通过无线 AP 都可以连接到有线局域网络。

9．IP 地址

IP 地址是指互联网协议地址，是 IP 协议提供的一种统一的地址格式，它为互联网上的每一个网络和每一台主机分配一个逻辑地址，以此来屏蔽物理地址的差异。

10．域名

域名是一组具有助记功能的、代替 IP 地址的英文简写名。为了避免重复，域名采用层次结构,各层次的子域名之间用".".分隔。域名结构为:主机名……第二级域名.第一级域名(或称顶级域名)。

11. DNS

DNS 是域名系统 Domain Name System 的缩写,它是由解析器和域名服务器组成的。域名服务器是指保存有该网络中所有主机的域名和对应 IP 地址,并具有将域名转换为 IP 地址功能的服务器。

12. 接入因特网的方式

(1) ADSL:ADSL(非对称数字用户线路)是目前用电话线接入 Internet 的主流技术,比普通拨号上网快 50~100 倍,上行速率达 640kbps,下行速率高达 8Mbps,需要在普通电 话线上加语音分离器和 ADSL Modem。

(2) ISP:ISP 即 Internet 服务提供商。ISP 提供的主要功能有:分配 IP 地址、网关和 DNS,提供联网软件,提供各种因特网服务和接入服务等。

(3) 无线接入:所有的无线网络都要在某一个无线 AP 上连接到有线网络中,以便访问 Internet 上的文件、服务等。

13. 万维网

万维网(World Wide Web,WWW)是一种建立在因特网上的全球性的、交互的、动态的、多平台的、分布式的、超文本超媒体信息查询系统。

14. 超文本和超链接

超文本中不仅含有文本信息,还可以包含图形、声音、图像和视频等多媒体信息,还包含指向其他网页的链接,称为超链接。

15. 统一资源定位器

WWW 用统一资源定位器(URL)来描述 Web 页的地址和访问它时所使用的协议。URL 的格式为:

协议://IP 地址或域名/路径/文件名

16. 浏览器

浏览器是用于浏览 WWW 的工具,安装在客户机上,是一种客户软件,能够把超文本标记语言描述的信息以便于理解的形式呈现出来。

17. 搜索引擎

搜索引擎是指根据一定的策略、运用特定的计算机程序从因特网上搜集信息,在对信息进行组织和处理后,为用户提供检索服务,将用户检索的相关信息展示给用户的系统。

18. 电子邮件

电子邮件是一种用电子手段提供信息交换的通信方式,是因特网应用最广的服务之一。电子邮件地址的格式为:用户名@主机域名。其中用户名是在主机上使用的登录名;主机域名是电子邮件所在主机的域名,用以标志其所在的位置。

19. FTP

FTP(文件传输协议)是因特网上用来传送文件的协议。

20. 流媒体

流媒体是指采用流式传输的方式在因特网播放的媒体格式。进行流式传输时,音频或视频文件由流媒体服务器向计算机连续实时地传送,使用户不必等到整个文件全部下载完毕就能查看文件,即边下载边播放。

21. 计算机病毒

计算机病毒是指编制或者在计算机程序中植入的破坏计算机功能或者破坏数据,影响计算机使用并且能够自我复制的一组计算机指令或者程序代码。

22. 防火墙

防火墙也称防护墙,是一个由软件和硬件设备组合而成、在内部网和外部网之间、专用网与公共网之间的界面上构造的保护屏障。

二、技能要点

1. 保存网页

选择"工具"→"文件"→"另存为"命令,在弹出的"保存网页"对话框中设置。

2. 在 IE 中保存图片

右击图片,在快捷菜单中选择"图片另存为"命令,在弹出的"保存图片"对话框中设置。

3. IE 浏览器设置

选择"工具"→"Internet 选项"命令,在弹出的"Internet 选项"对话框中设置。

4. 信息检索

(1)简单搜索:打开搜索引擎,在搜索栏中输入搜索关键字。
(2)高级搜索:在"高级搜索"窗口中设置搜索条件。

5. Outlook 的使用

（1）打开 Outlook：选择"开始"→"所有程序"→Microsoft Outlook 2010 命令。

（2）添加账户：单击"文件"→"信息"→"添加账户"按钮。

（3）撰写邮件：单击"开始"→"新建"→"新建电子邮件"按钮。

（4）接收邮件：单击"接收/发送"→"接收和发送"→"接收/发送所有文件夹"按钮。

（5）回复或转发邮件：单击"接收/发送"→"响应"→"答复"或"转发"按钮。

第三部分　实　验　指　导

实验 4.1　IE 浏览器的使用与配置

【实验目的】

（1）掌握利用 IE 浏览器浏览网页、保存网页的方法。

（2）掌握收藏夹的使用与管理的方法。

（3）掌握 IE 浏览器的基本设置。

【实验内容】

（1）使用 IE 浏览器浏览网页。

（2）保存网页及网页上的文字与图片。

（3）将经常浏览的网站添加到收藏夹并整理收藏夹。

（4）IE 浏览器的基本设置如下。

- 显示菜单栏。
- 将网易网站主页添加到主页。
- 设置在新选项卡中打开网页。
- 禁止弹出窗口。

【实验步骤】

下面以浏览器 IE 11 为例。

1. 浏览网页

（1）选择"开始"→"所有程序"→Internet Explorer 命令，或者双击桌面上的 IE 快捷方式，或者单击任务栏 IE 图标 ，启动 IE 浏览器。

（2）在 IE 浏览器地址栏中输入需要浏览的网站的网址，如 www.163.com，按 Enter 键即可打开网易网站，如图 4-1 所示。

（3）在 IE 打开的页面中包含有指向其他页面的超链接。当将鼠标光标移动到具有

图 4-1 网易网站主页

超链接的文本或图像上时,鼠标指针会变为 <img> 形,单击将打开该超链接所指向的网页。根据网页的超链接,即可进行网页的浏览。

(4)单击页面地址栏右侧"刷新"按钮 C ,或者按 F5 键可以刷新网页。单击地址栏左侧"后退"按钮 ,可返回刚才查看过的网页。单击"前进"按钮 ,可以查看在单击"后退"按钮前查看的网页。

2. 保存网页

(1)打开要保存的网页,单击页面右上角的"工具"按钮 ,从弹出的下拉列表中选择"文件"→"另存为"命令,如图 4-2 所示。

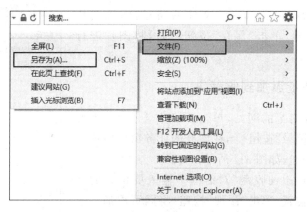

图 4-2 "工具"按钮的下拉列表中的命令

(2)在弹出的"保存网页"对话框中选择保存路径,输入文件名,选择保存类型,单击"保存"按钮,将网页内容进行保存,如图 4-3 所示。

图 4-3 "保存网页"对话框

保存类型说明如下。

① 保存为"网页,全部(＊.htm;＊.html)"后,会产生一个 HTML 网页文件和一个文件夹。双击 HTML 文件可以打开保存的网页。

② 保存为"Web 档案,单个文件",会将网页上所有内容(包括文字和图片等)保存在一个 mht 文件中,双击 mht 文件可以打开保存的网页。

③ 保存为"网页,仅 HTML",只有 HTML 文件,没有对应的文件夹。如果离线打开文件时,看不到原网页上的图片。

④ 保存为"文本文件",只将网页中的文字保存为 txt 文件。

3. 保存图片

(1) 右击要保存的图片,从弹出的快捷菜单中选择"图片另存为"命令,弹出"保存图片"对话框。

(2) 在该对话框中选择保存文件的路径,输入图片名,再选择保存类型,单击"保存"按钮,即可将图片进行保存。

4. 将网页地址添加到收藏夹

(1) 打开经常浏览的网站,单击页面右上角的"查看收藏夹、源和历史记录"按钮☆,在展开的任务窗格中单击"添加到收藏夹"按钮,如图 4-4 所示。

(2) 在弹出的"添加收藏"对话框中输入要保存的网页名称,选择创建位置,单击"添加"按钮,将网页添加到收藏夹中,如图 4-5 所示。

5. 整理收藏夹

(1) 在展开的"查看收藏夹、源和历史记录"任务窗格

图 4-4 添加到收藏夹

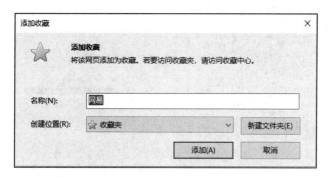

图 4-5　"添加收藏"对话框

中单击"添加到收藏夹"按钮旁的下三角按钮,在弹出的下拉列表中选择"整理收藏夹"命令,弹出"整理收藏夹"对话框,如图 4-6 所示。

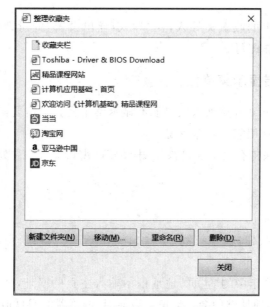

图 4-6　"整理收藏夹"对话框

　　(2)在该对话框中单击"新建文件夹"按钮,在收藏夹中新建文件夹,输入名称(如"购物"),即可新建"购物"文件夹。将鼠标指针移至京东网,按下左键并拖动鼠标,光标移至"购物"文件夹处,即可将京东网移至购物文件夹。

　　在"整理收藏夹"对话框中单击"删除"按钮,可以删除所选网页或文件夹。单击"重命名"按钮,可以重命名所选网页或文件夹。

6. 备份收藏夹

　　(1)在展开的"查看收藏夹、源和历史记录"任务窗格中单击"添加到收藏夹"按钮旁的下三角按钮,在下拉列表中选择"导入和导出"命令,弹出"导入/导出设置"的对话框。

　　(2)在该对话框中选择"导出到文件",单击"下一步"按钮,根据提示将收藏夹进行导出，如图 4-7 所示。

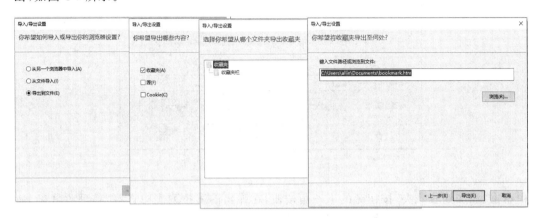

图 4-7　导出收藏夹

（3）如果要将导出的收藏夹导入，在"导入/导出设置"的对话框中选择"从文件导入"，根据提示进行操作即可。

7. 在 IE 浏览器显示菜单栏

（1）IE 浏览器从 6.0 开始默认状态下不显示菜单栏。当需要菜单栏时按 Alt 键，就会出现 IE 的菜单栏，使用完成后即关闭。

（2）如果想长期保持有菜单的状态，右击浏览器窗口上方空白处，在弹出的快捷菜单中选择"菜单栏"即可。

8. 更改主页

（1）单击"工具"按钮，在下拉列表中选择"Internet 选项"，弹出"Internet 选项"对话框。

（2）在"常规"选项卡中的"主页"地址框中输入主页的网址，如图 4-8 所示。如果单击"使用当前页"按钮，地址框中会自动填入当前 IE 浏览器的网页地址。如果想设置多个主页，在地址框中另起一行并输入地址。

（3）输入主页地址后单击"确定"按钮。

9. 历史记录的使用

IE 会自动将浏览过的网页地址按日期先后保留在历史记录中，以备查用。

（1）在展开的"查看收藏夹、源和历史记录"任务窗格中选择"历史记录"选项卡，在此选项卡中可以按日期、按站点、按访问次数、按今天的访问顺序、搜索历史记录几种方式查看历史记录。

（2）单击要访问的网页网址图标，即可打开此网页进行浏览。

（3）如果想删除历史记录，打开"Internet 选项"对话框，在对话框的"常规"选项卡中的"浏览历史记录"区域单击"删除"按钮，可以删除历史记录。

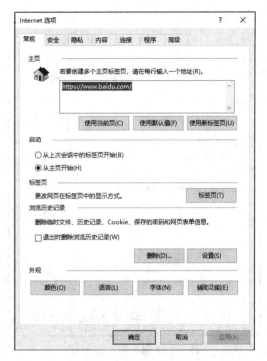

图 4-8　更改浏览器主页

单击"设置"按钮,打开"网站数据设置"对话框,在"历史记录"选项卡中修改天数,如图 4-9 所示。

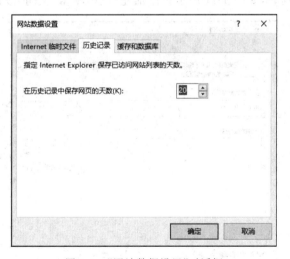

图 4-9　"网站数据设置"对话框

10. 阻止弹出窗口

(1) 在"Internet 选项"对话框中选择"隐私"选项卡,选中"启用弹出窗口阻止程序"复选框,单击"确定"按钮,即可阻止大部分网站弹出窗口,如图 4-10 所示。

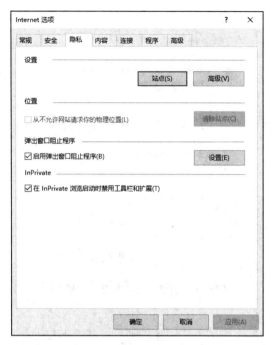

图 4-10 弹出窗口的设置

（2）如果信任某些网站并允许其子窗口弹出，则在对话框中单击"设置"按钮，弹出"弹出窗口阻止程序设置"对话框。在该对话框中输入允许弹出窗口的网站网址，单击"添加"按钮，加入信任列表，如图 4-11 所示。添加完毕后，单击"关闭"按钮。

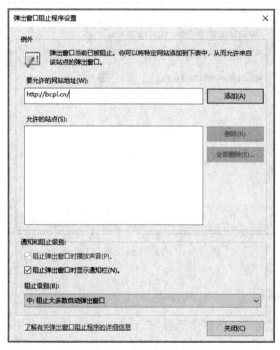

图 4-11 "弹出窗口阻止程序设置"对话框

实验 4.2　收发电子邮件

【实验目的】

(1) 掌握利用 IE 浏览器收发电子邮件的方法。

(2) 掌握使用 Outlook 收发电子邮件的方法。

【实验内容】

(1) 申请以自己名字为用户名的免费 163 电子邮箱。

(2) 使用 IE 收发电子邮件，并整理通讯录。

(3) 使用 Outlook 收发电子邮件，并整理通讯录。

【实验步骤】

1. 申请电子邮箱

电子邮箱有免费和收费两种，很多门户网站都提供了免费的电子邮箱。下面以在网易申请免费电子邮箱为例，说明电子邮箱的申请过程。操作步骤如下。

(1) 打开网易网站首页。

(2) 单击右上角的"注册免费邮箱"按钮，打开如图 4-12 所示注册界面。

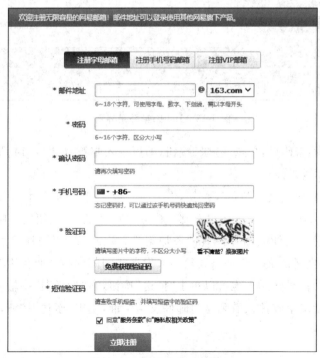

图 4-12　网易免费电子邮箱注册页面

107

（3）有字母邮箱、手机号码邮箱和 VIP 邮箱 3 种可供选择。如选择"注册字母邮箱"选项卡，按要求输入邮件地址、密码和验证码，默认选中"同意'服务条款'和'隐私权相关政策'"复选框。

（4）单击"立即注册"按钮，注册完成。

2. 利用 IE 浏览器收发电子邮件

（1）登录邮箱

① 在 IE 浏览器地址栏中输入 email.163.com，打开登录界面，如图 4-13 所示。

图 4-13　163 邮箱登录界面

② 输入账号和密码后，单击"登录"按钮，即可进入邮箱，如图 4-14 所示。

（2）撰写并发送邮件

① 单击邮箱页面左侧的"写信"按钮，进入撰写电子邮件的界面，如图 4-15 所示。

② 输入收件人邮箱地址、主题以及邮件内容，单击"发送"按钮发送邮件。

如果要随信附上文件或图片，单击"添加附件"按钮，弹出"选择要加载的文件"对话框，在其中选择要发送的文件。如果要给多人发送相同邮件，在"收件人"栏中输入多个收件人地址，以英文";"号分隔。也可以单击"抄送"按钮，在"抄送"栏中输入多个邮箱地址。如果发件人不希望多个收件人看到这封邮件发送给谁，单击"密送"按钮，采取密件抄送的方式即可。

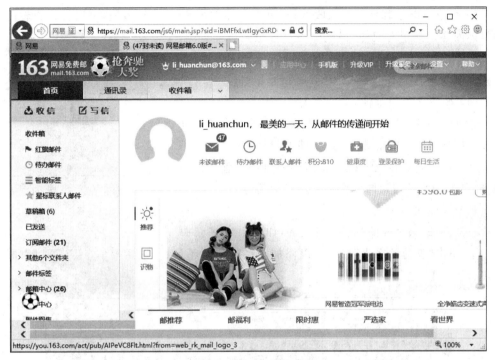

图 4-14　网易免费电子邮箱

图 4-15　撰写电子邮件

（3）收取并阅读邮件

① 单击邮箱页面左侧的"收信"按钮,可以收取电子邮件。

② 在收取电子邮件后进入收件箱,单击邮件主题,进入读信界面,可以打开查看邮件的具体内容。如果有附件,将鼠标指针移至附件名处,会显示"下载""打开"等选项,可以下载附件、打开附件、在线预览附件或将附件转存网盘,如图 4-16 所示。

（4）回复或转发邮件

① 打开要回复的邮件,单击"回复"按钮,在打开的页面中输入回复内容,单击"发送"按钮即可回复邮件。

② 如果单击"转发"按钮,在打开的页面中输入收件人地址,单击"发送"按钮即可将邮件转发给其他人。

图 4-16　查看附件

（5）管理联系人

① 选择邮箱页面的"通讯录"页面,如图 4-17 所示。

② 单击"新建联系人"按钮可以添加联系人的邮箱地址、电话等信息,还可以对联系人进行删除、分组等操作。

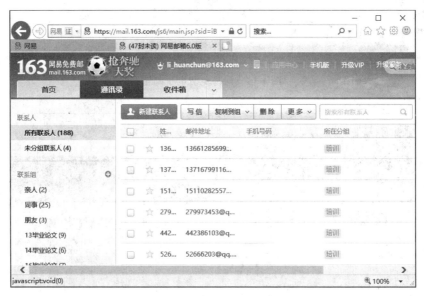

图 4-17　"通讯录"页面

3. 利用 Outlook 收发电子邮件

（1）添加账户

① 选择"开始"→Microsoft Office→Microsoft Outlook 2010 命令,打开 Outlook 2010。

② 如果是首次打开 Outlook 时,自动进入启动向导。根据向导提示将 Outlook 设置为连接到电子邮件账户,单击"下一步"按钮。在弹出的"添加新账户"对话框中输入电子

邮件的地址与密码,如图 4-18 所示。

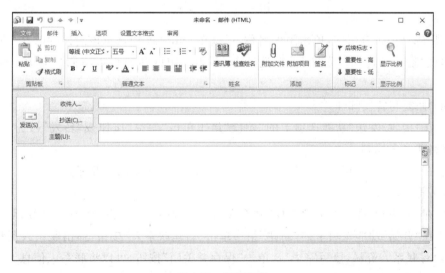

图 4-18　"添加新账户"对话框

如果曾经进入过 Outlook,选择"文件"→"信息"命令,在下级菜单中单击"添加账户"按钮,打开"添加新账户"对话框。

(2) 撰写并发送邮件

① 在"开始"功能选项卡的"新建"组中单击"新建电子邮件"按钮,弹出撰写邮件窗口,如图 4-19 所示。

图 4-19　撰写邮件

② 在窗口中输入收件人、抄送的地址,然后输入邮件内容。如果要发送附件,则在

111

"邮件"功能选项卡的"添加"组中单击"附加文件"按钮,然后上传附件。

③ 邮件内容撰写完毕后单击"发送"按钮,即可发送邮件。

(3)接收和阅读邮件

① 在"接收/发送"功能选项卡的"接收和发送"组中单击"接收/发送所有文件夹"按钮,可以接收邮件。

② 单击窗口左侧的"收件箱"按钮,窗口中部出现邮件列表区,右侧出现邮件预览区,可以阅读邮件,如图4-20所示。双击邮件列表区的邮件,也会弹出阅读邮件窗口。

图 4-20　阅读邮件

如果邮件中带有附件,单击附件名称,可以在Outlook中预览该附件的内容。同时功能区出现"附件工具"的"附件"功能选项卡,利用其中的命令可以将附件打开、保存、删除等。

(4)回复与转发邮件

① 在"接收/发送"功能选项卡的"响应"组中单击"答复"按钮或"转发"按钮,进入与撰写邮件类似的窗口。

② 在窗口中修改相应内容后单击"发送"按钮,即可回复或转发邮件。

(5)管理联系人

① 在Outlook窗口左下角选择"联系人",打开"联系人"视图,如图4-21所示。

② 在"开始"功能选项卡的"新建"组中单击"新建联系人"按钮,弹出联系人资料填写窗口,填写联系人资料,填写完毕后,单击"保存并关闭"按钮,可以将联系人信息保存在通讯簿中,如图4-22所示。

图 4-21　"联系人"视图

图 4-22　新建联系人

实验 4.3　信息检索

【实验目的】

（1）掌握使用搜索引擎查找资料的方法。

（2）了解使用网络数据搜索的方法。

【实验内容】

（1）使用百度搜索。

① 以"信息安全法律法规"为关键字进行搜索。

② 搜索既包含"信息安全"又包含"法律法规"的网页。

③ 搜索包含"信息安全"或"法律法规"的网页。

④ 搜索包含"信息安全"但不包含"法律法规"的网页。

⑤ 搜索包含"信息安全法律法规"的 PPT 文档。

⑥ 搜索所有标题包含"信息安全法律法规"的网页。

⑦ 在知乎网站上搜索"信息安全法律法规"。

(2) 使用中国知网搜索本专业的发展趋势。

【实验步骤】

1. 基本搜索

(1) 在 IE 浏览器地址栏中输入 www.baidu.com，打开百度首页，如图 4-23 所示。

(2) 搜索栏中输入关键词"信息安全法律法规"，单击"百度一下"按钮，则以"信息安全法律法规"为关键字进行搜索，结果如图 4-24 所示。

图 4-23　百度首页

图 4-24　搜索结果

（3）单击某网页链接可以阅读相关信息。

（4）如果要搜索图片，在页面上单击"图片"，搜索结果为相关的图片，如图 4-25
所示。

图 4-25　搜索图片

2. 高级搜索

（1）在百度首页中单击"设置"，在下拉列表中选择"高级搜索"命令，打开"高级搜索"
页面，如图 4-26 所示。

图 4-26　"高级搜索"页面

（2）在"高级搜索"页面中可以通过搜索框和下拉列表来确定搜索条件，除可以对搜
索词的内容和匹配方式进行限制外，还可以从日期、语言、文件格式、字词位置、使用权限
和搜索特定网页等方面进行搜索条件和搜索范围的限定。

①　搜索既包含"信息安全"又包含"法律法规"的网页，在"高级搜索"页面中"包含以
下全部的关键词"的文本框中输入"信息安全法律法规"，然后单击"高级搜索"按钮。

115

② 搜索包含"信息安全"或"法律法规"的网页，在"高级搜索"页面中"包含以下任意一个关键词"的文本框中输入"信息安全法律法规"，然后单击"高级搜索"按钮。

③ 搜索包含"信息安全"但不包含"法律法规"的网页，在"高级搜索"页面中"包含以下全部的关键词"的文本框中输入"信息安全"，在"不包括以下关键词"文本框中输入"法律法规"，然后单击"高级搜索"按钮。

④ 搜索包含"信息安全法律法规"的 PPT 文档，在"高级搜索"页面中"包含以下全部的关键词"的文本框中输入"信息安全法律法规"，"文档格式"下拉列表中选择"微软 PowerPoint"，然后单击"高级搜索"按钮。

⑤ 搜索所有标题包含"信息安全法律法规"的网页。在"高级搜索"页面中"包含以下全部的关键词"的文本框中输入"信息安全法律法规"，"关键词位置"选择"仅网页的标题中"单选框，然后单击"高级搜索"按钮。

⑥ 在知乎网站上搜索"信息安全法律法规"，在"高级搜索"页面中"包含以下全部的关键词"的文本框中输入"信息安全法律法规"，在"站内搜索"文本框中输入 zhihu.com，然后单击"高级搜索"按钮。

（3）在百度搜索框中使用布尔运算符和高级语法进行高级搜索。

① 同时搜索两个及以上关键词时，关键词以一个空格隔开。如搜索既包含"信息安全"又包含"法律法规"的网页，在搜索框中输入"信息安全 法律法规"。

② 搜索指定关键词中的至少一个，关键词之间用"｜"隔开，"｜"与关键词之间要留有空格。如搜索包含"信息安全"或"法律法规"的网页，在搜索框中输入"信息安全 ｜ 法律法规"。

③ 搜索包含某一关键词但排除另一指定关键词，用"-"隔开，"-"与第一个关键词之间要有空格，而与第二个关键词不能有空格。如搜索包含"信息安全"但不包含"法律法规"的网页，在搜索框中输入"信息安全-法律法规"。

④ 搜索某种指定扩展名格式的文档资料，关键词后加"filetype：扩展名"。如搜索包含"信息安全法律法规"的 PPT 文档，在搜索框中输入"信息安全法律法规 filetype：ppt"。

⑤ 把搜索范围限定在网页标题中可输入"intitle：关键词"。如搜索所有标题中包含"信息安全法律法规"的网页，在搜索框中输入"intitle：信息安全法律法规"。

⑥ 在特定站点中搜索，在关键词后加"site：域名"。如在知乎网站上搜索"信息安全法律法规"，在搜索框中输入"信息安全法律法规 intitle：zhihu.com"。

3. 中国知网的使用

（1）在 IE 浏览器地址栏中输入 www.cnki.net，打开中国知网首页，如图 4-27 所示。

（2）在搜索框中输入关键字后，按 Enter 键即可按关键字进行搜索。搜索时支持选取数据库检索、文献分类检索、跨库检索等功能。如在搜索框中输入"电子商务 发展趋势"，按 Enter 键进行搜索，搜索结果如图 4-28 所示。

（3）如要查看文章内容或下载文章，需要首先登录知网。高校校园用户可直接通过所在高校图书馆提供的 CNKI 链接地址访问，直接采用 IP 身份认证方式确认为合法用户。

图 4-27　中国知网首页

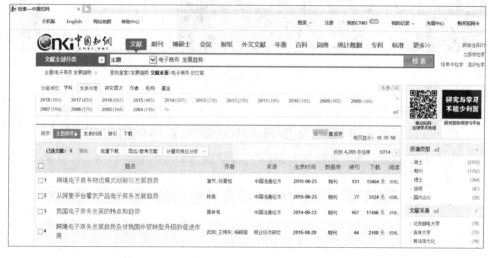

图 4-28　搜索结果

实验 4.4　简单网络应用

【实验目的】

掌握百度网盘、FTP、即时通信工具等网络应用。

【实验内容】

（1）使用百度网盘上传、下载文件。
（2）使用 FTP 上传、下载文件。

（3）了解即时通信工具的应用。

【实验步骤】

1. 注册并使用百度网盘

（1）打开 IE 浏览器，在地址栏中输入 pan.baidu.com，进入百度网盘首页，如图 4-29 所示。

图 4-29　百度网盘首页

（2）单击首页上"立即注册"按钮，弹出"注册百度账号"窗口，在窗口中输入手机号、用户名、密码和验证码后，单击"注册"按钮，完成注册，如图 4-30 所示。

图 4-30　注册百度账号

（3）注册百度账号后，在首页可以通过手机百度 APP 扫码、输入百度账号密码进行登录。也可以不注册百度账号，直接使用邮箱、QQ、微博账号登录，进入百度网盘个人主页，如图 4-31 所示。

图 4-31　百度网盘个人主页

（4）单击"上传"按钮，在弹出的"打开"对话框中选择要上传的文件，单击"打开"按钮，即可将文件上传至百度网盘。普通用户使用百度网盘 Web 端上传文件时，单文件最大支持 1GB 大小。超过 1GB 大小或上传文件夹，需要使用网盘 PC 客户端。

（5）要分享某文件，在此文件右侧单击"分享"按钮 ，弹出"分享文件（夹）"对话框，可以选择创建链接分享、发给好友或者发送邮箱，如图 4-32 所示。

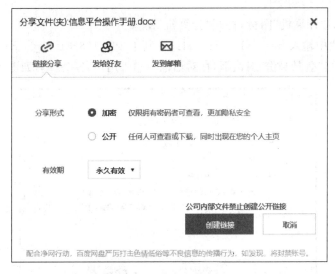

图 4-32　分享文件（夹）

（6）要下载某文件，单击此文件右侧的"下载"按钮 ↓ 。如果要下载文件夹，需使用网盘 PC 客户端。

2. 使用 FTP 下载文件

（1）FTP 服务器配置

Windows 7 系统本身自带 FTP 服务器，可以通过配置开启 FTP 服务，也可以下载安装 FTP 服务器软件建立 FTP 服务器。下面以 Slyar FTPserver 软件为例说明。Slyar FTPserver 是一款免费的、绿色的（无须安装且只有一个文件）、小巧的（84KB）的 FTP 服务器软件。

① 下载 Slyar FTPserver 后，双击打开此软件，如图 4-33 所示。

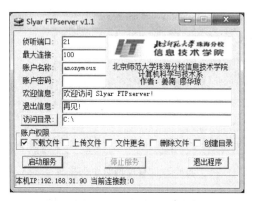

图 4-33　FTP 服务器软件

② 在窗口中输入账户名称和账户密码。如果是匿名登录，则"账户名称"文本框中输入 anonymous。单击"访问目录"按钮，在弹出的"浏览文件夹"对话框中选择希望其他人看到的文件夹。然后选择"账户权限"，单击"启动服务"按钮，开启 FTP 服务。

（2）通过 FTP 传输文件

① 双击桌面"计算机"图标，打开"计算机"窗口。

② 在地址栏中输入 ftp：//192.168.31.90（其中 192.168.31.90 为 FTP 服务器地址），按 Enter 键后弹出"登录身份"对话框，在对话框中输入用户名和密码，如图 4-34 所示。

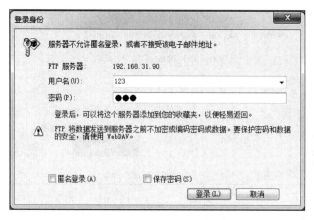

图 4-34　验证登录身份

③ 单击"登录"按钮,登录成功后的界面如图 4-35 所示。

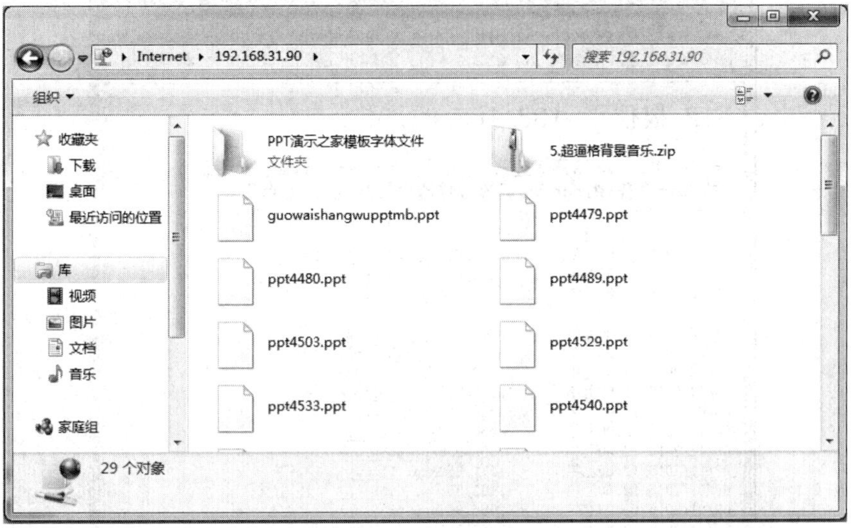

图 4-35　使用 Windows 资源管理器访问 FTP 站点

④ 如果要下载文件或文件夹,右击文件或文件夹,在弹出的快捷菜单中选择"复制到文件夹"命令,在弹出的"浏览文件夹"对话框中选择要目标文件夹,单击"确定"按钮即可。或者直接将要下载的文件或文件夹拖动到目标文件夹中。

⑤ 如果要上传文件或文件夹,直接将文件或文件夹拖动到图 4-35 所示的界面中即可。

也可以使用 IE 浏览器访问 FTP 站点。打开 IE 浏览器,在地址栏中输入 ftp://192.168.31.90,按 Enter 键后在弹出的"登录身份"对话框中输入用户名和密码,单击"登录"按钮,登录成功后的界面如图 4-36 所示。

3. 即时通信软件微信的使用

微信是腾讯公司于 2011 年 1 月推出的一款通过网络快速发送语音、文字、视频和图片信息,支持多人群聊的手机聊天软件,因使用方便立刻受到众多用户的喜爱。目前微信有手机版、网页版和 PC 版。

(1) 注册微信号

微信 5.0 以下版本可以通过手机号或 QQ 号进行注册,但是从 5.0 以上版本只能用手机号注册微信。

在手机上下载微信并安装后,打开微信,单击"注册"按钮,弹出输入手机号的界面,如图 4-37 所示。根据提示即可进行注册。

(2) 登录微信

手机端微信注册成功后如果绑定了 QQ 号,可以利用手机号或者 QQ 号登录微信页面。

如果打开 IE 浏览器,在地址栏中输入 wx.qq.com 后按 Enter 键,弹出带二维码的窗

121

图 4-36　使用 IE 浏览 FTP 站点

图 4-37　注册微信号

口(见图 4-38),使用手机微信扫码后,可以登录微信网页版。

(3) 手机与计算机间文件传输

登录微信网页版后,联系人中会出现"文件传输助手",通过文件传输助手可以将手机和计算机中的文件互相传输。

图 4-38　扫码登录微信网页版

第四部分　习 题 精 解

一、选择题

1. 局域网的主要特点是(　　)。

  A. 地理范围在几千米的有限范围　　　　B. 需要使用网关

  C. 体系结构为 TCP/IP 参考模型　　　　D. 需要使用调制解调器连接

答案：A

解析：计算机网络依据网络覆盖的地理范围和规模分为局域网、城域网和广域网。局域网(LAN)的通信距离通常为几百米到几千米，最大距离不超过 10 千米，具有数据传输速率高、误码率低、成本低、易管理和易维护等特点。

2. 计算机网络最突出的优点是(　　)。

  A. 存储容量大　　　　B. 信息量大　　　　C. 资源共享　　　　D. 文件传输快

答案：C

解析：计算机网络的主要目的是实现资源共享。

3. 下一代 IP 的版本是(　　)。

  A. IPv6　　　　　　B. IPv3　　　　　　C. IPv4　　　　　　D. IPv5

答案：A

解析：现有 Internet 是在 IPv4 协议的基础上运行的。IPv6 是下一代版本，旨在扩大地址空间，解决 IPv4 地址空间不足的问题。

4. 负责网络域名和 IP 地址转换的是(　　)。

A. FTP B. HTTP C. DNS D. TCP

答案：C

解析：DNS(Domain Name System,域名系统),万维网上作为域名和 IP 地址相互映射的一个分布式数据库,能够使用户更方便地访问互联网,而不用去记住能够被机器直接读取的 IP 数据串。

5. 下列 IP 地址中,不正确的是(　　　)。

A. 259.197.184.2 B. 127.0.0.1

C. 202.197.176.16 D. 10.10.3.1

答案：A

解析：IP 地址由 32 位二进制数组成,用点分的十进制来表示,即将 IP 地址分成四段,每段 8 位,中间用点分开,每段再转换成十进制数,范围为 0～255。

6. 下列操作中(　　　)方式可能使计算机感染病毒。

A. 错误操作 B. 从键盘上输入数据

C. 电源不稳定 D. 从网上下载文件

答案：D

解析：计算机病毒主要通过移动存储介质(如 U 盘、移动硬盘)和计算机网络两大途径进行传播。

7. FTP 协议是一种用于(　　　)的协议。

A. 提高网络传输速度 B. 网络互联

C. 提高计算机速度 D. 传输文件

答案：D

解析：FTP 的全称是 File Transfer Protocol(文件传输协议),是 TCP/IP 协议组中的协议之一。

8. 下面的(　　　)命令用于测试网络是否连通。

A. telnet B. nslookup C. ping D. ftp

答案：A

解析：telnet 命令用来远程登录;nslookup 命令用于查询 DNS 记录,查看域名解析是否正常;ping 命令用来检查网络连通性;ftp 命令用于网络上本地与远程主机之间传送文件。

9. 下面的 Web 地址符合 URL 格式的是(　　　)。

A. http//www.jnu.edu.cn B. http：www.jun.edu.cn

C. http：//www.jun.edu.cn D. http：/www.jun.edu.cn

答案：C

解析：URL 的格式为"协议://IP 地址或域名/路径/文件名"。

10. 网址 www.pku.edu.cn 中的 cn 表示(　　　)。

A. 英国 B. 美国 C. 日本 D. 中国

答案：D

解析：cn 代表中国,us 代表美国,uk 代表英国,jp 代表日本。

11. 发送电子邮件时,如果接收方没有开机,那么邮件将(　　)。

　　A. 保存在邮件服务器上　　　　　　B. 丢失

　　C. 开机时重新发送　　　　　　　　D. 退回给发件人

答案:B

解析:当发送电子邮件时,邮件是由邮件发送服务器发出,并根据收信人的地址判断对方的邮件接收服务器而将这封信发送到该服务器上,收信人要收取邮件也只能访问这个服务器才能完成。

12. 下列几项中,合法的电子邮件地址是(　　)。

　　A. hou-em. Hxing. com. cn　　　　　B. em. hxing. com,cn-zhou

　　C. em. hxing. com. cn@zhou　　　　 D. zhou@em. Hxing. com. cn

答案:D

解析:电子邮件地址的格式为 name@domain. ×××。

13. 搜索引擎其实也是一个(　　)。

　　A. 网站　　　　　B. 软件　　　　　C. 服务器　　　　　D. 硬件设备

答案:A

解析:搜索引擎其实也是一个网站,专门为用户提供信息搜索服务,它可以使用特有的程序把 Internet 上的所有信息归类,以帮助人们在浩如烟海的信息海洋中搜索到自己所需要的信息。

14. 计算机病毒是指"能够侵入计算机系统并在计算机系统中潜伏、破坏系统正常工作的一种具有繁殖能力的(　　)"。

　　A. 特殊程序　　　　　　　　　　　　B. 源程序

　　C. 特殊微生物　　　　　　　　　　　D. 流行性感冒病毒

答案:A

解析:计算机病毒是指编制或者在计算机程序中植入的可破坏计算机功能和破坏数据,影响计算机使用并且能够自我复制的一组计算机指令或者程序代码。

15. 为了能在网络上正确地传送信息,制定了一整套关于传输顺序、格式、内容和方式的约定,称为(　　)。

　　A. OSI 参考模型　　　　　　　　　　B. 网络操作系统

　　C. 通信协议　　　　　　　　　　　　D. 网络通信软件

答案:C

解析:通信协议是指双方实体完成通信或服务所必须遵循的规则和约定。

16. 以下属于 C 类 IP 地址的是(　　)。

　　A. 10. 1. 40. 28　　　B. 127. 16. 7. 10　　　C. 192. 168. 1. 19　　　D. 75. 254. 78. 29

答案:C

解析:IPv4 地址分为 A、B、C、D、E 五类。A 类地址范围为 1. 0. 0. 0～126. 255. 255. 255,B 类地址范围为 128. 0. 0. 0～191. 255. 255. 255,C 类地址范围为 192. 0. 0. 0～223. 255. 255. 255,D 类地址范围为 224. 0. 0. 0～239. 255. 255. 255,E 类地址范围为 240. 0. 0. 0～255. 255. 255. 255。

二、简答题

1. 什么是计算机网络？

答案：计算机网络是将分布在不同地理位置上的具有独立功能的多个计算机系统，通过通信设备和通信线路互相连接起来，实现数据传输和资源共享的系统。

2. 什么是计算机病毒？它有什么特点？

答案：计算机病毒是一种人为编制的特殊计算机程序，能通过自我复制传染给其他健康的程序和数据，造成破坏和干扰计算机系统的正常工作。

病毒的特点：破坏性、传染性、寄生性、隐蔽性和潜伏性。

3. 什么是 URL？它在 Internet 的应用中起什么作用？

答案：URL 是统一资源定位的简称，在 Internet 中作为资源地址的描述。

4. 什么是 WWW？其运行方式是什么？

答案：WWW 是 World Wide Web 的英文缩写，它的运行方式是利用 HTML 描述资源，用 HTTP 作为传输协议，用 Web 浏览器浏览信息。

第五部分　综　合　任　务

任务 4.1　组建家庭无线局域网

【任务目的】

了解网络的相关概念，并掌握组建家庭无线局域网的方法。

【任务要求】

(1) 了解无线局域网（概念、标准、拓扑、硬件）。熟悉无线局域网的安全技术、熟悉无线路由器的配置。

(2) 搭建家庭无线局域网并连接到 Internet。

【任务分析】

现在很多及家庭不仅有台式计算机，还有笔记本电脑、平板电脑、智能手机等，这些设备都需要上网，所以办公和家庭有必要组建局域网，鉴于智能手机和平板电脑都需要无线上网，所以目前最适合的组网方式是无线局域网。

【步骤提示】

目前家庭接入网络最常用的方式是光纤入户。光纤入户在接入网上实现 Internet 宽带接入，实现电信、有线电视广播（CATV）接入和 IP 电话三网合一，具有超高带宽、IP 电话和普通电话可选，CATV 与数字电视和高清晰电视完全兼容。

1. 配置光纤 Modem

光纤 Modem(光猫)是能共享上网并提供自动拨号的网络设备。使用光纤 Modem 联网,可以将宽带网直接连接到光纤 Modem 上,其他计算机也连接到光纤 Modem 上共享网络,而且只要网络中有计算机开机,光纤 Modem 即自动拨号联网,网络中的计算机无须拨号。

下面以电信悦 Me 为例说明光纤 Modem 的配置过程。

(1) 电信光纤猫安装完成后,利用网络将光纤猫的网口与 PC 的网口相连,查看网络链接状态,确保成功接入网络。

(2) 在设备背面找到默认终端配置地址(一般为 192.168.1.1)、默认终端配置账号和默认终端配置密码。

(3) 打开 IE 浏览器,在地址栏中输入 192.168.1.1 后按 Enter 键,弹出登录窗口,输入刚才找到的账号和密码,单击"确定"按钮,如图 4-39 所示。

图 4-39　登录界面

(4) 登录成功后,单击"高级设置"按钮 🔧,进入"高级设置"窗口。

(5) 宽带账号注册。在"高级设置"窗口左侧选择"网络设置"→"宽带配置",在弹出的页面中输入宽带识别码(LOID)后单击"确定"按钮(此步骤一般由电信人员完成),如图 4-40 所示。

当业务数据下发成功,便已成功接入 Internet。

(6) 设置无线网络基本信息。在"高级设置"窗口左侧选择"网络设置"→"无线配置",在弹出的页面中设置无线名称、无线密码、加密方式,单击"确定"按钮,如图 4-41 所示。

(7) 局域网配置。在"高级设置"窗口左侧选择"网络设置"→"局域网配置",在弹出的页面中开启 DHCP,输入起始地址与结束地址,单击"确定"按钮,如图 4-42 所示。这样

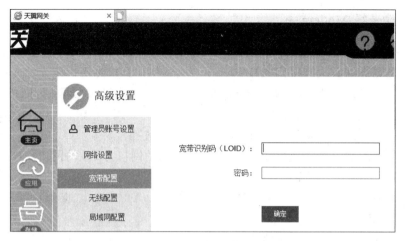

图 4-40　宽带账号注册

图 4-41　设置无线网络基本信息

通过 DHCP 服务器可以自动给无线局域网中的所有设备自动分配 IP 地址,不需要手动设置 IP 地址,避免出现 IP 地址冲突,同时满足无线设备的任意接入。

2. 配置无线客户端

(1) 首先检查台式计算机和笔记本电脑是否安装有无线网卡,如果没有,需要先安装无线网卡和无线网卡驱动器。

(2) 配置 PC 并使之自动获取 IP 地址。

① 单击任务栏通知区域的网络图标,在弹出的菜单中选择"打开网络和共享中心"命令,打开"网络和共享中心"窗口,如图 4-43 所示。

② 在窗口中单击"更改适配器设置"链接,弹出的"网络连接"窗口中会显示本计算机

图 4-42　局域网配置

图 4-43　"网络和共享中心"窗口

安装的网卡。右击"无线网络连接",在弹出的快捷菜单中选择"属性"命令,弹出"无线网络连接 属性"对话框,如图 4-44 所示。

③ 在该对话框中选择"Internet 协议版本 4(TCP/IPv4)",然后单击"属性"按钮。

④ 在弹出的"Internet 协议版本 4(TCP/IPv4)属性"对话框中选择"自动获得 IP 地址"和"自动获得 DNS 服务器地址"两项,单击"确定"按钮,如图 4-45 所示。

（3）单击任务栏通知区域的"网络"图标,查看可用的无线网络。安装有无线网卡的

129

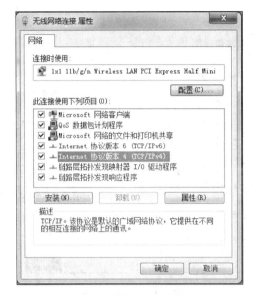

图 4-44 "无线网络连接 属性"对话框

图 4-45 自动获得 IP 地址

计算机会自动搜索无线信号,选择刚才建立的无线网络。单击"连接"按钮,输入密码后,即可连接到无线网络。

任务4.2 维护个人计算机信息安全

【任务目的】

了解保证个人计算机信息安全的方法。

【任务要求】

对个人计算机进行防护,保证个人计算机的信息安全。

【任务分析】

随着互联网、人工智能、云计算等行业的迅速发展,进入大数据时代,人们的生活变得更加便利,处理信息变得更加高效。但网络在为人们的生活带来诸多好处的同时,也带来了不容小觑的信息安全问题。为维护计算机的安全,不受黑客及各种病毒的侵入,可以从安装杀毒软件、开启防火墙、IE 安全设置等方面进行操作。

【步骤提示】

1. 安装杀毒软件

常用的杀毒软件较多,如瑞星、360 杀毒、卡巴斯基等,可以根据需要进行下载安装。下面以 360 为例。

(1) 安装 360 杀毒软件

进入 360 官网(www.360.cn/)下载安装软件,双击下载后的安装程序,根据提示进行操作即可安装 360 杀毒软件。安装完成后,"360 杀毒"程序主窗口如图 4-46 所示。360 杀毒软件具有实时杀毒和手动扫描功能,为系统提供全面的安全防护。

图 4-46　"360 杀毒"程序主窗口

(2) 安装 360 安全卫士

进入 360 官网(www.360.cn/)下载安装软件,双击下载后的安装程序,根据提示进行操作即可安装 360 安全卫士软件。安装完成后"360 安全卫士"主窗口如图 4-47 所示。

131

360 安全卫士拥有电脑体检、木马查杀、电脑清理、系统修复、优化加速等功能。

图 4-47 "360 安全卫士"主窗口

2. 开启 Windows 防火墙

（1）选择"开始"→"控制面板"命令，打开控制面板。在控制面板中选择"Windows 防火墙"选项，打开"Windows 防火墙"配置窗口，如图 4-48 所示。

图 4-48 "Windows 防火墙"配置窗口

（2）单击窗口左侧的"打开或关闭 Windows 防火墙"选项，弹出"自定义设置"窗口，如图 4-49 所示。针对自己的网络类型，选择"启用 Windows 防火墙"即可开启 Windows 7 的防火墙。如果需要关闭防火墙，选择"关闭 Windows 防火墙"即可。

图 4-49　防火墙自定义设置

（3）如果单击"Windows 防火墙"窗口左侧的"允许程序或功能通过 Windows 防火墙"选项，可以针对不同的网络设置是否允许某个应用程序通过防火墙。若列表中没有某程序，可以单击"允许运行另一程序"按钮，增加需要的程序运行规则，如图 4-50 所示。

图 4-50　设置防火墙允许的程序

3. IE 11 浏览器安全配置

（1）自动清除登录密码

① 打开 IE 浏览器，单击浏览器右上方的"工具"按钮 ⚙，在弹出的菜单中选择"Internet 选项"，在弹出的"Internet 选项"对话框中打开"内容"选项卡，在选项卡中单击"自动完成"区域中的"设置"按钮，在"自动完成设置"窗口中不要选中"表单上的用户名和密码"，设置完成后 IE 浏览器就将不会自动保存用户名和密码，如图 4-51 所示。

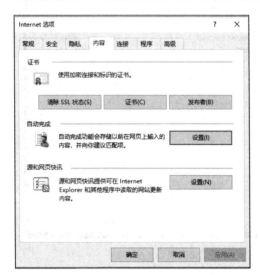
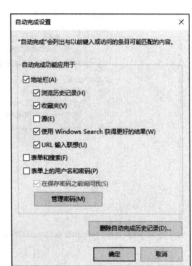

图 4-51　自动完成设置的窗口

② 对于已经保存的用户名和密码的删除，可以在"Internet 选项"对话框中的"常规"选项卡中单击"浏览历史记录"区域中的"删除"按钮。在弹出的"删除浏览历史记录"对话框中取消选中"密码"选项，如图 4-52 所示。

（2）提高安全级别

在"Internet 选项"对话框中选择"安全"选项卡，在"安全"选项卡的"该区域的安全级别"区域中单击"默认级别"按钮，然后拖动滑动按钮，可以改变 IE 浏览器的安全级别。也可以在该对话框中单击"自定义级别"按钮，在弹出的"安全设置-Internet 区域"对话框中进行 IE 安全设置，如图 4-53 所示。

（3）手动清除上网痕迹

在图 4-52 所示的"删除浏览历史记录"对话框中选中要清除的内容，单击"删除"按钮即可。

4. 防范钓鱼网站

为了应对钓鱼网站，IE 提供了名为 SmartScreen 的功能，每当用户输入一个网址，都会通过网络将该网址与微软收集的信息数据库进行比较，一旦发现是已知的钓鱼网站或含有危险内容的链接，IE 就会向用户发出警告。默认情况下 SmartScreen 已经处于开启

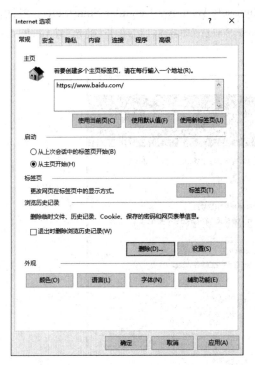
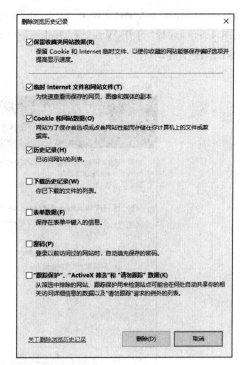

图 4-52 "删除浏览历史记录"窗口

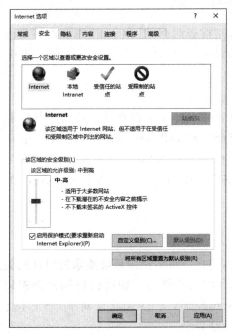

图 4-53 设置安全级别

状态,如果 SmartScreen 筛选器意外关闭,可以在 IE 浏览器中选择"工具"→"安全"→"打开 Windows Defender SmartScreen"命令,弹出 Microsoft Windows Defender SmartScreen 对话框(见图 4-54),选择"打开 Windows Defender SmartScreen"单选框后,单击"确定"按钮,即可打开 SmartScreen 功能。

图 4-54　打开 SmartScreen 功能

在访问重要网站前选择"安全"的子菜单中的"检查此网站"命令,检测该网站是否为恶意和仿冒网站,以确保不会被钓鱼网站所欺骗。

5. 使用隐私浏览模式

使用 InPrivate 浏览模式浏览可让用户在浏览网页时不会在互联网中留下任何隐私信息痕迹。在 IE 浏览器中选择"工具"→"安全"→"InPrivate 浏览",打卉一个新的 InPrivate 窗口,如图 4-55 所示。在该窗口显示 InPrivate 的默认提示页面,网页中会显示明显的 InPrivate 标志。在该 InPrivate 窗口中浏览网页,浏览器不会存储 Cookie、临时文件及其他数据。

6. Windows 系统安全设置

为确保 Windows 在使用过程中的系统安全,用户应根据使用环境要求针对性地做好安全配置和系统管理工作,尽可能提升 Windows 的安全性能。如可以使用复杂密码策略、禁用 Guest 账户、重命名管理员账户、关闭不必要的服务、关闭默认共享、禁止不必要的服务、禁止自动播放、及时备份等操作来保证系统安全。

图 4-55　InPrivate 窗口

第六部分　考证辅导

一、全国计算机等级考试考证辅导

1. 考试要求

（1）一级考试的基本要求

了解计算机网络的基本概念和因特网的初步知识，掌握 IE 浏览器软件和 Outlook Express 软件的基本操作和使用。

（2）一级考试的内容

① 计算机网络的概念、组成和分类；计算机与网络信息安全的概念和防控。

② 因特网网络服务的概念、原理和应用。

③ 了解计算机网络的基本概念和因特网的基础知识，主要包括网络硬件和软件，TCP/IP 协议的工作原理，以及网络应用中常见的概念，如域名、IP 地址、DNS 服务等。

④ 能够熟练掌握浏览器、电子邮件的使用和操作。

（3）二级考试的基本要求

了解计算机网络的基本概念和基本原理，掌握因特网网络服务和应用。

（4）二级考试的内容

同一级考试前两项的要求。

2. 模拟练习

(1) 选择题

① IE 浏览器收藏夹的作用是( )。

    A. 收集感兴趣的页面地址   B. 记忆感兴趣的页面内容

    C. 收集感兴趣的文件内容   D. 收集感兴趣的文件名

② 将发送端数字脉冲信号转换成模拟信号的过程称为( )。

    A. 链路传输   B. 调制   C. 解调   D. 数字信道传输

③ 不属于 TCP/IP 参考模型中的层次是( )。

    A. 应用层   B. 传输层   C. 会话层   D. 网际层

④ 下列各项中,不能作为 IP 地址的是( )。

    A. 10.2.8.112   B. 202.205.17.33

    C. 222.234.256.240   D. 159.225.0.1

⑤ 无线网络相对于有线网络来说,它的优点是( )。

    A. 传输速度更快,误码率更低   B. 设备费用低廉

    C. 网络安全性好,可靠性高   D. 组网安装简单,维护方便

(2) 操作题

① 某模拟网站的主页地址是 http://localhost/index.html,打开此主页,浏览"十大建筑"页面,将第五大建筑的图片保存到考生文件夹下,命名为 build5.jpg。

② 接受并阅读由 xuexq@mail.neea.edu.cn 发来的 E-mail,并将随信发来的附件以文件名 jsz.txt 保存到考生文件夹下。

二、全国计算机信息高新技术考试考证辅导

全国计算机信息高新技术考试不涉及此部分的内容。

第 5 单元　图文处理技术

　　Word 是微软公司开发的 Office 办公组件之一,主要用于日常办公领域的图文信息处理工作,也可用于创建专业水准的文档,它提供了简便易用的文档格式设置工具,可以更轻松、高效地组织和编写文档。本单元的学习旨在使大家熟练掌握字处理软件 Word 2013 的各项基本操作。

单元学习目标

- 了解 Word 的基本功能和运行环境。
- 掌握 Word 文档的基本排版方法。
- 掌握 Word 图文混排的方法。
- 掌握表格制作与编辑的方法。
- 掌握长文档编辑的方法。
- 掌握邮件合并的使用方法。
- 掌握简单宏的使用。

第一部分　能力自测

一、先前学习成果评价

　　首先,请向任课教师提交能证明先前学习过本单元内容的证据。然后,在 20 分钟内回答以下问题。

　　(1) 请列举你曾经使用过的文字处理软件。

　　(2) 如何设置字体和段落格式,如字体、字号、首行缩进等?

　　(3) 你知道什么是"样式"吗? 什么时候使用样式?

　　(4) 请简述你使用 Word 制作过的最复杂的版式。

　　(5) 你曾使用过"修订""批注"或者"审阅"功能和别人进行文档内容的商讨吗?

二、当前技能水平测评

　　(1) 根据所给素材制作图 5-1 所示劳动合同书。

　　要求:

　　① 纸张大小为 A4 纸型(297 毫米×210 毫米),上、下、左、右边距均为 2.5 厘米。

图 5-1　劳动合同书效果图

② 标题"劳动合同书"为黑体二号字,字符间距 5 磅,段后空 1 行,居中显示。

③ 合同甲乙双方信息为黑体四号字,1.5 倍行距,左对齐,下空一行显示正文。

④ 正文中标题为黑体四号字,段前段后距离均为 0.5 行。

⑤ 正文内容为宋体小四号字,首行缩进 2 字符,行间距为固定值 20 磅,文中的空格处加上下画线。

⑥ 奇数页页码位于页面底端右侧,偶数页页码位于页面底端左侧。

⑦ 保护文档,为文档设置密码,否则不允许编辑文档。

⑧ 将文档保存为模板。

(2) 制作图 5-2 所示的组织结构图和图 5-3 所示的流程图。

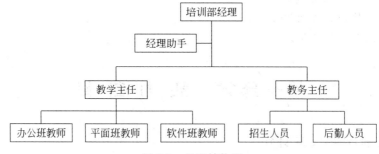

图 5-2　组织结构图

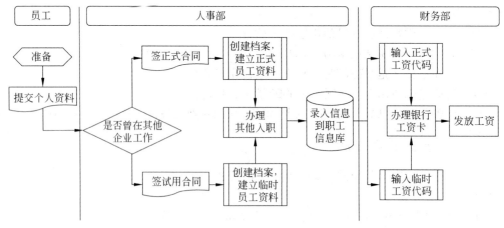

图 5-3　员工培训流程图

（3）制作图 5-4 所示的表格。

转账凭证

摘 要	总账科目	明细科目	借方金额									贷方金额								
			百	十	万	千	百	十	元	角	分	百	十	万	千	百	十	元	角	分
财务主管		记账		出纳		审核		制单													

图 5-4 转账凭证

（4）利用 Word 制作一张类似图 5-5 所示的宣传海报。

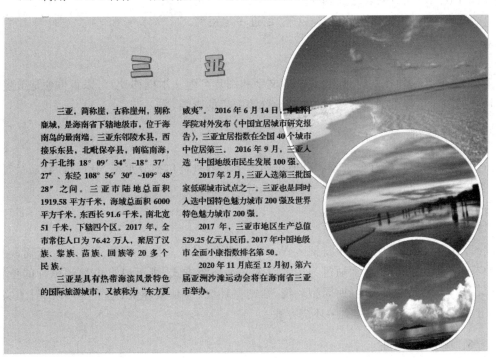

图 5-5 宣传海报

第二部分 学习指南

一、知识要点

1. 模板

Word 模板是 Microsoft Word 中内置的包含固定格式设置和版式设置的模板文件，用于帮助用户快速生成特定类型的 Word 文档。

2. 段落缩进

段落缩进是指文档中为了突出某个段落而设置的在段落两侧留出的空白位置，包括"首行缩进""悬挂缩进""左缩进"和"右缩进"四种缩进方式。

首行缩进：每个段落中第一行第一个字符的缩进空格位。中文段落普遍采用首行缩进两个字符。

悬挂缩进：段落的首行起始位置不变，其余各行一律缩进一定距离。这种缩进方式常用于词汇表、项目列表等文档。

左（右）缩进：整个段落都向右（左）缩进一定距离。

3. 文本框

文本框是一种独立的对象，其中的文字和图片可随文本框移动，可以很方便地放置到指定位置，而不必受到段落格式、页面设置等因素的影响。

4. 分隔符

文档中的分隔符有分页符和分节符两大类。分页符包括分页符、分栏符、自动换行符三类。分节符包含下一页、连续、偶数页和奇数页四类。

5. 图片的文字环绕方式

默认情况下，图片作为字符插入 Word 文档中，其位置随着其他字符的改变而改变，用户不能自由移动图片，而通过为图片设置文字环绕方式，则可以自由移动图片的位置。Word 2013 中提供嵌入型、四周型环绕、紧密型环绕、穿越型环绕、上下型环绕、衬于文字下方和浮于文字上方 7 种文字环绕方式。

6. 脚注和尾注

在文档中，有时需要给文档内容加上一些注释、说明或补充，这些内容如果出现在当前页面的底部，称为"脚注"；如果出现在文档末尾，则称为"尾注"。

7. 样式

样式是系统或用户定义并保存的字符和段落格式，包括字体、字号、字形、行距、对齐方式等。样式可以帮助用户在编排重复格式时，无须进行重复操作，而直接套用样式即可。此外，样式可以用来生成文档目录。

8. 题注和交叉引用

（1）题注。在 Word 中，针对图片、表格、公式一类的对象，为它们建立的带有编号的说明段落，即称为"题注"。添加了题注之后，在删除或添加带题注的图片、表格和公式时，所有图片、表格和公式的编号会自动改变，以保持编号的连续性。

（2）交叉引用。为图片和表格等设置题注后，还要在正文中设置引用说明，引用说明文字和图片、表格等是相互对应的，这一引用关系称为"交叉引用"。

9. 域

域是一种特殊的命令，由花括号{}、域名及域开关构成。域代码类似于公式，选项开关是 Word 中的一种特殊格式指令，在域中可触发特定的操作。

10. 邮件合并

邮件合并是指将文件（主文档）和数据库（数据源）进行合并，快速批量地生成 Word 文档，用于解决批量分发文件或邮寄相似内容信件时的大量重复性工作，如批量制作成绩单、准考证、录用通知书，或给企业的众多客户发送会议信函、新年贺卡等工作。

二、技能要点

1. 调整页面布局

在"页面布局"功能选项卡的"页面设置"组中可以设置页边距、纸张方向、纸张大小等。或者单击"页面布局"→"页面设置"组右下角的箭头按钮 ⌐，在弹出的"页面设置"对话框中进行设置。

2. 字体格式设置

在"开始"功能选项卡的"字体"组中，或者单击"开始"→"字体"组右下角的箭头按钮 ⌐，在弹出的"页面设置"对话框中进行字体、字形、字号、字体颜色、效果、间距、位置等的设置。

3. 段落格式设置

选中要设置的段落，单击"开始"→"段落"组的对话框启动按钮，或在选中的段落上右击，选中快捷菜单中的"段落"命令，打开"段落"对话框，在其中可进行段间距、行间距、缩进、段落对齐方式等的设置。

4. 设置首字下沉

单击"插入"→"文本"→"首字下沉"按钮,在下拉列表中选择"首字下沉选项"命令,弹出"首字下沉"对话框,即可进行设置。

5. 文档分栏

单击"页面布局"→"页面设置"→"分栏"按钮,在下拉列表中选择"更多分栏"命令,即可设置有关参数。

6. 查找与替换

选择"开始"→"编辑"→"查找"→"高级查找"命令,或者单击"开始"→"编辑"→"替换"按钮,在弹出的"查找和替换"对话框中进行内容的查找或替换。

7. 项目符号和编号

单击"开始"→"段落"中的"项目符号"或"编号"按钮。

8. 插入页眉或页脚

单击"插入"→"页面和页脚"中的"页眉"或"页脚"按钮,在下拉列表中选择"页眉"或"页脚"样式,直接在出现的页面顶端或底端输入文字内容即可。

9. 插入页码

单击"插入"→"页眉和页脚"→"页码"按钮,在下拉列表中选择页码样式。在下拉列表中如果选择"设置页码格式"命令,可以在弹出的"页码格式"对话框中设置页码格式。

10. 插入图片

将插入点移至要插入图片的位置,单击"插入"→"插图"→"图片"按钮,在弹出的"插入图片"对话框中选择图片所在的路径,找到并选中该图片。

11. 设置图片格式

选中图片后,Word的功能区会自动出现"图片"→"格式"功能选项卡,可以对图片的样式、颜色、对比度、亮度、对齐方式、旋转方向等内容进行相应的设置。

12. 插入艺术字

单击"插入"→"艺术字"按钮,在"艺术字库"中选择所需艺术字样式。

13. 插入形状

选择"插入"→"形状"命令,绘制所需的形状,如线条、矩形、基本形状、流程图元素、标注等。同时可以为形状对象添加文字、使形状实现旋转或翻转、阴影和三维立体效果等。

14．插入文本框

单击"插入"→"文本"→"文本框"按钮,在下拉列表中选中所需的文本框,在当前插入点插入一个文本框。

15．设置艺术字、形状、文本框格式

选中艺术字、形状或文本框后,Word 的功能区会自动出现"绘图工具"→"格式"功能选项卡,可以对艺术字、形状或文本框的样式、填充颜色、大小等内容进行相应的设置。

或者右击,在弹出的快捷菜单中选择"设置形状格式"命令,在弹出的"设置形状格式"任务窗格中设置形状的填充效果及文本效果。

16．插入 SmartArt 图形

单击"插入"→"插图"→SmartArt 按钮,在弹出的"选择 SmartArt 图形"对话框中选择图示类型,单击"确定"按钮。

17．插入数学公式

单击"插入"→"符号"→"公式"按钮,在下拉列表中选择"插入新公式"命令,在"公式工具"→"格式"功能选项卡中选择相应的公式与符号。

18．添加题注

单击"引用"→"题注"→"插入题注"按钮,在弹出的"题注"对话框中进行设置。

19．交叉引用

单击"引用"→"题注"→"交叉引用"按钮,在弹出的"交叉引用"对话框中设置应用类型、引用内容等。

20．分节

单击"页面布局"→"页面设置"→"分隔符"按钮,在下拉列表中选择需要的分隔符。

21．新建样式

单击"开始"→"样式"组右下角的箭头按钮 ，打开"样式"任务窗格,单击"样式"任务窗格左下角的"新建样式"按钮 ，打开"根据格式化创建样式"对话框,在对话框中对新建样式的格式进行设置。

22．创建目录

单击"引用"→"目录"→"目录"按钮,在下拉列表中选择"自定义目录"命令,在弹出的"目录"对话框中设置目录格式。

23. 表格操作

（1）创建表格。单击"插入"→"表格"按钮，在下拉列表中选择创建表格的方式。

（2）编辑表格。通过"表格工具"上的"设计"和"布局"功能选项卡设置。

（3）数据计算。单击"表格工具"→"布局"→"数据"→"公式"按钮，在弹出的"公式"对话框中输入公式等。

24. 邮件合并

选择"邮件"→"开始邮件合并"→"邮件合并分步向导"命令，在 Word 窗口的右侧会出现"邮件合并"任务窗格，根据提示可进行邮件合并操作。

25. 进入修订状态

单击"审阅"→"修订"按钮，在下拉列表中选择"修订"选项，进入修订状态。

26. 添加批注

单击"审阅"→"批注"→"新建批注"按钮，此时被选中的文字就会添加一个用于输入批注的编辑框，并且该编辑框和所选文字显示为粉色。在编辑框中可以输入要批注的内容。

27. 审阅修订意见

单击"审阅"→"更改"中的"接受"或"拒绝"按钮，可以接受或拒绝修订。

第三部分 实验指导

实验 5.1 Word 基本排版

【实验目的】

（1）掌握 Word 文档创建、编辑、保存、打印等操作。

（2）掌握 Word 中字体和段落格式的设置方式。

（3）掌握 Word 调整页面布局等排版操作。

（4）掌握保护文档的方法与操作。

（5）掌握自定义模板与使用的方法。

【实验内容】

编辑并制作民事判决书，如图 5-6 所示。

（1）纸张大小为 A4 纸型（297 毫米×210 毫米），上边距 3.3 厘米、下边距 3.2 厘米、

图 5-6　民事判决书效果图

左边距 2.7 厘米、右边距 2.4 厘米。

（2）眉首部分中法院名称位于版心内第二行（以三号字计），法院名称与文书名称均为二号小标宋，居中对齐，文书名称字符间距加宽 2 磅。

（3）文书名称下一行为案件编号，此行为自动段间距，三号仿宋字体，空两个汉字空格至行末端。

（4）案件编号下隔一行或在 Word 格式中设为自动段间距为正文，三号仿宋字体，首行缩进 2 字符，行间距为固定值 29 磅。

（5）落款中审判长、审判员每个字之间空两个汉字空格。审判长、人民陪审员与姓名之间空三个汉字空格，姓名之后空两个汉字空格至行末端。

（6）落款中文书制作时间在审判职务下方适当位置，用汉字全年、月、日形式，"零"写为"○"。书记员位置在成文时间下隔一行，右对齐。

（7）采用双面打印方式，单页页码居右，双页页码居左。

（8）保护文档，为文档设置密码，否则不允许编辑文档。

【实验步骤】

1. 页面设置

（1）在"布局"功能选项卡的"页面设置"组中单击右下角的箭头按钮 ，打开"页面设置"对话框。

（2）在该对话框的"页边距"选项卡中设置页边距，"上"为 3.3 厘米，"下"为 3.2 厘米，"左"为 2.7 厘米，"右"为 2.4 厘米；在"纸张"选项卡中选择纸张大小为 A4；在"版式"选项卡中选中"奇偶页不同"，单击"确定"按钮，如图 5-7 所示。

或者在"布局"功能选项卡的"页面设置"组中单击"纸张大小"按钮，在下拉列表中选择 A4，再单击"页边距"按钮，在下拉列表中选择系统已定义好的页边距，此实验中选择

"自定义边距"命令,打开"页面设置"对话框可设置页边距。

图 5-7 "页面设置"对话框

2. 查找与替换

将素材中的软回车全部替换为硬回车,步骤如下。

(1) 在"开始"功能选项卡的"编辑"组中单击"替换"按钮,打开"查找和替换"对话框。

(2) 在该对话框中将光标置于"查找内容"文本框中,单击"更多"按钮,再单击"特殊格式"按钮,在下拉列表中选择"手动换行符"选项,如图 5-8 所示。

(3) 在该对话框中"替换为"的文本框中选择"段落标记"。

(4) 单击"全部替换"按钮,将软回车全部替换为硬回车。

3. 设置字体格式

(1) 将插入点置于第一行,按 Enter 键,可空出一行。

(2) 将插入点置于第一行中,在"开始"功能选项卡的"字体"组中单击"字号"的下三角按钮,在下拉列表中选择"三号"。

(3) 选中眉首部分中的法院名称"湖南省耒阳市人民法院",在"开始"功能选项卡的"字体"组中单击"字体"的下三角按钮,在下拉列表中选择"方正小标宋简体"。再在"开始"功能选项卡的"字体"组中单击"字号"下拉按钮,在列表中选择"二号"。

(4) 选中眉首部分中文书名称"民事判决书",在"开始"功能选项卡的"字体"组中单击右下角的箭头按钮 ,打开"字体"对话框。

(5) 在该对话框的"字体"选项卡中设置字体为"方正小标宋简体",字号为"二号",在"高级"选项卡中设置字符间距加宽 2 磅,单击"确定"按钮,如图 5-9 所示。

(6) 选中眉首中的案件编号"(2016)湘 0481 民初 2355 号"及正文内容、落款,设置字

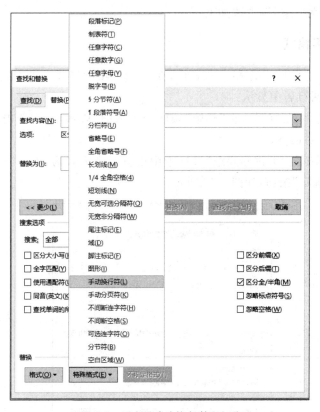

图 5-8 选择"手动换行符"选项

图 5-9 设置字体格式

体为"仿宋",字号为"三号",方法如上。

4. 设置段落格式

（1）选中眉首中法院名称和文书名称，在"开始"功能选项卡的"段落"组中单击"居中"按钮 ≡，让这两行居中显示。

（2）选中眉首中案件编号，在"开始"功能选项卡的"段落"组中单击右下角的箭头按钮 ▫，打开"段落"对话框。

（3）在该对话框的"缩进和间距"选项卡中设置对齐方式为"右对齐"，段前段后间距为"自动"，单击"确定"按钮，如图 5-10 所示。

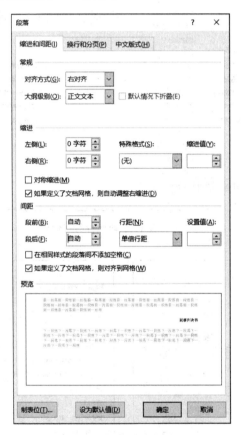

图 5-10　段落格式的设置

（4）将插入点置于编号末尾，空两个汉字的空格距离。

（5）选中正文及落款所有内容，在图 5-10 所示的"段落"对话框中设置特殊格式为"首行缩进"，缩进量为"2 字符"，行距为"固定值"，设置值为"29 磅"，单击"确定"按钮。

（6）选中落款行（从审判长到人民陪审员），使之右对齐。"审判长"各字之间空一个汉字，与姓名之间空三个汉字的位置。姓名后空两个汉字的位置，设置方法如上。

5. 插入特殊符号

（1）将落款中的日期修改为汉字大写。

（2）选中日期中的 0，在"插入"功能选项卡的"符号"组中单击"符号"按钮，在下拉列表中选择"其他符号"命令，打开"符号"对话框。

（3）在该对话框的"字体"栏中选择"普通文本"，在"子集"栏中选择"几何图形符"，在符号列表中选中"○"，单击"插入"按钮，如图 5-11 所示。

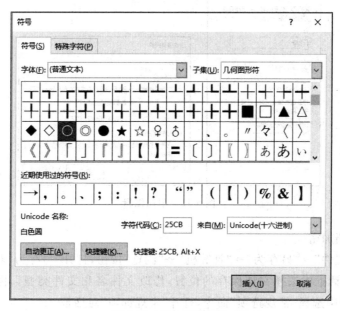

图 5-11　插入特殊符号

6. 插入页码

（1）将插入点置于奇数页中，在"插入"功能选项卡的"页眉和页脚"组中单击"页码"按钮，在下拉列表中选中"页码底端"→"普通数字 3"命令。

（2）将插入点置于偶数页页脚左侧，单击"插入"→"页眉和页脚"→"页码"按钮，在下拉列表中选中"页码底端"→"普通数字 1"。

7. 保护文档

（1）限制编辑

① 在"审阅"功能选项卡的"保护"组中单击"限制编辑"，弹出"限制编辑"任务窗格，在窗格中选中"仅允许在文档中进行此类型的编辑"，下拉列表中选择"不允许任何更改（只读）"，单击"是，启动强制保护"按钮。

② 在弹出的"启动强制保护"对话框中输入新密码和确认新密码后，单击"确定"按钮，如图 5-12 所示。对文档启动限制编辑保护，只有输入密码后才可以对文档进行编辑操作。

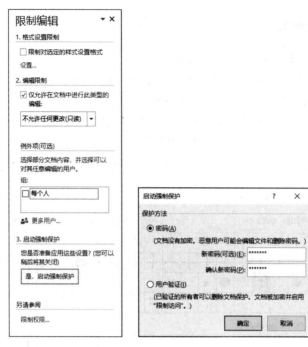

图 5-12　限制编辑

（2）为文档加密

① 单击"文件"→"另存为"→"计算机"→"浏览"按钮,打开"另存为"对话框。

② 在该对话框中选择文档保存的位置,修改文件名和文件类型。再单击"工具"按钮,在下拉列表中选择"常规选项"命令,打开"常规选项"对话框。

③ 在该对话框中设置打开和修改文件的密码,单击"确定"按钮,打开"确认密码"对话框。

④ 在该对话框中输入确认密码,单击"确定"按钮,返回"常规选项"对话框,再单击"确定"按钮,返回"另存为"对话框,单击"保存"按钮,如图 5-13 所示。将文档进行加密,如没有密码则以只读方式打开。

图 5-13　设置打开与修改文档的密码

8. 打印文档

在使用支持双面打印的打印机打印 Word 文档时，可以通过设置在纸张背面打印当前 Word 文档，以实现双面打印的目的。

（1）选择"文件"→"选项"命令，打开"Word 选项"对话框。

（2）在该对话框左侧列表中选中"高级"，右侧选择"在纸张背面打印以进行双面打印"选项，单击"确定"按钮，如图 5-14 所示。

图 5-14　双面打印的设置

（3）选择"文件"→"打印"选项，在页面设置列表中选择"双面打印"，然后单击"打印"按钮，实现双面打印。如果打印机不支持双面打印时，在页面列表中选择"手动双面打印"。当奇数页打印完毕后，系统提示重新放纸。

9. 将文档保存为模板

（1）选择"文件"→"另存为"命令，双击页面中"这台电脑"按钮，打开"另存为"对话框。

（2）在该对话框的"保存类型"下拉列表中选择"Word 模板（.dotx）"，"文件名"设置为"判决书"，保存位置会自动定位到自定义模板文件夹"C：\Users\Administrator\Documents\自定义 Office 模板"。

（3）单击"保存"按钮，将文档保存为模板。

10. 使用自定义模板

选择"文件"→"新建"命令，在页面中选择刚才预存的模板，双击即可打开使用。

在新建文档时可以到微软网站的模板库中搜索模板进行下载。

实验 5.2　图形的制作

【实验目的】

（1）掌握 SmartArt 图的绘制与编辑。

（2）掌握绘制与编辑图形的方法。

【实验内容】

（1）绘制行政组织结构图，如图 5-15 所示。

图 5-15　行政组织结构图

（2）绘制岗位调整审批流程图，如图 5-16 所示。

【实验步骤】

一、绘制行政组织结构图

1．插入 SmartArt 图形

（1）新建一个空白的 Word 文档。

（2）在"插入"功能选项卡的"插图"组中单击 SmartArt 按钮，打开"选择 SmartArt 图形"对话框。

（3）在对话框中选择"层次结构"中的"组织结构图"，单击"确定"按钮，如图 5-17 所示。

此时文档中会出现 SmartArt 图形，但此时图形没有具体的信息，只有占位符文本，如图 5-18 所示。在功能区出现"SmartArt 工具"，有"设计"和"格式"两个选项卡，可以通

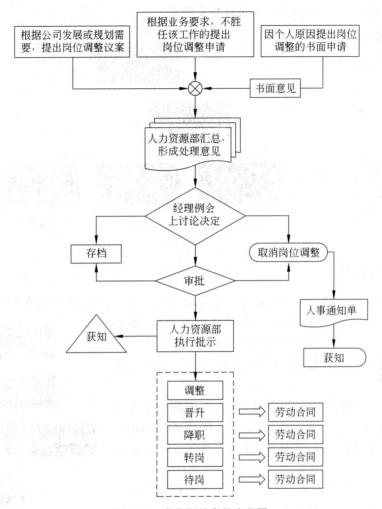

图 5-16 岗位调整审批流程图

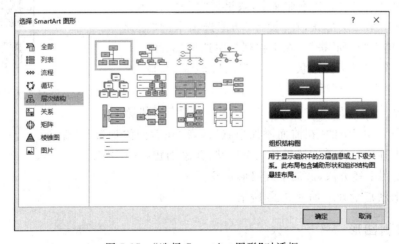

图 5-17 "选择 SmartArt 图形"对话框

过这两个选项卡对 SmartArt 图形进行格式设置。

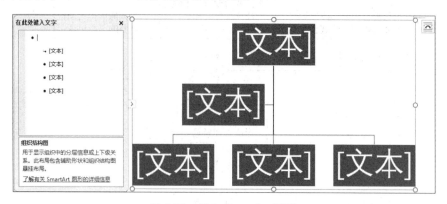

图 5-18　插入 SmartArt 图形

2. 插入形状

（1）选中 SmartArt 图形中最上方的形状，右击，在弹出的快捷菜单中选择"添加形状"→"在上方插入形状"命令。或者选中形状后，单击"SmartArt 工具"→"设计"→"创建图形"→"添加形状"按钮右侧的下三角按钮，在下拉列表中选择"在上方插入形状"。

（2）选中新插入的形状，右击，在弹出的快捷菜单中选择"编辑文字"命令，然后输入"董事会 Bord of Directors"，在第二层形状中输入"总经理 General Manager"。

（3）选中第二层形状，右击，在弹出的快捷菜单中选择"添加形状"→"添加助理"命令。

（4）为第三层的形状添加文字，效果如图 5-19 所示。

（5）选中第二层形状，在"设计"功能选项卡的"创建图形"组中单击"布局"按钮，在下拉列表中选择"标准"。

（6）在第四层添加形状。选中第二层形状，选择"设计"→"创建图形"→"添加形状"→"在下方添加形状"命令。或者选中第四层某个形状，选择"设计"→"创建图形"→"添加形状"中的"在前面添加形状"或者"在后面添加形状"命令。

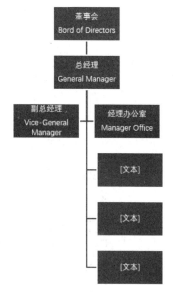

图 5-19　添加文字后的效果图

使用上述方法为第四层添加三个形状，并添加相应的文字。

（7）使用上述方法，添加第五层形状及文字。

插入形状后的效果如图 5-20 所示。

3. 编辑图形

（1）通过"SmartArt 工具"的"设计"功能选项卡中的"SmartArt 样式"组可以修改组

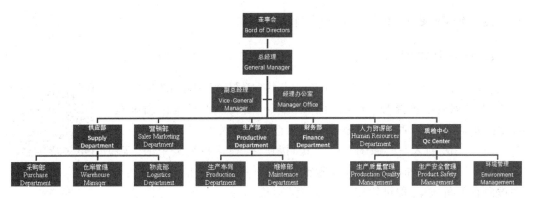

图 5-20　插入形状后效果

织结构图样式。

　　在此例中选中 SmartArt 图形,在"设计"功能选项卡的"SmartArt 样式"组中单击"更改颜色"按钮,在下拉列表中选择"彩色范围-个性色 5 至 6"。然后选择"SmartArt 样式"组中的样式"优雅"。

图 5-21　"设置形状格式"任务窗格

　　(2)按住 Ctrl 键,选中第五层的所有形状,右击,在快捷菜单中选择"设置形状格式"命令,弹出"设置形状格式"任务窗格。

　　(3)在该任务窗格中选择"文本选项"→"布局属性"按钮▣,在文本框的"文字方向"下拉列表中选择"竖排",将形状中的文字竖排,如图 5-21 所示。

　　(4)通过"SmartArt 工具"的"格式"功能选项卡可以设置形状格式。注意,如果是选中整个图形进行上述设置,则可以修改整个图形中所有形状的格式;如果是选中单个形状,则修改的是此形状的格式。

　　在此例中选中第一层形状,单击"SmartArt 工具"→"格式"→"形状样式"→"形状填充"按钮,在下拉列表中选择"深红色",修改形状颜色。

　　(5)选中整个 SmartArt 图形,在"开始"功能选项卡中设置字号为六号。设置图形中所有形状文字大小为六号。

　　(6)选中某个或某些形状,单击"SmartArt 工具"→"格式"→"形状"中的"增大"或"减小"按钮,可以调整形状的大小。

　　选中形状后,形状四周出现调整点,如图 5-22 所示。其中白色的圆圈用来调整图形大小,圆形的箭头▣用来旋转图形。将光标置于圆圈调整点时,光标将变成双向箭头,此时拖动鼠标可以调整形状的大小;当光标变为✛时,拖动鼠标可以移动形状至合适的位置。

图 5-22　调整形状的大小

157

二、绘制岗位调整审批流程图

1. 绘制基本图形

（1）添加画布。在"插入"功能选项卡的"插图"组中单击"形状"按钮，在下拉列表中选择"新建绘图画布"命令，在文档中插入绘图画布。选中画布，拖动画布四周的调整点可以调整画布的大小。

（2）单击"插入"→"插图"→"形状"按钮，选择下拉列表中的"流程图：过程"选项。此时鼠标指针变为十字形状，移动鼠标指针至文档合适位置，按住鼠标左键向右下角拖动，即可绘制一个"过程"形状。

（3）选中形状，右击，在弹出的快捷菜单中选择"添加文字"命令，在光标处输入文字"根据公司发展或规划需要，提出岗位调整议案"。选中文字，通过"开始"功能选项卡的"字体"组设置文字格式。

（4）调整形状的大小和位置，方法与上例相同。

（5）选中形状后，在"绘图工具"的"格式"功能选项卡的"形状样式"组中单击"主题样式"的"其他"按钮，在下拉列表中选择"强烈效果-蓝色，强调颜色1"。

（6）选中形状后，当光标变为✛时，按住 Ctrl 键拖动鼠标，将形状进行复制，修改形状中的内容，并调整形状的大小。

（7）重复前面的步骤，绘制图中其他的形状。

2. 绘制箭头和直线

（1）单击"插入"→"插图"→"形状"按钮，选择下拉列表中的"直线"选项，按住鼠标左键向右或向下拖动，绘制一条直线。

（2）选中直线，将光标置于直线的空心圆点处，移动鼠标指针，可以更改箭头方向、箭头长短等。单击"绘图工具"→"格式"→"形状样式"→"粗线-强调颜色1"，修改直线样式。

（3）绘制箭头，样式为"粗线-强调颜色1"。

（4）右击箭头，在弹出的快捷菜单中选择"设置形状格式"命令，弹出"设置形状格式"任务窗格，如图 5-23 所示。在该任务窗格中的"箭头末端类型"下拉列表中选择"燕尾箭头"，"箭头末端大小"下拉列表中选择"右箭头6"。

（5）通过上述步骤，添加其他的直线与箭头。

3. 绘制虚线矩形方框

（1）绘制矩形。

（2）右击矩形，在弹出的快捷菜单中选择"设置形状格

图 5-23　设置箭头的形状

式”命令，弹出“设置形状格式”任务窗格，在任务窗格中，“填充”选项中选择“无填充”，“线条”的“短画线类型”下拉列表中选择“短画线”，即可修改矩形为虚线矩形。

实验 5.3　表格的设计与制作

【实验目的】

（1）掌握表格制作与编辑的方法。

（2）掌握表格中数据的简单计算。

【实验内容】

（1）制作损益平衡计算表，如图 5-24 所示。

损益平衡计算表

部门名称：

月份 / 成本项目	1	2	3	4	5	6	7	8	9	10	11	12	总计
固定费用													0
营销费用													0
折　旧													0
间接人工													0
其他杂费													0
变动成本													0
直接材料													0
间接物料													0
动力费													0
加班费													0
奖　金													0
生产数量													0
单位变动成本													0
生产金额													0
平衡产量													0
利润													0

图 5-24　损益平衡计算表

（2）绘制差旅费报销单，如图 5-25 所示。

差旅费报销单

报销部门：　　　　填报日期：　　年　月　日

姓　名			职　别					出差事由			
出差起止日期自　　年　月　日起至　　年　月　日止 共　天									附单据　张		
日期		起　讫　地　点	天数	机票费	车船费	交通费	住宿费	出差补助	住宿节约补助	其他	小计
月	日										
		合　计									
总计金额（大写）　万　仟　佰　拾　元　角　分　预支______元　退/补______元											

负责人　　会计　　审核　　部门主管　　出差人

图 5-25　差旅费报销单效果图

【实验步骤】

一、制作损益平衡计算表

1. 页面设置

（1）在"布局"功能选项卡的"页面设置"组中单击"纸张方向"按钮，在下拉列表中选择"横向"选项。将纸张方向设置为横向。

（2）在第一行中输入"损益平衡计算表"，字体为"黑体"，字号为"二号"。第二行中输入"部门名称："，字体为"宋体"，字号为"五号"。

2. 插入表格

（1）在"插入"功能选项卡的"表格"组中单击"表格"按钮，在下拉列表中选择"插入表格"命令，打开"插入表格"对话框。

（2）在"插入表格"对话框中，"列数"设置为 14，"行数"设置为 17，单击"确定"按钮，如图 5-26 所示。

3. 调整表格格式

（1）套用表格样式。在"表格工具"的"设计"功能选项卡的"表格样式"组中单击"其他"按钮，在下拉列表中选择"网格表 5 深色-着色 5"样式。

（2）单击表格左上角图标，选中整个表格。

（3）在"表格工具"的"布局"功能选项卡的"对齐方式"组中单击"水平居中"按钮，将表格中文字在单元格中水平与垂直方向都居中。

图 5-26 "插入表格"对话框

（4）将插入点置于表中第一个单元格。

（5）制作斜线表头。在"表格工具"的"格式"功能选项卡的"边框"组中单击"边框"按钮，在下拉列表中选择"边框和底纹"命令，在打开的"边框和底纹"对话框中的预览区中单击"斜下框线"，"应用于"下拉列表中选择"单元格"，单击"确定"按钮，如图 5-27 所示。

（6）在第一个单元格中输入"月份"，将此行设置为"右对齐"。按 Enter 键换行后输入"项目成本"。将此行设置为"左对齐"。斜线表头制作完成。

（7）在其他单元格中输入效果图中所示的文字。

（8）将光标置于表格边框线时变为 或 形状，此时拖动鼠标，可以调整当前行的高度或当前列的宽度。使用此方法根据文字内容调整第一列的宽度至合适宽度。

（9）将插入点置于第一行第二个单元格中。拖动鼠标至最后一个单元格，再单击选中除第一列之外的所有列。或者按住 Shift 键再单击最后一个单元格，也可以选中除第一列之外的所有列。

（10）在"布局"功能选项卡的"单元格大小"组中单击"分布列"按钮；或者右击，在弹

图 5-27　插入斜下框线

出的快捷菜单中选择"平均分布各列"命令,将选中的列均匀分布。

(11) 将光标置于表格外第二行左侧,此时光标变为↗,单击可以选中此行。如果拖动鼠标可以选中多行,即选中除第一行之外的所有行。

(12) 在"布局"功能选项卡的"单元格大小"组中设置"高度"为 0.7 厘米。或者右击,在弹出的快捷菜单中选择"表格属性"命令,在打开的"表格属性"对话框的"行"选项卡中设置高度为 0.7 厘米,如图 5-28 所示。

(13) 如果在表格末尾有一行空白行,将此行行间距设置为固定值 1 磅,可以去掉此空白行。

4. 表格计算

(1) 将光标置于第二行最后一个单元格中。

(2) 在"布局"功能选项卡的"数据"组中单击"公式"按钮,打开"公式"对话框。

(3) 在"公式"编辑框中输入"=sum(left)",在"编号格式"编辑框中输入 0,单击"确定"按钮,如图 5-29 所示,即将表格中此行左侧的数据求和,保留整数部分,小数部分四舍五入。由于表格中没有数据,此单元格显示 0。

"合计"列中其他单元格的计算方法一致。也可以选中刚才插入公式后的单元格值 0,然后复制并粘贴到其他单元格。

(4) 如果在单元格中输入数据后,在"合计"列相应的单元格中右击,在弹出的快捷菜单中选择"更新域"命令;或者按 F9 键,即可更新此单元格数据。如果要更新表中所有值,可以选中整个表格,然后按 F9 键即可。

图 5-28 "表格属性"对话框 　　图 5-29 "公式"编辑框

二、制作差旅费报销单

1. 页面设置

设置页边距的"上""下"边距为 2 厘米,"左"边距为 3 厘米,"右"边距为 2 厘米,"纸张大小"为"自定义大小","宽度"为 24 厘米,"高度"为 14 厘米。

2. 安装字体

安装字体"方正准圆简体"的方法如下。

方法 1:双击字体安装文件,在打开的对话框中单击"安装"按钮。

方法 2:右击字体安装文件,在弹出的快捷菜单中选择"安装"命令。

方法 3:将字体安装文件复制到 C:\Windows\Fonts 目录中即可。

3. 标题格式设置

(1)在第一行输入文字"差旅费报销单",居中,字体为"方正准圆简体",字号为"小二"。

(2)在标题文字前后各加一个空格。

(3)选中标题文字(选中空格),在"开始"功能选项卡的"字体"组中单击"下画线"按钮的下三角按钮 U ▼ ,在下拉列表中选择"双下画线"。

(4)选中标题文字(注意不选中空格),在"开始"功能选项卡的"字体"组中单击右下角的箭头按钮 ，打开"字体"对话框。

（5）在"字体"对话框的"高级"选项卡的"间距"下拉列表中选择"加宽"，"磅值"为5 磅；"位置"下拉列表中选择"提升"，"磅值"为 2 磅，单击"确定"按钮，如图 5-30 所示。

图 5-30　"字体"对话框的"高级"选项卡

（6）在第二行中输入"部门：　　　报销日期：　　年　月　日"，字体为"宋体"，字号为"五号"，此行段前间距为 0.5 行。

4. 绘制并美化表格

（1）插入一个 11 行 10 列的表格。

（2）将光标置于第三行第一列的单元格中。

（3）拆分单元格。在"表格工具"的"布局"功能选项卡的"合并"组中单击"拆分单元格"按钮，在打开的"拆分单元格"对话框中设置"列数"为 1，"行数"为 2，单击"确定"按钮，如图 5-31 所示。

（4）选中第四行第一列至第十行第一列的单元格，单击"布局"→"合并"→"拆分单元格"按钮，在打开的"拆分单元格"对话框中设置"列数"为 22，"行数"为 7，单击"确定"按钮。

（5）在第三行单元格中输入内容，并调整第三行至第十行的列宽。将光标置于表格列边框线时，变为 ⁑ 形状，此时拖动鼠标，调整列的宽度至合适值。

图 5-31　"拆分单元格"
对话框

（6）合并单元格。选中第十一行,在"表格工具"的"布局"功能选项卡的"合并"组中单击"合并单元格"按钮。

（7）拆分表格。将光标置于最后一行中,在"表格工具"的"布局"功能选项卡的"合并"组中单击"拆分表格"按钮,将最后一行拆分成单独的表格。

（8）选中新拆分出的表格,现将此行合并,再拆成一行十列的表格。

在"表格工具"的"设计"功能选项卡的"表格样式"组中单击"底纹"按钮,在下拉列表中选择"天蓝色"。

在"表格工具"的"设计"功能选项卡的"边框"组中单击"边框"按钮,在下拉列表中选择"无边框"命令。

（9）单击大表格左上角的田图标,选中整个表格,设置"行高"为 0.7 厘米。

（10）单击"表格工具"→"设计"→"边框"→"边框"按钮,在下拉列表中选择"边框和底纹"命令,在打开的"边框和底纹"对话框设置区选择"自定义",样式区列表中选择"双线",预览区单击四周边框线,设置完成后单击"确定"按钮,如图 5-32 所示。

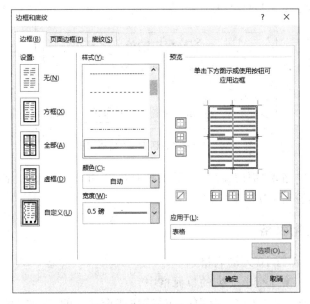

图 5-32　设置表格的边框

实验 5.4　图文混排

【实验目的】

（1）掌握文本框和文档部件的使用方法。

（2）掌握图形、图像的编辑和处理方法。

（3）掌握页面边框、页面背景及水印的操作方法。

【实验内容】

（1）制作调查问卷,如图 5-33 所示。

图 5-33　调查问卷效果图

（2）绘制文字海报,如图 5-34 所示。

图 5-34　万圣节海报效果图

【实验步骤】

一、制作调查问卷

1. 页面设置

设置上、下边距为 2 厘米，左、右边距均为 2.5 厘米。

2. 插入特殊符号

在产品质量和使用调查选项前插入特殊符号"□"。

3. 分栏

（1）选中第 7～12 行（即客户资料的内容）。

（2）在"页面布局"功能选项卡的"页面设置"组中单击"分栏"按钮，在下拉列表中选择"两栏"。

（3）使用同样的方法将后面的内容进行分栏。

4. 设置字体格式

（1）选中"尊敬的用户："所在行。

（2）在"开始"功能选项卡的"字体"组中单击"文字效果和版式"按钮 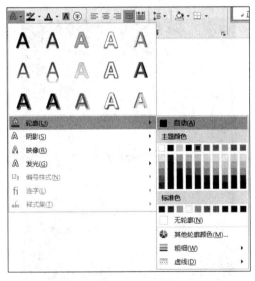，在文字效果列表中选中第一个"填充：黑色；文本 1；阴影"，在"轮廓"子菜单中选择"蓝色，个性 1"，如图 5-35 所示。

图 5-35　文字效果和版式

（3）利用格式刷将"客户资料""产品质量和使用方面"和"服务方面"三行设置为相同

格式。

5. 插入艺术字

（1）选中前两行的标题。

（2）在"插入"功能选项卡的"文本"组中单击"艺术字"按钮，在下拉列表中选择第一行第三个艺术字样式，输入内容"customer satisfaction survey 客户满意度调查表"。

（3）选中艺术字中的英文部分，居中方式为"右对齐"，字体为 Tempus Sans ITC，字号为"二号"，颜色为"深红色"。

（4）选中艺术字中的中文部分，设置其为右对齐，字体为"幼圆"，字号为"一号"，"文本填充"和"文本轮廓"样式均为"蓝色，个性 1"。

（5）设置文字环绕方式。选中整个艺术字，在"绘图工具"的"格式"功能选项卡的"排列"组中单击"自动换行"按钮，在下拉列表中选择"上下型环绕"命令。或者单击艺术字右上角的"布局选项"按钮，在弹出的快捷菜单中选择"上下型环绕"命令。

（6）选中艺术字，当光标变为十字箭头时，按住鼠标左键，可以拖动艺术字至合适的位置。

6. 添加页面背景及边框

（1）添加页面背景颜色。在"设计"功能选项卡的"页面背景"组中单击"页面颜色"按钮，在下拉列表中选择"填充效果"选项，打开"填充效果"对话框，设置如图 5-36 所示。

图 5-36　页面背景的设置

（2）添加页面边框。在"设计"功能选项卡的"页面背景"组中单击"页面边框"按钮，在打开的"页面边框"选项卡的"设置"选项区中选择"方框","样式"列表中选择上粗下细的双线,"颜色"列表中选择"蓝色"。再单击"选项"按钮,在打开的"边框和底纹选项"对话框中取消选中"总在前面显示",如图 5-37 所示。

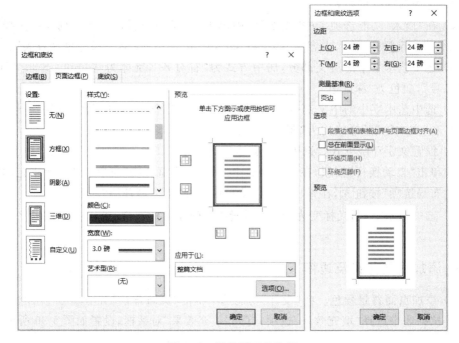

图 5-37　设置页面的边框

7. 插入并编辑图片

(1) 插入图片。在"插入"功能选项卡的"插图"组中单击"图片"按钮,在打开的"插入图片"对话框中选择要插入的图片,单击"插入"按钮。

(2) 裁剪图片。选中图片,在"图片工具"的"格式"功能选项卡的"大小"组中单击"裁剪"按钮,这时在图片的周围会出现一个四角是黑色折线的边框,边框的边上中点都有较粗的黑线。当把鼠标指针放在这些黑色折线或黑线上时,光标会变成一个 T 字的形状。在这些折线或者中点黑线上单击,并拖动鼠标到合适的位置放开,设置好裁剪的大小后,在 Word 文档页面任意处单击,即可裁剪图片。

(3) 设置透明色。选中图片,在"图片工具"的"格式"功能选项卡的"调整"组中单击"颜色"按钮,在下拉列表中选择"设置透明色"选项,此时光标将变为彩笔形状,单击图片中的白色区域,即可将图片中的白色区域设置为透明色。

(4) 修改图片的文字环绕方式为"浮于文字上方"。

(5) 修改图片的大小与位置。方法与调整形状大小和位置的方法一致。

(6) 使用上述方法,插入效果图中右下角的图片,此图片的文字环绕方式为"四周型"。

8. 添加水印

（1）在"设计"功能选项卡的"页面背景"组中单击"水印"按钮，在下拉列表中选择"自定义水印"，打开"水印"对话框。

（2）在对话框中选择"文字水印"，设置如图 5-38 所示。设置完成后单击"确定"按钮。

图 5-38 自定义水印

二、制作万圣节海报

1. 插入背景图片

（1）插入背景图片。

（2）选中图片，设置图片的文字环绕方式为"衬于文字下方"。

（3）调整图片大小与页面大小相同。

2. 插入文本框

（1）在"插入"功能选项卡的"文本"组中单击"文本框"按钮，在下拉列表中选择"横排文本框"，此时光标变成十字形状，拖动鼠标绘制文本框。

（2）在文本框中输入 HAPPY HOLLOWEEN，设置其字体为 EDB Wild Things，字号为 48 号。

（3）调整文本框的大小与位置，与调整图片大小和位置的方法相同。

（4）选中文本框，在"格式"功能选项卡的"形状样式"组中单击"其他"按钮，在下拉列表中选择"透明-黑色，深色 1"。或者右击，在弹出的快捷菜单中选择"设置形状格式"命令，Word 窗口右侧出现"设置形状格式"任务窗格，"填充"列表中选择"无填充"，"线条"列表中选择"无线条"，如图 5-39 所示。

（5）使用上述方法插入其他文本框。

3. 插入形状

（1）绘制直线并调整直线的长度与位置。

（2）选中直线，右击，在弹出的快捷菜单中选择"设置形状格式"命令，页面右侧出现"设置形状格式"任务窗格，在窗格中线条"颜色"下拉列表中选择"橙色"，"透明度"设置为60%，"宽度"设置为"1磅"，如图5-40所示。

图 5-39　设置文本框格式

图 5-40　设置直线格式

第四部分　习　题　精　解

一、选择题

1. Word 2013 文档的默认扩展名为（　　）。

    A．.txt　　　　　　　B．.doc　　　　　　　C．.docx　　　　　　　D．.jpg

答案：C

解析：Word 2013 文档的默认扩展名为.docx，Word 2010 之前的版本扩展名为.doc。

2. 在 Word 2013 中，可以很直观地改变段落的缩进方式，调整左右边界和改变表格的列宽，应该利用（　　）。

    A．字体　　　　　　　B．样式　　　　　　　C．标尺　　　　　　　D．编辑功能

答案：C

解析：Word 标尺可以用来设置或查看段落缩进、制表位、页面边界和栏宽等信息。

3. 在 Word 2013 文档编辑过程中,为了防止意外而不使文档丢失,Word 2013 设置了自动保存功能,欲使自动保存时间间隔为 5 分钟,应依次进行的一组操作是(　　)。

    A. 选择"文件"→"选项"→"保存"命令,再设置自动保存时间间隔

    B. 按 Ctrl＋S 组合键

    C. 选择"文件"→"保存"命令

    D. 以上都不对

答案：A

解析：选择"文件"→"选项"→"保存"命令,在打开的"Word 选项"对话框中可以设置自动保存文档的时间间隔。

4. 下列关于格式刷的说法正确的是(　　)。

    A. 单击格式刷图标,格式刷可以使用一次

    B. 单击格式刷图标,格式刷可以使用任意多次

    C. 格式刷只能复制字体格式

    D. 以上全部正确

答案：A

解析：如果只使用一次格式刷,单击格式刷图标;如果多次使用格式刷,双击格式刷图标。

5. 在 Word 编辑时,文字下面有红色波浪下画线表示(　　)。

    A. 对输入的确认　　　　　　　　B. 已修改过的文档

    C. 可能是语法错误　　　　　　　D. 可能是拼写错误

答案：D

解析：Word 提供自动检查文档中的拼写和语法功能。当打开此功能时,Word 会使用红色波浪下画线来指示可能的拼写错误,还会使用绿色波浪下画线来指示可能的语法错误。

6. 在 Word 2010 中,若要计算表格中某行数值的总和,可使用的统计函数是(　　)。

    A. Sum()　　　　　B. Max()　　　　　C. Count()　　　　　D. Average()

答案：A

解析：Max()为求最大值,Count()为计数,Average()为求平均值。

7. 在 Word 2010 中,下列关于模板的说法中,正确的是(　　)。

    A. 在 Word 中,文档都不是以模板为基础的

    B. 模板不可以创建

    C. 模板的扩展名是.txt

    D. 模板是一种特殊的文档,它决定着文档的基本结构和样式,作为其他同类文档的模型

答案：D

解析：Word 模板是 Word 中内置的包含固定格式设置和版式设置的模板文件,用于

帮助用户快速生成特定类型的 Word 文档。新建一个空白文档时，Word 自动使用 Normal 模板来创建此文档。除了 Word 内置的文档模板外，也可以由用户自己创建模板。Word 2010 模板文件的扩展名是.dotx。

8. 在改变表格中某列宽度时，不影响其他列宽度的方法是(   )。

    A. 直接拖动某列的右边线

    B. 直接拖动某列的左边线

    C. 按住 Shift 键的同时拖动某列的右边线

    D. 按住 Ctrl 键的同时拖动某列的右边线

答案：C

解析：在表格调整时，按住 Shift 键的同时用鼠标调整列边线，则当前列宽发生变化，其他各列宽度不变，表格整体宽度会因此增加或减少。按住 Ctrl 键的同时再用鼠标调整列边线，当缩小某列列宽时，整体表格宽度不变，其右侧各列分别增加列宽；当增大某列列宽时，表格整体宽度不变，其右侧各列依次压缩直至极限，此时若继续增大该列列宽，则表格整体宽度也随之增大。

9. 在 Word 中，如果当前光标在表格中某行的最后一个单元格的外框线外，按 Enter 键后(   )。

    A. 对表格不起作用   B. 在光标下方增加一行

    C. 光标所在行加宽   D. 光标所在列加宽

答案：B

解析：如果将光标置于表格中某行最后一个单元格的外框线外，按 Enter 键后可以在当前行下方插入一行。

10. 在 Word 的编辑过程中如果误删了某段文字内容，则可以使用"快速访问工具栏"上的(   )按钮返回到删除前的状态。

    A. 保存   B. 撤销   C. 恢复   D. 快速打印

答案：B

解析：在文档编辑过程中有时候会出现错误，需要撤销并返回上一步，可以单击"快速访问工具栏"中的"撤销"按钮。

11. 在"表格属性"对话框中，以下选项中对齐方式不存在的是(   )。

    A. 左对齐   B. 右对齐   C. 居中   D. 分散对齐

答案：D

解析：选中表格后右击，在弹出的快捷菜单中选择"表格属性"命令，可以看到表格对齐方式有左对齐、居中、右对齐三种方式。

二、简答题

1. Word 2010 提供了几种视图方式？各有什么特点？如何切换？

答案：Word 2010 一共提供了有 5 种视图方式：页面视图、阅读版式视图、Web 版式视图、大纲视图和草稿视图。在"视图"功能选项卡的"文档视图"组中单击某个视图的按钮，可以切换文档相应的视图。

"页面视图"可以显示文档的打印结果外观,主要包括页眉、页脚、图形对象、分栏设置、页面边距等元素,是最接近打印结果的页面视图。

"阅读版式视图"以图书的分栏样式显示文档,功能区等窗口元素被隐藏起来。

"Web 版式视图"以网页的形式显示文档,Web 版式视图适用于发送电子邮件和创建网页。

"大纲视图"主要用于文档的设置和显示标题的层级结构,并可以方便地折叠和展开各种层级的文档。大纲视图广泛用于长文档的快速浏览和设置中。

"草稿视图"取消了页面边距、分栏、页眉/页脚和图片等元素,仅显示标题和正文,是最节省计算机系统硬件资源的视图方式。

2. 描述段落缩进的类别。

答案:缩进分首行缩进和悬挂缩进,首行指一个段落的第一行,一般缩进 2 个字符。悬挂缩进是相对于首行缩进而言的,在这种段落格式中,段落的首行文本不加改变,而除首行以外的文本缩进一定的距离。

3. 什么是样式?

答案:样式是指一组存储于模板或文档中并且有确定名称的段落格式和段落内的字符格式。一个已有的样式可以施加到任意段落上,所有使用统一样式的段落都具有完全相同的字符格式和段落格式。

第五部分　综合任务

任务 5.1　制作个人简历

【任务目的】

掌握 Word 2010 中文本框、图形、表格的使用方法。

【任务要求】

根据自身情况,制作一份毕业简历,可参考图 5-41 所示。

【任务分析】

本任务旨在考查 Word 中使用表格、文本框、图形等元素进行图文混排的能力。

【步骤提示】

1. 将文本转换为表格

(1) 选中素材中的所有文字。设置中文字体为"宋体",西文字体为 The News Roman,字号为"五号"。

(2) 单击"插入"→"表格"→"表格"按钮,在下拉列表中选择"文本转换成表格"命令,

图 5-41　毕业简历效果图

在打开的"将文本转换成表格"对话框中设置表格列数为 1，"文字分隔位置"选择"段落标记"，单击"确定"按钮，如图 5-42 所示。

图 5-42　"将文本转换成表格"对话框

2．调整表格样式

（1）单击表格左上角图标⊞，选中整个表格。

（2）单击"表格工具"→"布局"→"对齐方式"→"中部两端对齐"按钮▤。

（3）单击"表格工具"→"布局"→"行和列"→"在左侧插入"按钮，在表格左侧插入一列，成为两列的表格。

（4）调整表格每列的列宽。

3．添加项目符号

为"工作描述"下方的 5 行内容添加项目符号。

（1）单击"开始"→"段落"→"项目符号"的下三角按钮≔ ·，在下拉列表中选择"定义新项目符号"命令，打开"定义新项目符号"对话框。

（2）在该对话框中单击"符号"按钮，打开"符号"对话框。在"符号"对话框的"字体"下拉列表中选择 Wingdings，在符号列表中选择相应的符号，单击"确定"按钮，返回"定义新项目符号"对话框，再单击"确定"按钮，如图 5-43 所示。

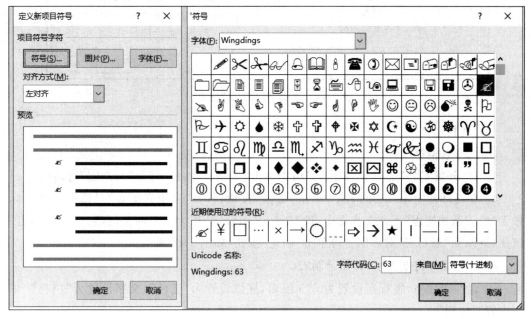

图 5-43　添加项目符号

使用上述方法为素材中的"专业技能"下方 4 行内容添加相同的项目符号。

4．宏的使用

（1）添加"开发工具"选项卡。

① 选择"文件"→"选项"命令，打开"Word 选项"对话框。

② 在该对话框左侧选择"自定义功能区"，右侧选中"开发工具"，单击"确定"按钮，在

功能区中添加"开发工具"选项卡,如图 5-44 所示。

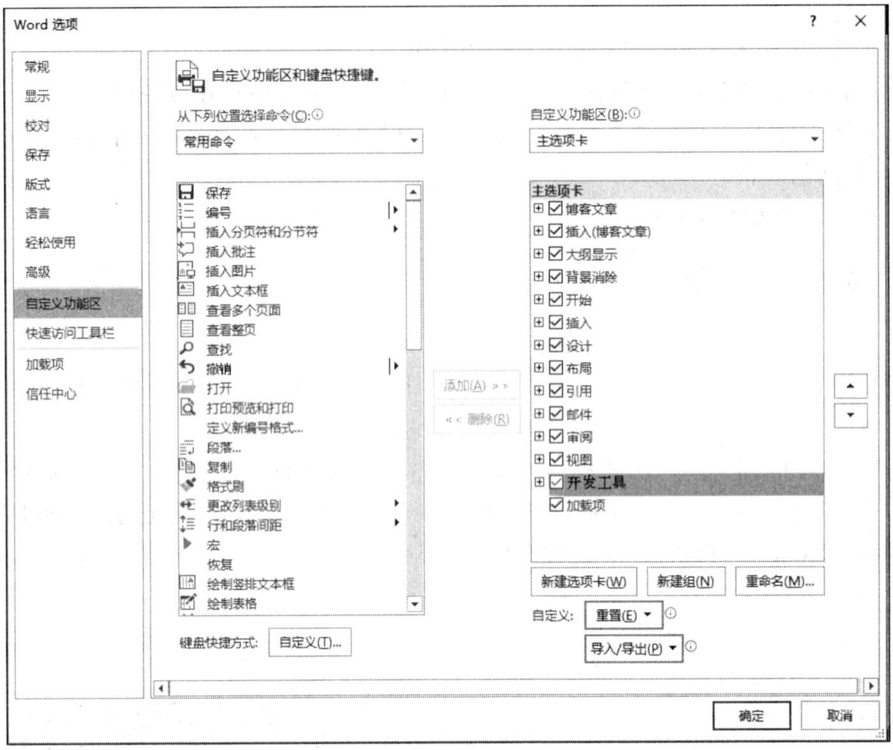

图 5-44　添加"开发工具"选项卡

(2) 录制宏。

① 选中表格第 1 行。

② 在"开发工具"选项卡的"代码"组中单击"录制宏"按钮,打开"录制宏"对话框。

③ 在对话框中输入宏的名字,单击"键盘"按钮,打开"自定义键盘"对话框。将光标置于"请按新快捷键"下方文本框中,按 Ctrl＋9 组合键,作为此宏的快捷键。单击"指定"按钮,退回到"录制宏"对话框。再单击"确定"按钮,如图 5-45 所示。

④ 此时光标将变为 ，开始录制宏。

⑤ 合并单元格,将行高设置为 0.9 厘米,底纹设置为"蓝色",文字设置为"白色""华文中宋""加粗"。

⑥ 单击"开发工具"→"代码"→"停止录制"按钮,停止录制宏。

(3) 使用宏。

选中"实习经历"所在的行,按 Ctrl＋9 组合键,自动执行刚才录制的宏,将此行格式进行设置。同样设置"获奖证书""职业技能""自我评价"行的格式。

(4) 调整完表格格式后,将表格移至 Word 页面右侧。

(5) 选中整个表格,单击"设计"→"边框"→"边框"按钮,在下拉列表中选择"无框线"命令,去掉整个表格的内外边框线。

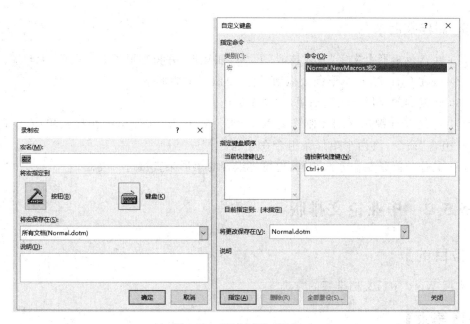

图 5-45　"录制宏"对话框

5. 插入形状

（1）单击"插入"→"插图"→"形状"按钮，在下拉列表中选择"矩形"，绘制一个矩形。

（2）调整矩形至合适大小。

（3）单击"绘图工具"→"格式"→"形状样式"→"形状填充"按钮，在下拉列表中选择"蓝色"。单击"形状轮廓"按钮，在下拉列表中选择"无轮廓"选项。在"排列"组中单击"环绕文字"按钮，在下拉列表中选择"衬于文字下方"选项。

6. 插入照片

（1）单击"插入"→"插图"→"图片"按钮，插入一英寸的照片。

（2）选中照片，单击"格式"→"排列"→"环绕文字"按钮，在下拉列表中选择"浮于文字上方"命令。

（3）调整照片的大小，并将照片移至蓝色矩形上部。

7. 插入文本框

（1）单击"插入"→"文本"→"文本框"按钮，在下拉列表中选择"绘制横排文本框"选项。

（2）绘制文本框后，输入个人基本信息，并调整文字的格式。

（3）选中文本框，调整文本框的大小与位置。将文本框设置为无边框、无填充颜色。

（4）再插入文本框并输入"专业技能"。

（5）在蓝色矩形旁插入文本框，输入姓名及就职意向，并设置文字格式。

8. 制作技能条

（1）在蓝色矩形上文字"专业技能"下方绘制矩形，并将矩形填充为白色，无轮廓。

（2）按住 Ctrl 键，在矩形条上拖动鼠标，复制一个矩形条。

（3）将复制的矩形条长度缩短，并填充黄色。

（4）按住 Ctrl 键选择刚才制作的两个矩形条，右击，在弹出的快捷菜单中选择"组合"→"组合"命令，将两个矩形条组合在一起。

（5）其他技能条制作方法相同，也可将组合的矩形条直接进行复制。

任务5.2 毕业论文排版

【任务目的】

掌握 Word 中长文档排版的方法。

【任务要求】

根据学校对毕业论文的要求进行论文的排版。

本任务中论文排版格式要求如下。

（1）页面设置。A4 纸打印，上、下、左、右边距均为 2.5，采用对称页边距。

（2）摘要与关键字。"摘要"两个字顶格，黑体四号字；后面内容采用宋体小四号，下面空一行。"关键词"三个字顶格，黑体四号字，后面内容采用宋体小四号。

（3）正文各级标准及普通文本。

一级标题：三号黑体居中，1.5 倍行距，段后间距为 1 行。

二级标题：四号黑体，1.5 倍行距。

三级标题：小四号黑体，1.5 倍行距，首行缩进 2 个字符。

正文：小四号宋体，首行缩进 2 个字符，固定行距为 21 磅，禁止使用计算机自动编号。

图表注释：图要有图号和图题，位于图下方居中处，五号宋体字；表要有表号和表题，位于表上方居中处，五号宋体字。

【任务分析】

毕业论文排版属于长文档的排版，与普通文档排版在技巧上有所不同。要想快速完成长文档排版，涉及分节、题注、交叉引用、多级列表、域等技巧的使用。

【步骤提示】

1. 页面设置

新建一个 Microsoft Word 文档，后按要求进行页面设置。

2．分节

（1）将插入点移至第 1 行，输入"封面"。

（2）在"布局"功能选项卡的"页面设置"组中单击"分隔符"按钮，在弹出的下拉列表中选择"分节符"中的"下一页"，此时插入点后的内容将自动移至下一页，"封面"两字后会出现分节符标记：　　分节符(下一页)　　。

如果未出现分节符标记，在"开始"功能选项卡的"段落"组中单击"显示/隐藏格式标记"按钮 。

（3）用同样的方法，在摘要内容后插入分节符"下一页"，在摘要后插入空白的"目录"页，目录页后另起一页为正文。

插入分页符后效果如图 5-46 所示。

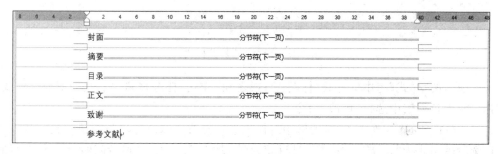

图 5-46　插入分页符后的效果

3．新建与修改样式

（1）在"开始"功能选项卡的"样式"组中单击右下角的箭头按钮 ，打开"样式"任务窗格，如图 5-47 所示。

（2）单击"样式"任务窗格左下角的"新建样式"按钮 ，打开"根据格式化创建新样式"对话框。

（3）在该对话框中创建样式"正文 2"。在对话框的"名称"栏中输入"正文 2"。单击对话框左下角的"格式"按钮，在弹出的下拉列表中选择"字体"命令。在打开的"字体"对话框中设置中文字体为"宋体"，西文字体为 Times New Roman，字号为"小四"，单击"确定"按钮，返回"根据格式化创建新样式"对话框。

再单击对话框左下角的"格式"按钮，在弹出的下拉列表中选择"段落"命令，在弹出的"段落"对话框中设置特殊格式为"首行缩进 2 字符"，行距为"固定值 21 磅"，不选中"如果定义了文档网格，则对齐到网格"复选框，然后单击"确定"按钮，创建"正文 2"样式，如图 5-48 所示。

（4）修改"标题 1"的样式为一级标题样式。右击"开始"

图 5-47　"样式"任务窗格

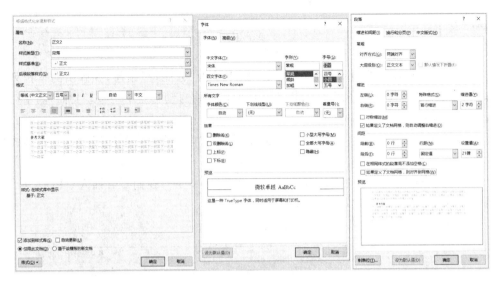

图 5-48　设置"正文 2"样式

功能选项卡的"样式"组中的样式"标题 1";或者在"样式"任务窗格中右击"标题 1"样式，在弹出的下拉列表中选择"修改"命令。

（5）在打开的"修改样式"对话框中对样式进行修改。修改方法与新建样式一致。设置后续段落格式为"正文 2"，字体为"黑体"，字号为"三号"，居中，段后间距为"1 行"，行间距为"1.5 倍行距"；段前分页，效果和插入分页符效果一样，每一章都会在新的一页。

在"根据格式化创建新样式"对话框中单击左下角的"格式"按钮，在弹出的下拉列表中选择"快捷键"命令，打开"自定义键盘"对话框，将插入点置于"请按新快捷键"文本框中，按 Ctrl＋1 组合键，文本框中自动出现 Ctrl＋1，单击"指定"按钮，将快捷键添加至"当前快捷键"中；再单击"关闭"按钮，可为样式"标题 1"指定快捷键 Ctrl＋1，如图 5-49 所示。

（6）单击"样式"任务窗格左下角的"管理样式"按钮，在打开的"管理样式"对话框的"推荐"选项卡中选中"标题 2"。单击"显示"按钮，再选中"标题 3"；单击"显示"按钮，再单击"确定"按钮，将"标题 2"和"标题 3"样式显示在"样式"列表框中，如图 5-50 所示。

（7）修改"标题 2"的样式为二级标题的样式，"标题 3"的样式为三级标题的样式。

（8）新建"图注"样式，后续段落格式为"正文 2"，宋体五号字居中，单倍行距。

（9）新建"图"样式，后续段落格式为"图注"，居中，单倍行距。

4. 多级列表

多级列表可以为正文标题自动设置编号，步骤如下。

（1）在"开始"功能选项卡的"段落"组中单击"多级列表"按钮，在下拉列表中选择"定义新的多级列表"命令，打开"定义新多级列表"对话框。

（2）在"定义新多级列表"对话框中单击右下角"更多"按钮。然后在对话框中将"级别 1"链接到"标题 1"，编号格式为"第 1 章"，文本对齐位置为"0 厘米"，文本缩进位置为"0 厘米"，编号之后为"空格"，如图 5-51 所示。设置"级别 2"链接到"标题 2"，"要在库中

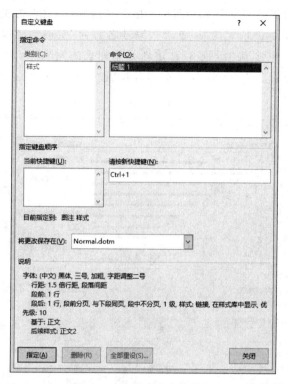

图 5-49　为样式指定快捷键

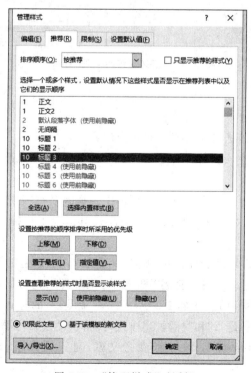

图 5-50　"管理样式"对话框

显示的级别"为"级别2","重新开始列表的间隔"为"级别1",编号格式为"1.1",文本对齐位置为"0厘米",文本缩进位置为"0厘米",编号之后为"空格"。"级别3"链接到"标题3","要在库中显示的级别"为"级别3","重新开始列表的间隔"为"级别2",编号格式为"1.1.1",文本对齐位置为"0厘米",文本缩进位置为"0厘米",编号之后为"空格",如图5-51所示。

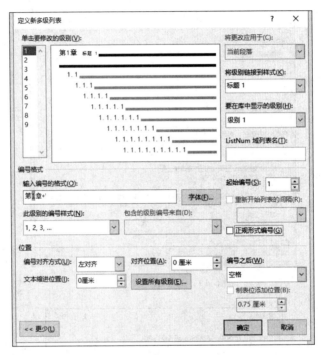

图5-51 "定义新多级列表"对话框

5．套用样式

（1）将素材中的内容复制到文档中的相应位置。

（2）将插入点置于正文开始处，按Ctrl+Shift+End组合键，选中正文开始至文档末尾。

（3）单击"开始"功能选项卡的"样式"列表中的样式名称"正文2"；或单击"样式"任务窗格中的样式名称"正文2"；或者如果在定义样式时指定了快捷键，按快捷键，将其样式套用到文中。

（4）对正文套用"正文2"的样式后，则图片显示不全，这是因为"正文2"的样式中设置了行距为固定值21磅。对图片套用"图"样式，图片即可正常显示。

（5）对正文中的标题套用"标题1""标题2"和"标题3"的样式。由于前面设置了多级列表，在使用"标题1""标题2"和"标题3"样式时，将自动进行标题编号。

由于在目录中不显示摘要、致谢和参考文献，对三项标题设置格式时不使用标题样式。

6. 文档结构图

在设置好样式后,在"视图"功能选项卡的"显示"组中选中"导航窗格"复选框,文档左侧将出现"导航"窗格,如图 5-52 所示。

在"导航"窗格的"标题"选项卡中可以显示论文中的各级标题,单击相应的标题,则会直接定位到论文中的相应位置。

7. 题注与交叉引用

(1)添加题注。为论文中的图形、表格和公式等对象的说明自动添加编号。在"引用"功能选项卡的"题注"组中单击"插入题注"按钮,打开"题注"对话框。

(2)在对话框中单击"新建标签"按钮,在弹出的"新建标签"对话框中输入标签名为"图",单击"确定"按钮返回"题注"对话框。再单击"编号"按钮,在弹出的"题注编号"对话框中选中"包含章节号"复选框,单击"确定"按钮,返回"题注"对话框,如图 5-53 所示。

(3)插入题注后,空一格输入对图片的说明后,套用"图注"样式。

图 5-52 文档结构图

(4)交叉引用。将插入点置于要引用图注的位置,在"引用"功能选项卡的"题注"组中单击"交叉引用"按钮,打开"交叉引用"对话框。

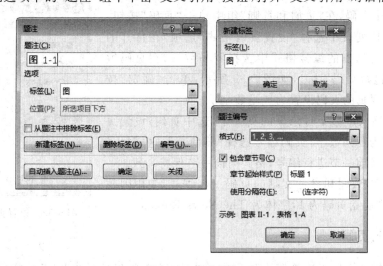

图 5-53 插入题注

(5)在"交叉引用"对话框中选择引用类型、引用内容和引用哪一个题注,单击"插入"按钮,如图 5-54 所示。

(6)对表的说明格式进行设置的方法与图相同。

图 5-54　"交叉引用"对话框

8. 插入页码

（1）将插入点置于摘要页中，双击页脚位置，此时插入点移至页脚中。在"页眉和页脚工具"的"设计"功能选项卡的"导航"组中单击"链接到前一条页眉"按钮，使此按钮处于未选中状态。

（2）单击"页眉和页脚"组中的"页码"按钮，在弹出的下拉列表中选择"页面底端"中的"普通数字 2"，在页脚中部插入页码。

（3）选中页码，在"页眉和页脚"组中单击"页码"按钮，在弹出的下拉列表中选择"设置页码格式"选项，在打开的"页码格式"对话框的编号格式中选择罗马数字，在页码编号中选择"起始页码"为 1，如图 5-55 所示，单击"确定"按钮。此时摘要页的页码设置为罗马数字 I。

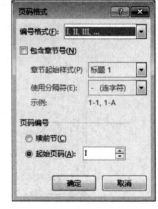

（4）将插入点移至目录页的页脚中，选中页码，设置页码编号格式为罗马数字，页码编号选择"续前节"，这样目录页的页码随着前一节进行编号，格式与前一节保持一致。

（5）正文、致谢和参考文献的页码一起编号，使用阿拉伯数字，正文起始页码为 1，字体为 The News Roman。

图 5-55　设置页码格式

9. 插入页眉

（1）将插入点置于摘要页的页眉中，在"页眉和页脚工具"的"设计"功能选项卡的"导航"组中单击"链接到前一条页眉"按钮，使此按钮处于未选中状态。

（2）在页眉中输入"北京政法职业学院毕业论文"，设置其格式为楷体五号。

（3）将插入点移至正文页眉中，取消选中"链接到前一条页眉"选项。

（4）在"页眉和页脚工具"的"设计"功能选项卡的"插入"组中单击"文档部件"按钮，

在下拉列表中选择"域"选项,在打开的"域"对话框选择域名为 StyleRef 的域,"样式名"为"标题 1",选中"插入段落编号",单击"确定"按钮,如图 5-56 所示。将正文中的页眉设置为章标题。

图 5-56　"域"对话框

(5)在致谢和参考文献页中设置页眉为"北京政法职业学院毕业论文"。

10. 自动生成目录

(1)将插入点置于要插入目录的位置。

(2)在"引用"功能选项卡的"目录"组中单击"目录"按钮,在下拉列表中选择"自定义目录"命令,打开"目录"对话框。

(3)在对话框中选择"目录"选项卡,单击"选项"按钮,在弹出的"目录选项"对话框中对目录的有效标题样式进行设置,单击"确定"按钮,返回到"目录"对话框。如果在"目录"对话框中单击"修改"按钮,在弹出的"样式"对话框中对每级目录格式进行设置,如图 5-57 所示。

(4)如果要更新目录,在"引用"功能选项卡的"目录"组中单击"更新目录"按钮,或者右击,在弹出的快捷菜单中选择"更新域"命令,打开"更新目录"对话框,如图 5-58 所示。

(5)在对话框中可以选择"只更新页码"或"更新整个目录"选项,单击"确定"按钮,即可按照要求更新目录。

11. 插入封面

将素材中的封面内容复制到论文封面中。

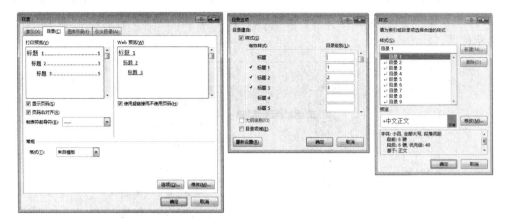

图 5-57　插入目录

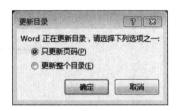

图 5-58　"更新目录"对话框

12. 审阅与修订文档

（1）修订文档。在"审阅"功能选项卡的"修订"组中单击"修订"按钮，则可进入修订状态。用户在修订状态下直接插入的文档内容会通过颜色和下画线标记下来，删除的内容可以在右侧的页边空白处显示出来。

（2）添加批注。选中需要进行批注的文字，在"审阅"功能选项卡的"批注"组中单击"新建批注"按钮，此时被选中的文字就会添加一个用于输入批注的编辑框，并且该编辑框和所选文字显示为粉色。在编辑框中可以输入要批注的内容。

13. 转换成 PDF 文档格式

（1）选择"文件"→"导出"→"创建 PDF/XPS 文件"→"创建 PDF/XPS"按钮，如图 5-59所示。

（2）打开"发布为 PDF 或 XPS"对话框，设置文档保存位置和文档名；单击"选项"按钮，打开"选项"对话框。在对话框中选中"创建书签时使用"复选框，选中"标题"单选框，单击"确定"按钮，如图 5-60 所示。

（3）返回"发布为 PDF 或 XPS"对话框，单击"发布"按钮，即可将 Word 文档导出为PDF 文档。打开导出后的 PDF 文档，单击 PDF 界面左侧的"书签"按钮，界面左侧出现类似于 Word 中的导航的文档书签，单击书签可以跳转到文档中相应的位置。

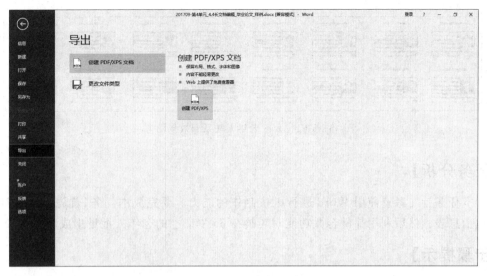

图 5-59　导出为 PDF

图 5-60　"发布为 PDF 或 XPS"对话框

任务5.3　制作社区老年人联系卡

【任务目的】

掌握 Word 2010 中邮件合并的功能。

【任务要求】

根据社区居民信息,为 65 岁以上的老年人制作老年人联系卡,可参考图 5-61 所示。

图 5-61　社区老年人联系卡效果图

【任务分析】

本任务旨在考查使用 Word 进行批量制作的能力。要完成本任务，首先要准备社区居民信息表。然后利用邮件合并功能对年龄在 65 岁以上的老年人批量生成联系卡。

【步骤提示】

1. 准备社区居民信息表

利用 Excel 制作社区居民信息表，包含居民的姓名、性别、年龄、住址、照片等需要出现在联系卡中的信息。为了能够制作带照片的社区老年人联系卡，使用 Excel 制作居民信息表时，"照片"一列输入照片的名称。

2. 邮件合并制作联系卡

（1）新建一个 Word 文档。

（2）打开新建的 Word 文档后，在"邮件"功能选项卡的"开始邮件合并"组中单击"开始邮件合并"按钮，在下拉列表中选择"标签"命令，在打开的"标签选项"对话框中的"产品编号"列表中选择"1/4 信函"，单击"确定"按钮，如图 5-62 所示。

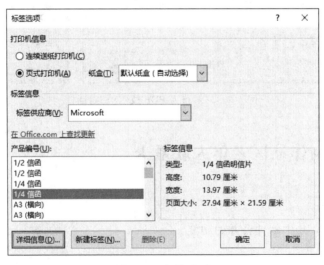

图 5-62　标签选项

在邮件合并中,如果邮件合并的类型为"信函",则在一个页面中只显示一个邮件合并的结果;如果要在一个页面中显示多个邮件合并的结果,则要选择邮件合并的类型为"标签"。

(3)制作主文档。在当前文档中制作老年人联系卡,效果可参考图 5-63 所示。如果邮件合并的类型为"标签",则只能在当前文档中重新制作主文档,文档中已有的内容将被删除。

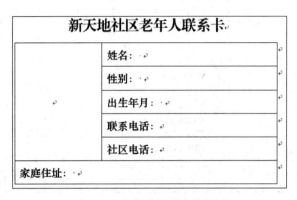

图 5-63　老年人联系卡效果图

(4)选择联系人。在"邮件"功能选项卡的"开始邮件合并"组中单击"选择收件人"按钮,在下拉列表中选择"使用现有列表"选项,打开"选取数据源"对话框,在对话框中选择数据源文件。

在打开的"选择表格"对话框中选择数据源所在的工作表,单击"确定"按钮,如图 5-64所示。

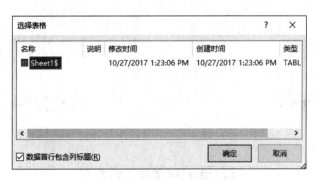

图 5-64　"选择表格"对话框

(5)编辑收件人列表。在"邮件"功能选项卡的"开始邮件合并"组中单击"编辑收件人列表"按钮,打开"邮件合并收件人"对话框,在对话框中单击"筛选"按钮,如图 5-65 所示。

在打开的"筛选和排序"对话框中设置筛选条件,如图 5-66 所示。单击"确定"按钮,返回到"邮件合并收件人"对话框,再单击"确定"按钮。

(6)插入合并域。将光标置于联系卡中姓名后,在"邮件"功能选项卡的"编写和插入域"组中单击"插入合并域"按钮,在下拉列表中选择"姓名",则在联系卡中插入了域。同样在联系卡中除照片位置外的其他位置插入域,插入域后的效果如图 5-67 所示。

将光标置于照片位置,在"插入"功能选项卡的"文本"组中单击"文档部件"按钮,在下

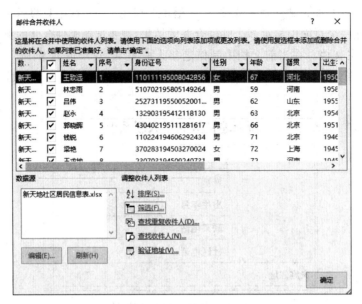

图 5-65 收件人列表

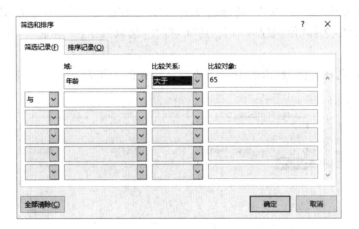

图 5-66 筛选收件人

图 5-67 插入域后的联系卡

拉列表中选择"域"选项,打开"域"对话框。在对话框中选择 IncludePicture,文件名可以随意进行设置(如此处设置为 11),单击"确定"按钮,如图 5-68 所示。

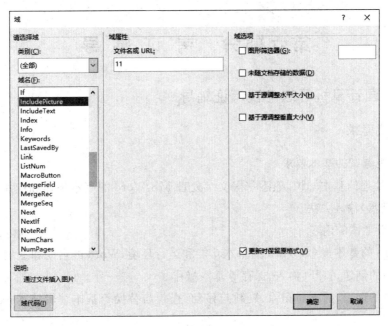

图 5-68　"域"对话框

　　此时联系卡的照片位置将出现红色的叉。选中此处,按 Shift＋F9 组合键,此处将显示出域名{INCLUDEPICTURE"11"\ ＊ MERGEFORMAT }。将域名中的 11 选中,在"邮件"选项卡的"编写和插入域"组中单击"插入合并域"按钮,在下拉列表中选择"照片",原文件名 11 被替换为"照片",域名更新为{INCLUDEPICTURE" {MERGEFIELD 照片}"\ ＊ MERGEFORMAT }。

　　(7) 更新标签。在"邮件"功能选项卡的"编写和插入域"组中单击"更新标签"按钮,一页中将出现四张联系卡。

　　(8) 预览结果。在"邮件"功能选项卡的"预览结果"组中单击"预览结果"按钮,可预览邮件合并的结果。单击"预览结果"组中的左右向三角形,可以向前或后查看邮件合并结果。此时照片可能未显示。

　　(9) 完成邮件合并。在"邮件"功能选项卡的"完成"组中单击"完成并合并"按钮,在下拉列表中选择"编辑单个文档"选项,在打开的"合并到新文档"对话框(见图 5-69)中选择"全部"单选框,单击"确定"按钮,此时邮件合并的全部结果将出现在文档"标签 1"中。

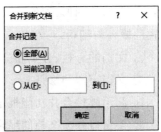

　　(10) 保存文档"标签 1",保存位置与照片位置相同。

　　(11) 重新打开刚才保存的文档,即可看到联系卡中的照片。

　　邮件合并的操作步骤也可以在"邮件"功能选项卡的

图 5-69　"合并到新文档"对话框

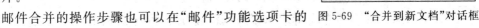

"邮件合并"组中单击"开始邮件合并"按钮,在下拉列表中选择"邮件合并分布向导",根据"邮件合并"任务窗格的提示进行操作。

第六部分　考证辅导

一、全国计算机等级考试考证辅导

1. 考试要求

（1）一级考试的基本要求

了解字处理的基本知识,熟悉掌握文字处理 MS Word 的基本操作和应用,熟练掌握一种汉字(键盘)输入方法。

（2）一级考试的内容

① Word 的基本概念,Word 的基本功能和运行环境,Word 的启动和退出。

② 文档的创建、打开、输入、保存等基本操作。

③ 文本的选定、插入与删除、复制与移动、查找与替换等基本编辑技术;多窗口和多文档的编辑。

④ 字体格式设置、段落格式设置、文档页面设置、文档背景设置和文档分栏等基本排版技术。

⑤ 表格的创建、修改;表格的修饰;表格中的数据输入与编辑;数据的排序和计算。

⑥ 图形和图片的插入;图形的建立和编辑;文本框和艺术字的使用和编辑。

⑦ 文档的保护和打印。

（3）二级考试的基本要求

掌握 Word 的基本操作,并熟练编辑文档。

（4）二级考试的内容

① Microsoft Office 应用界面的使用和功能设置。

② Word 的基本功能,文档的创建、编辑、保存、打印和保护等基本操作。

③ 设置字体和段落格式、应用文档样式和主题、调整页面布局等排版操作。

④ 文档中表格的制作与编辑。

⑤ 文档中图形、图像(片)对象的编辑和处理,文本框和文档部件的使用,符号与数学公式的输入与编辑。

⑥ 文档的分栏、分页和分节操作,文档页眉、页脚的设置,文档内容引用操作。

⑦ 文档审阅和修订。

⑧ 利用邮件合并功能批量制作和处理文档。

⑨ 多窗口和多文档的编辑,文档视图的使用。

⑩ 分析图文素材,并根据需求提取相关信息引用到 Word 文档中。

2. 模拟练习

(1) 对所给素材的文字进行编辑、排版和保存,具体要求如下。

① 将标题段("第 29 届奥运会在北京圆满闭幕")文字设置为三号黑体、红色、加粗、字符间距加宽 3 磅,并添加阴影效果,阴影效果的"预设"值为"内部右上角"。

② 将正文各段落("新华网北京……最好成绩。")文字设置为五号宋体;设置正文段落左、右各缩进 4 字符,首行缩进 2 字符。

③ 在页面底端(页脚)居中位置插入页码,并设置起始页码为Ⅲ。

④ 将正文中后 6 行文字转换为一个 6 行 5 列的表格,设置表格居中,表格列宽为 2.5 厘米、行高为 0.6 厘米,表格中所有文字中部居中。

⑤ 设置表格外框线为 0.5 磅蓝色双窄线(══════),内框线为 0.5 磅单实线。计算"总数"列的值,然后按"总数"列(依据"数字"类型)降序排列表格内容。

(2) 按照要求完成下列操作。

书娟是海明公司的前台文秘,她的主要工作是管理各种档案,为总经理起草各种文件。新年将至,公司定于 2013 年 2 月 5 日下午 2:00,在中关村海龙大厦办公大楼五层多功能厅举办一个联谊会,重要客人名录保存在名为"重要客户名录.docx"的 Word 文档中,公司联系电话为 010-66668888。

根据上述内容制作请柬,具体要求如下。

① 制作一份请柬,以"董事长:王海龙"名义发出邀请,请柬中需要包含标题、收件人名称、联谊会时间、联谊会地点和邀请人。

② 对请柬进行适当的排版,具体要求:改变字体、加大字号,且标题部分("请　柬")与正文部分(以"尊敬的×××"开头)采用不同的字体和字号;加大行间距和段间距;对必要的段落改变对齐方式,适当设置左右及首行缩进,以美观且符合中国人的阅读习惯为准。

③ 在请柬的左下角位置插入一幅图片(图片自选),调整其大小及位置,不影响文字排列、不遮挡文字内容。

④ 进行页面设置,加大文档的上边距;为文档添加页眉,要求页眉内容包含本公司的联系电话。

⑤ 运用邮件合并功能制作内容相同、收件人不同(收件人为"重要客户名录.docx"中的每个人,采用导入方式)的多份请柬,要求先将合并主文档以"请柬 1.docx"为文件名进行保存,再进行效果预览后生成可以单独编辑的单个文档"请柬 2.docx"。

二、全国计算机信息高新技术考试考证辅导

1. 考试要求

(1) 文档处理的基本操作

① 设置文档页面格式:打开文档,页面设置,设置页眉/页脚和页码、多栏、文字方向等。

② 设置文档编排格式：字体、段落、项目符号和编号、边框和底纹、并排（组合/分散）字符等。

③ 文档的插入设置：插入图片、对象、自动图文集、符号、数字、脚注和尾注、批注、题注、公式等。

④ 文档的整理、修改和保护：拼写和语法、合并文档、修订、查找、替换、保护文档、排序等。

⑤ 插入、绘制文档表格：插入表格及自动套用格式、绘制表格等。

（2）文档处理的综合操作

① 模板的调用、修改和新建：调用现有模板创建报告、出版物、信函和传真、Web 页（超链接）、备忘录等，修改现有模板，新建模板。

② 样式的调用、修改和新建：调用现有样式处理文档段落，修改、新建样式。

③ 长文档的处理：创建主控文档、索引和目录，自动编写摘要、交叉引用、书签等。

④ 邮件合并：创建主控文档，获取数据，创建信封。

2. 模拟练习

（1）文档的设置与编排

打开所给素材文档，按下列要求设置、编排文档格式。

① 设置"文本 5-1A"如样文 5-1A 所示。

设置字体格式如下。

- 将文档第 1 行的字体设置为华文行楷，字号为三号，字体颜色为深蓝色。
- 将文档标题的字体设置为华文彩云，字号为小初，并为其添加"填充-橙色，强调文字颜色 6，渐变轮廓-强调文字颜色 6"的文本效果。
- 将正文第 1 段的字体设置为仿宋，字号为四号，字形为倾斜。
- 将正文第 2～6 段的字体设置为华文细黑，字号为小四，并为文本"普遍性""方便性""整体性""安全性""协调性"添加双下画线。

设置段落格式如下。

- 将文档的第 1 行文本右对齐，标题行居中对齐。
- 将正文第 1 段的首行缩进 2 个字符，段落间距为段前 0.5 行、段后 0.5 行，行距为固定值 20 磅。
- 将正文第 2～6 段悬挂缩进 4 个字符，并设置行距为固定值 20 磅。

② 设置"文本 5-1B"如样文 5-1B 所示。

拼写检查：改正"文本 5-1B"中拼写错误的单词。

设置项目符号或编号：按照样文 5-1B 为文档段落添加项目符号。

③ 设置"文本 5-1C"如样文 5-1C 所示。

按照样文 5-1C 所示，为"文本 5-1C"中的文本添加拼音，并设置拼音的对齐方式为"左对齐"，偏移量为 3 磅，字体为华文隶书。

【样本 5-1A】

科普读物

电子商务

　　电子商务（Electronic Commerce）是利用计算机技术、网络技术和远程通信技术，实现整个商务（买卖）过程中的电子化、数字化和网络化。从电子商务的含义及发展历程可以看出电子商务具有如下基本特征。

<u>普遍性</u>：电子商务作为一种新型的交易方式，将生产企业、流通企业以及消费者和政府带入了一个网络经济、数字化生存的新天地。

<u>方便性</u>：在电子商务环境中，人们不再受地域的限制，客户能以非常简捷的方式完成过去较为繁杂的商务活动，如通过网络银行能够全天候地存取账户资金、查询信息等，同时使企业对客户的服务质量得以大大提高。

<u>整体性</u>：电子商务能够规范事务处理的工作流程，将人工操作和电子信息处理集成为一个不可分割的整体，这样不仅能提高人力和物力的利用，也可以提高系统运行的严密性。

<u>安全性</u>：在电子商务中，安全性是一个至关重要的核心问题，它要求网络能提供一种"端到端"的安全解决方案，如加密机制、签名机制、安全管理、存取控制、防火墙、防病毒保护等，这与传统的商务活动有着很大的不同。

<u>协调性</u>：商务活动本身是一种协调过程，它需要客户与公司内部、生产商、批发商、零售商间的协调，在电子商务环境中，它更要求银行、配送中心、通信部门、技术服务等多个部门的通力协作，电子商务的全过程往往是一气呵成的。

【样文 5-1B】

　　✃　Love and knowledge, so far as they were possible, led upward toward the heavens. But always it brought me back to earth. Echoes of cries of pain reverberate in my heart.

　　✃　Children in famine, victims tortured by oppressors, helpless old people a hated burden to their sons, and the whole world of loneliness, poverty, and pain make a mockery of what human life should be.

　　✃　I long to alleviate the evil, but I cannot, and I too suffer. This has been my life. I have found it worth living, and would gladly live it again if the chance were offered me.

【样文 5-1C】

秦时明月汉时关，万里长征人未还。
但使龙城飞将在，不教胡马度阴山。

（2）文档表格的创建与设置

打开所给素材文档，按下列要求创建、设置表格，如样文 5-2 所示。

① 创建表格并自动套用格式。

在文档的开头创建一个 5 行 5 列的表格，并为新创建的表格以"流行型"为样式基准，自动套用"中等深浅网格 3-强调文字颜色 3"的表格样式。

② 表格的基本操作。

- 将表格中的第 1 行(空行)拆分为 1 行 7 列,并依次输入相应的内容。
- 根据窗口自动调整表格后平均分布各列,将第 1 行的行高设置为 1.5 厘米。
- 将第 7 行移至第 8 行的上方。

③ 表格的格式设置。

- 将表格第 1 行的字体设置为华文新魏,字号为三号,并为其填充浅青绿色(RGB:102,255,255)底纹,文字对齐方式为"水平居中、垂直居中"。
- 其他各行单元格中的字体均设置为华文细黑、深蓝色,对齐方式为"靠下居中对齐"。
- 将表格的外边框线设置为 1.5 磅的单实线,第 1 行的下边框线设置为橙色的双实线。

【样文 5-2】

第 一 学 期 成 绩 表

学号	姓名	数学	语文	自然	地理	历史
1	李艳	65	75	60	62	68
2	张萌	68	72	65	60	25
3	许新新	25	60	48	70	59
4	陈小平	59	60.5	60	60	80
5	宋远宏	80	61	60	63	60
6	方雅	60	85	60	64	61
7	万华	80	70	80	70	59
8	杨玲	61	62	60	60	60
9	严靓靓	60	60	60	60	70
10	陈江平	70	63	58	60	80

(3) 文档的版面设置与编排

打开所给素材文档,按下列要求设置、编排文档的版面如样文 5-3 所示。

① 页面设置。

- 设置纸张大小为信纸,将页边距设置为上、下各 2.5 厘米,左、右各 3.5 厘米。
- 按样文 5-3 所示,在文档的页眉处添加页眉文字,页脚处添加页码,并设置相应的格式。

② 艺术字设置。

将标题"大熊湖简介"设置为艺术字样式"填充-红色,强调文字颜色 2,暖色粗糙棱台";字体为黑体,字号为 48 磅,文字环绕方式为"嵌入型";为艺术字添加"红色,8pt 发光,强调文字颜色 2"的发光文本效果。

③ 文档的版面格式设置。

- 分栏设置:将正文第 4 段至结尾设置为栏宽相等的三栏格式,显示分隔线。
- 边框和底纹:为正文的第 1 段添加 1.5 磅、深红色、单实线边框,并为其填充天蓝色(RGB:100,255,255)底纹。

④ 文档的插入设置。

- 插入图片：在样文中所示位置插入图片，设置图片的缩放比例为 55%，环绕方式为四周型，并为图片添加"梭台矩形"的外观样式。

- 插入尾注：为正文第 6 段的"钻石"两个字插入尾注"钻石：是指经过琢磨的金刚石。金刚石是一种天然矿物，是钻石的原石。"

【样文 5-3】

潮泊之最

大熊湖简介

> 大熊湖（Great Bear Lake）位于加拿大西北地区，是该地区第一大湖，也是北美第四大湖和世界第八大湖。因湖区栖息众多北极熊而命名。湖形不规则，长约 322 千米，宽约 40~177 千米，湖面面积 31153 平方千米，总水量为 2,236 立方千米，平均深度是 72 米，最深处达 446 米。湖岸线长达 2719 千米，集水区总面积有 114717 平方千米。

大熊湖好似一个真正的地中海，其长与宽包括了好几个纬度。湖的形状很不规则，中央部分由两个夹岬角扼住，北面扩开，像个三角形大喇叭。总体形状差不多是一张皮撑开、没有头的大反刍动物的兽皮。

大熊湖的水温在各个大湖中是最低的，一年中有 8~9 个月是封冻期，7 月中旬以后始可通航。大熊湖的支流不多，湖水向西经过大熊河流向麦肯锡河，由于气候严寒，大熊河附近很荒凉。

矿产

大熊湖的东岸有个雷钉港的居民点，曾经是加拿大有名的镭产区。20 世纪初东岸地区发现沥青铀矿，1930 年开始开采，从矿砂中提炼镭、铀，并有银、铜、钴、铅等副产品。埃科贝（镭银港）为采矿中心，也是湖区最大居民点。

钻石[i]

图腾港，位于大熊湖南的小镇，在一般的地图上，根本就无法找到它的位置。图腾港附近一带的峡谷，埋藏着一些东西晶莹闪烁的矿物，至少有二三十亿年的历史，人类给它一个名字：钻石。

植物

大熊湖岸边上并不缺绿色植物，已无积雪的山丘上分布着苏格兰松之类的含松脂的林木，这些树有 40 米高，提供了堡垒居民整个冬天的烤火木材。树木那长着柔软枝条的粗树干呈很有特色的浅灰色。

---

[i] 钻石：是指经过琢磨的金刚石。金刚石是一种天然矿物，是钻石的原石。

第 1 页

第6单元　信息统计与分析

本单元的学习旨在使读者掌握使用 Excel 进行数据处理和分析的基本能力,对数据的录入与编辑、公式计算、数据排序、筛选、分类汇总、合并计算、图表和数据透视表等熟练操作。Excel 软件集电子表格、图表、数据库管理于一体,支持文本和图形编辑,具有操作简单、功能丰富等特点。Excel 软件主要用于财务、统计、经济分析等与数据处理和报表制作紧密相关的领域。

单元学习目标

- 掌握工作表和工作簿的基本操作。
- 熟练掌握数据录入与编辑的方法。
- 熟练掌握公式和函数的应用。
- 熟练掌握排序、筛选、分类汇总、合并计算等操作。
- 掌握图表、数据透视表的创建及编辑操作。
- 会进行工作表的页面设置及打印输出。
- 了解简单宏的应用。

第一部分　能力自测

一、先前学习成果评价

首先,请向任课教师提交能证明你先前学习过本单元内容的证据。然后,在 20 分钟内回答以下问题。

(1) 你使用过 Excel 软件吗? 是否用它解决过实际问题? 请举例说明。

(2) 你知道 Excel 能对数据进行哪些计算与统计分析?

(3) 你知道如何将外部数据导入 Excel 表中吗? 怎样实现 Excel 表的共享?

二、当前技能水平测评

1. Excel 格式设置

打开"自测 6.1 素材——辰龙集团员工信息表.xlsx"文件,进行下列操作。

(1) 将 Sheet1 重命名为"辰龙集团员工信息表"。

（2）自动填充工号：HF001、HF002、…、HF011。

（3）设置报表标题格式：标题格式为隶书、24 磅、加粗、蓝色；行高为 40；标题合并及居中，顶端对齐；自动调整列宽。

（4）列标题套用单元格样式“强调文字颜色 1”，其他数据行套用表格样式“表样式浅色 16”。

（5）使用条件格式表现数据：利用“突出显示单元格规则”设置“学历”列中的“硕士”格式为深红、加粗、倾斜；利用“数据条”设置“基本工资”列中的数据值用“紫色数据条”显示。

（6）添加边框和底纹：为表格添加 1 磅蓝色实线外边框，0.25 磅浅蓝色点画线内边框，标题行添加淡黄色底纹。

（7）添加页眉和页脚：页眉右侧添加“2017 年 12 月统计”，页脚为“更新时间：当前时间”，通过单击“页眉和页脚元素”组中的“当前时间”按钮完成。

2. Excel 数据计算

打开“自测 6.2 素材——辰龙公司员工工资管理报表.xlsx”文件，进行下列操作。

（1）2016 年 1 月的工作日总计 25 天，全勤员工才有全勤奖。

（2）奖金级别：经理 200 元/天，副经理 150 元/天，职员 100 元/天(用 IF 函数实现)。

（3）应发工资＝基本工资＋奖金/天×出勤天数＋全勤奖＋差旅补助(用公式或函数实现)。

（4）个人所得税起征点为 2000 元，应发工资扣去起征点部分为需缴税部分。本例中最高工资为 8700 元，即需缴税部分为 6700 元，涉及的规则如下。

① 需缴税部分不超过 500 元的：缴税部分×5％。

② 需缴税部分超过 500 元不足 2000 元的：缴税部分×10％－25。

③ 需缴税部分超过 2000 元不足 5000 元的：缴税部分×15％－125。

④ 需缴税部分超过 5000 元不足 20000 元的：缴税部分×20％－375。

（5）实发工资＝应发工资减去个人所得税。

（6）统计工资排序情况，超出平均工资的人数、最高工资和最低工资，结果如图 6-1 所示。

	A	B	C	D	E	F	G	H	I	J	K	L
1	辰龙公司员工工资管理报表											
2	工号	姓名	职务	基本工	出勤天	奖金天	全勤奖	差旅补	应发工	个人所得	实发工	按工资排
3	CL001	陈小燕	职员	1200.56	22	100			3400.56	40.06	3360.50	11
4	CL002	冯丽	职员	1200.56	23	100			3500.56	50.06	3450.50	9
5	CL003	李伟	经理	3000.00	25	200	200		8200.00	890.00	7310.00	2
6	CL004	钱晓豪	职员	1200.56	23	100			3500.56	50.06	3450.50	9
7	CL005	孙晓萌	经理	3500.00	25	200	200		8700.00	990.00	7710.00	1
8	CL006	王宇	副经理	3000.00	24	100		200.00	5600.00	610.00	4990.00	4
9	CL007	李可	职员	1200.56	20	100			3200.56	100.00	3100.56	8
10	CL008	张继亮	经理	3500.00	23	200			8100.00	870.00	7230.00	3
11	CL009	郑海涛	职员	1200.56	25	100	200	100.00	4000.56	205.00	3795.56	5
12	CL010	孙甜甜	职员	1200.56	23	100			3500.56	160.00	3340.56	7
13	CL011	周桂英	职员	1200.56	25	100	200		3900.56	205.00	3695.56	5
14												
15	超过平均工资的人数		4									
16	最高工资		7710.00									
17	最低工资		3100.56									

图 6-1　辰龙公司员工工资管理报表(结果样文)

3．Excel 图表的创建和编辑

打开"自测 6.3 素材——辰龙公司上半年商品销售额情况表.xlsx"文件，进行下列操作。

（1）建立簇状柱形图比较各类商品每个月的销售情况。

（2）设计图表标签：添加图表标题文字"辰龙公司上半年商品销售额情况图表"，并设为华文新魏、18 磅、加粗、深红色。

（3）添加横坐标标题为"商品类别"，纵坐标标题为"销售额（万元）"。

（4）设置图例位置为"底部"。

（5）设置坐标轴最小值为 30，最大值为 210。

（6）设置图表区的背景颜色为"雨后初晴"。

4．Excel 数据处理

打开"自测 6.4 素材——辰龙公司商品销售情况表.xlsx"文件，进行下列操作。

（1）按月对商品销售额进行降序排序，对每个经销处按照销售额进行降序排列。

（2）将第一销售处 1 月销售数量超过 70 台的销售数据及"索尼-EA35"在 3 月的销售情况进行列表显示。

（3）统计各销售处 1—3 月的平均销售额，同时汇总各销售处的月销售额。

（4）对"第一销售处""第二销售处""第三销售处"的商品销售数量和销售金额进行合并计算。

5．Excel 数据透视表分析

打开"自测 6.5 素材——辰龙公司第一季度商品销售情况表.xlsx"文件，进行下列操作。

（1）统计 1—3 月各销售处的销售额，用图表的形式展示统计结果，如图 6-2 所示。

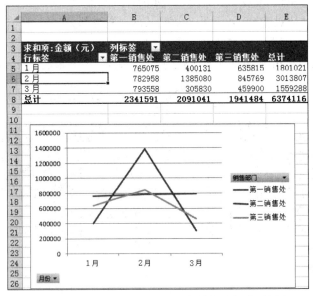

图 6-2　1—3 月各销售处的销售额数据透视表及图表

（2）统计每个销售处在各个地区的商品销售情况，用图表的形式展示统计结果，如图 6-3 所示。

（3）统计各单位的商品购买能力，用图表的形式展示统计结果，如图 6-4 所示。

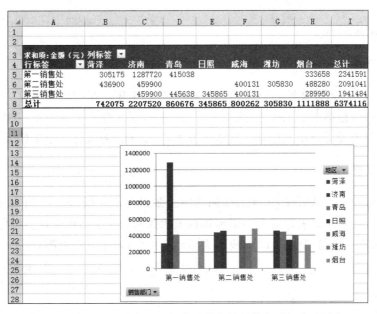

图 6-3　各销售处在各地区的商品销售情况数据透视表及图表

图 6-4　各单位的商品购买能力数据透视表及图表

第二部分   学 习 指 南

一、知识要点

1. 工作簿

工作簿就是 Excel 文件,其扩展名为.xlsx,第一次建立时的默认名称为"工作簿 1"。一个工作簿可以包括多个工作表,用户可以将一些相关工作表放在一个工作簿中,以便查看、修改、增删或者进行相关运算。默认情况下,一个工作簿包含一个工作表。

2. 工作表

工作簿就像一个活页夹,工作表如同其中一张张的活页纸,也叫电子表格,用来存储和处理数据。一个工作表存放着一组密切相关的数据。一个工作簿最多可包括 255 个工作表,其中只有一个是当前工作表,或称为活动工作表;每个工作表都有一个名称,对应一个标签。

3. 单元格

单元格是组成工作表的最基本单位,不能再拆分成下一级单位。单元格地址由列标号和行标号组成。活动单元格是当前可以直接输入数据的单元格,在屏幕中表示为四周有黑色的粗边框,相应的行号与列号呈反色显示。

4. 公式

公式是对工作表中数据进行分析与计算的方程式。Excel 中所有的公式必须以符号"＝"开始。一个公式是由运算符和参与计算的元素(操作数)组成。

5. 函数

函数由函数名和参数组成,具体格式为:函数名(参数 1,参数 2,…),其中:函数名说明了函数要执行的运算;参数是函数用以生成新值或完成运算的数值或单元格区域地址;返回的结果称函数值,Excel 中常用函数如表 6-1。

表 6-1   Excel 中常用函数

函　　　　数	表　　达　　式
求和函数	SUM(number1,number2,...)
条件求和函数	SUMIF(range,criteria,sum_range)
平均值函数	AVERAGE(number1,number2,...)
条件平均值	AVERAGEIF(rang,criteria,average_range)

函　　　数	表　　达　　式
计数函数	COUNT(value1,value2,…)
条件计数函数	COUNTIF(range,criteria)
绝对值函数	ABS(number)
最大值函数	MAX(number1,number2,…)
最小值函数	MIN(number1,number2,…)
字符个数函数	LEN(rext)
向下取整函数	INT(number)
四舍五入函数	ROUND(number,num_digits)
垂直查询函数	VLOOKUP(lookup_value,table_array,col_index_num,range_lookup)
逻辑判断函数	IF(Logical_test,value_if_true,value_if_false)
排位函数	RANK(number,ref,order)
当前日期函数	TODAY()
文本合并函数	CONCATENATE(text1,text2,…)
截取字符串函数	MID(text,start_num,num_chars)
左侧截取字符串函数	LEFT(text,num_chars)
右侧截取字符串函数	RIGHT(text,num_chars)

6. 单元格引用

（1）引用同一工作表上的单元格

在同一张工作表上，引用其他单元格的方法有相对引用、绝对引用和混合引用三种。

① 相对引用。如 E3、F7，其行号和列号都是相对的，这样的单元格地址也称为相对地址。

② 绝对引用。如 $E$3、$F$7，其行号和列号都是绝对的，这样的单元格地址也称为绝对地址。

③ 混合引用。如 $E3，其行号是相对的，列号是绝对的；E$3 的行号是绝对的，列号是相对的。这样的单元格地址也称为混合地址。在这里符号"$"表示引用是否为绝对引用。如果它在行号前，则行号是绝对的；如果它在列号前，则列号是绝对的。

在相对引用的情况下，如果公式的位置发生了变化，则公式中引用的单元格地址也随之改变。所谓相对，是指引用地址与公式之间的相对位置关系保持不变。

在相对引用的条件下，复制公式后，其引用单元格中的单元格地址会自动变化，而变化的结果与复制后单元格的位置有关。

在绝对引用的情况下，如果公式的位置改变，绝对引用的地址也不会变。

（2）引用同一工作簿中其他工作表上的单元格

引用同一工作簿中其他工作表上的单元格，只要在引用单元格地址前加上工作表名和"！"。例如，如果要在 Sheet2 工作表中的 D3 单元格引用"5 月份工资表"中的 D3 单元格数据值与 D4 单元格数据值之和，则在 Sheet2 工作表中的 D3 单元格中输入公式"＝5 月份工资表!D3＋5 月份工资表!D4"，按 Enter 键或单击"√"按钮之后，Excel 会自动给出计算结果。

（3）引用其他工作簿中工作表上的单元格

工作中常会遇到一个工作簿中的部分数据来自另一个工作簿的情况，此时的引用方法是："[工作簿名称]工作表名称!单元格地址"。这种引用也称为外部引用，既保证了准确性，速度又非常快。

7. 图表

图表是用图形的方式显示工作表中的数据。图表既可以插入工作表中来生成嵌入图表，也可以生成一张单独的工作表。工作表中作为图表的数据源发生变化，图表中的对应部分也会自动更新。

8. 记录排序

工作表中的数据是按照输入顺序排列的，如果想要数据按照某一特定顺序排列，就需要对数据进行排序。排序是根据数据清单中的一列或多列数据的大小重新排列记录的顺序。

9. 数据筛选

数据筛选是指只在数据表中显示符合条件的数据，而把不符合条件的数据隐藏起来的操作。

10. 分类汇总

分类汇总是对数据清单中某个字段进行分类，并对各类数据进行快速的汇总统计。汇总的类型有求和、平均值、最大值、最小值和计数等操作。

创建分类汇总时，首先要对分类的字段进行排序。

11. 合并计算

合并计算是将多个区域的值合并到一新区域中，是对一系列同类数据进行汇总。分类汇总操作是针对一个工作表的汇总计算，而合并计算是对多个工作表中的数据进行汇总，以产生合并报告，并把合并报告放在指定的工作表中。合并计算要求进行合并计算的数据必须具有相同的结构（行或列标题）。

12. 数据透视表

数据透视表是 Excel 中具有强大分析能力的工具，它可以从数据清单中提取数据，产生一个动态汇总表格，快速对工作表中的大量数据进行分类汇总分析。它不仅可以转换行和列来显示数据的不同汇总结果,显示不同页面来筛选数据,还可以根据需要显示区域中的明细数据。

二、技能要点

1. 工作簿的操作

(1) 新建工作簿:选择"文件"→"新建"命令。

(2) 保存工作簿:选择"文件"→"保存"或"另存为"命令。

(3) 隐藏工作簿:单击"视图"→"窗口"→"隐藏"按钮。

(4) 保护工作簿:单击"审阅"→"更改"→"保护工作簿"按钮。

2. 工作表的操作

(1) 插入工作表。

方法 1:选择"开始"→"单元格"→"插入"→"插入工作表"选项。

方法 2:右击工作表标签,弹出快捷菜单,选择"插入"命令。

方法 3:单击工作表标签,然后单击右侧的"新工作表"按钮⊕。

(2) 删除工作表。

方法 1:选择"开始"→"单元格"→"删除"→"删除工作表"选项。

方法 2:右击工作表标签,弹出快捷菜单,选择"删除"命令。

(3) 重命名工作表。

方法 1:选择"开始"→"格式"→"重命名工作表"选项。

方法 2:右击工作表标签,弹出快捷菜单,选择"重命名"命令。

方法 3:双击工作表标签,输入新工作表名。

说明:工作表名最多可含有 31 个字符,并且不能含有"\　?　:　＊　/　〔　〕"字符,可以含有空格。

(4) 移动和复制工作表。

工作表可以在同一工作簿和不同工作簿之间移动和复制。

① 在同一工作簿中移动和复制工作表。

拖动该工作表标签至所需位置,在拖动时如果按住 Ctrl 键则可以复制该工作表。

② 在不同工作簿间移动和复制工作表。

右击该工作表标签,弹出快捷菜单,选择"移动或复制"命令,打开"移动或复制工作表"对话框,选择移至的位置,如果选中"建立副本"复选框,则复制该工作表。

(5) 隐藏工作表。

方法 1:选择"开始"→"单元格"→"格式"→"隐藏和取消隐藏"→"隐藏工作表"选项。

方法 2:右击工作表标签,弹出快捷菜单,选择"隐藏"命令。

(6) 保护工作表。

方法 1:右击工作表标签,弹出快捷菜单,选择"保护工作表"命令。

方法 2:选择"审阅"→"更改"→"保护工作表"选项。

（7）拆分或取消拆分工作表。

单击"视图"→"窗口"→"拆分"按钮。

（8）冻结或取消冻结窗口。

单击"视图"→"窗口"→"冻结窗格"按钮。

3. 输入数据

（1）自动填充序列。

方法1：拖动填充柄。

方法2：选择"开始"→"编辑"→"填充"→"序列"选项，打开"序列"对话框后进行设置。

（2）自定义填充序列。单击"文件"→"选项"→"高级"→"编辑自定义序列"按钮，打开"自定义序列"对话框，添加序列。

（3）设置数据有效范围。选择"数据"→"数据工具"→"数据验证"→"数据验证"选项，打开"数据验证"对话框进行设置。

（4）添加批注。

方法1：单击"审阅"→"批注"→"新建批注"按钮。

方法2：右击单元格，弹出快捷菜单，选择"插入批注"命令。

（5）编辑或删除批注。

方法1：单击"审阅"→"批注"中的"编辑批注"或"删除"按钮。

方法2：右击单元格，弹出快捷菜单，选择"编辑批注"或"删除批注"命令。

4. 单元格、行列操作

（1）选定一个单元格。直接单击该单元格。

（2）选定单元格区域。

方法1：单击区域左上角单元格，按住鼠标左键拖动到区域右下角单元格，则鼠标指针经过区域全部被选中。

方法2：按住Ctrl键，单击多个单元格。

方法3：按住Shift键，选择一个单元格，再单击另一个单元格，以其为对角线的矩形区域被选择。

（3）选定行（列）。

① 选定行（列）：单击行号（列号）。

② 选定不相邻的多行（列）：按住Ctrl键的同时单击行号（列号）。

③ 选定相邻的多行（列）：先选定一行（列），按住Shift键的同时再选定最后一行（列），则这两行（列）中的所有行（列）均被选定。

④ 选定整张工作表，单击行号和列号交汇处的全选按钮或者按Ctrl＋A组合键即可选中整张工作表。

（4）插入行、列和单元格。

方法1：选择"开始"→"单元格"→"插入"中的"插入工作表行"或"插入工作表列"或"插入单元格"选项。

方法 2：右击选中的行或列，弹出快捷菜单，选择"插入"命令。

（5）删除行、列和单元格。

方法 1：选择"开始"→"单元格"→"删除"中的"删除工作表行"或"删除工作表列"或"删除单元格"选项。

方法 2：右击选中的行或列，弹出快捷菜单，选择"删除"命令。

（6）调整行高（列宽）。

方法 1：鼠标拖动法。

方法 2：选定要调整宽度的行（列），单击"开始"→"单元格"→"格式"中的"行高"（列宽）或"自动调整行高"（自动调整列宽）选项。

方法 3：选中要调整行高的行（列），右击，弹出快捷菜单，选择"行高"（列宽）命令。

5. 格式化工作表

（1）设置单元格格式。选择"开始"→"单元格"→"格式"→"设置单元格格式"选项。

（2）单元格样式。单击"开始"→"样式"→"单元格样式"按钮。

（3）设置条件格式。单击"开始"→"样式"→"条件格式"按钮。

（4）自动套用格式。单击"开始"→"样式"→"套用表格格式"按钮。

6. 数据分析与处理

（1）合并计算。单击"数据"→"数据工具"→"合并计算"按钮，打开"合并计算"对话框进行设置。

（2）排序。选择"开始"→"编辑"→"排序和筛选"中的"升序"或"降序"或"自定义排序"选项；或单击"数据"→"排序和筛选"中的"升序"或"降序"或"排序"按钮。

（3）自动筛选。选择"开始"→"编辑"→"排序和筛选"→"筛选"选项；或单击"数据"→"排序和筛选"→"筛选"按钮，在工作表列标题会出现筛选标志，根据条件进行筛选。

（4）高级筛选。首先构造筛选条件，然后单击"数据"→"排序和筛选"→"高级"按钮，打开"高级筛选"对话框，依据条件进行筛选。

（5）分类汇总。首先按分类字段进行排序，然后单击"数据"→"分级显示"→"分类汇总"按钮，打开"分类汇总"对话框，按照要求进行分类汇总设置。

7. 创建与修饰图表

（1）创建图表。选择"插入"→"图表"组，选择图表类型。

（2）编辑和修改图表。选择"图表工具"→"设计"（或"格式"）功能选项卡的按钮，编辑和修改图表；或右击图表，弹出快捷菜单，选择相应的命令来编辑和修改图表。

8. 数据透视表与数据透视图

（1）创建数据透视表。单击"插入"→"表格"→"数据透视表"按钮，在出现的"数据透视表字段"窗格中选择字段。

（2）创建数据透视图。选择"数据透视表工具"→"分析"→"工具"→"数据透视图"选项,可创建数据透视图。

第三部分　实验指导

实验6.1　Excel 基本操作

【实验目的】

(1) 掌握 Excel 中不同类型数据的输入方法。

(2) 掌握工作表和工作簿的基本操作以及格式化表格的方法。

【实验内容】

新建一个"计算机班学生信息表. xlsx"文件,在工作表中按照图 6-5 输入数据并按下列要求进行格式化操作。

	A	B	C	D	E	F	G	H
1	计算机班学生信息表							
2	姓名	性别	出生日期	身份证号	是否团员	入学成绩	来自地区	联系电话
3	魏晓萌	女	19990818	370000199908181000	是	355.5	济南	15092465965
4	李汶校	男	19981228	370000199812285000	是	440	日照	15665235671
5	胡慧敏	女	19990329	370000199903292222	是	452	潍坊	13563262502
6	张雨晴	女	19990713	370402199907133127	是	407	日照	13963267079
7	刘永莉	女	19980705	370481199807051824	是	332	济南	13561152593
8	李峻州	男	19981228	37000099812285035	是	208	青岛	13276327811
9	王介凡	男	19980204	370406199802040114	否	331.5	威海	18806322990
10	闫茂进	男	20000906	370829200009062010	否	330.5	济南	15953458737
11	丁同成	男	19990520	370406199905201814	否	387	枣庄	13153062612
12	王艺锟	男	19981218	370481199812185018	否	441.5	日照	13793707855
13	赵浩宇	男	19970714	37000099970714381X	否	255	临沂	13455054468
14	刘里响	男	19990323	370000199903232211	是	320.5	枣庄	13563250173
15	郑帅杰	男	19981130	370000199811303836	是	407	济南	15854692361
16	渠思源	男	20000219	37000000000219601X	否	338.5	菏泽	18263750816
17	戚贵勇	男	19980611	370000099806112218	是	457	日照	15544312976
18	赵亚茹	女	20000914	370802200009144000	否	449	济宁	13969482427
19	张国庆	男	19971021	370000199710212935	否	227	日照	18266686987
20	姜文铨	男	19990311	370000199903114653	是	502	济宁	15864041918

图 6-5　"计算机班学生信息表"原始数据

(1) 插入列。在"姓名"前插入一列,列标题为"学号",从 001 开始递增。

(2) 设置表格标题格式。合并 A1:I1 单元格,设置字体为黑体,字号为 24,对齐方式为"水平与垂直方向居中",行高为 40。

(3) 设置第 2 行(列标题行)格式。设置字体为宋体,字号为 12,加粗,对齐方式为"垂直居中",行高为 20,底纹颜色为黄色。

(4) 设置其他数据区域格式。选中单元格区域 A3:I20,字体为仿宋,字号为 11,对齐方式为"水平与垂直方向居中",行高为 16,列宽为"自动调整"。

(5) 设置边框。为 A2:I20 单元格区域添加边框,设置外边框为双实线,内边框为浅蓝色点画线。

（6）冻结前 2 行。

（7）打印要求。纸张方向为横向，水平居中，打印在 A4 纸上，页边距为上、下、左、右各 2 厘米。

（8）将 Sheet1 工作表命名为"计算机班学生信息表"，工作表标签颜色为红色。

（9）复制"计算机班学生信息表"工作表，重命名为"学生信息表模板"。

（10）在"学生信息表模板"工作表中删除 A3:I20 的内容，但不清除其格式。

（11）在"学生信息表模板"工作表中设置"身份证号"列数据长度为 18 位。如输入不符合有效性要求，弹出出错警告。

（12）为 H2 单元格插入批注，批注内容为"省内地区"。

（13）保护此工作簿的结构，密码为 1234。

【实验步骤】

1. 新建工作簿

方法 1：选择"开始"→"所有程序"→Excel 2013 命令。

方法 2：选择"文件"→"新建"命令。

2. 保存工作簿

选择"文件"菜单中的"保存"或"另存为"命令。

3. 输入数据

参照图 6-5 内容输入数据。

4. 插入列

选定 A 列，右击，弹出快捷菜单，选择"插入"命令；或者选择"开始"→"单元格"→"插入"→"插入工作表列"选项。在 A2 单元格中输入"学号"，在 A3 单元格中输入"'001"，向下拖动填充柄，自动填充至 A20 单元格。

5. 设置表格标题格式

选定 A1:I1 单元格区域，单击"开始"→"对齐方式"组中的"合并后居中"按钮 合并后居中(C)、垂直居中按钮 、居中按钮 。在"开始"→"字体"组中设置字体、字号、加粗。

6. 调整行高与列宽

选中第 1 行，选择"开始"→"单元格"→"格式"→"行高"选项，打开"行高"对话框，输入行高值为 40，单击"确定"按钮。第 3、4 题中设置行高，步骤与此类似。选中列，选择"开始"→"单元格"→"格式"→"自动调整列宽"选项。

7. 填充底纹

选中 A2:I2 单元格区域,单击"开始"→"字体"→"填充颜色"按钮的下三角按钮,在下拉列表中选择"黄色"。

8. 添加边框

选中数据区域 A2:I20,单击"开始"→"字体"→"边框"按钮的下三角按钮,在下拉列表中选择"其他边框"选项,打开"设置单元格格式"对话框,选择"边框"选项卡,在左侧的"样式"中选择"双实线",单击预置区域的"外边框"按钮,再在左侧的"样式"中选择"点画线","颜色"选择"浅蓝色",单击预置区域的"内部"按钮,再单击"确定"按钮,如图 6-6 所示。

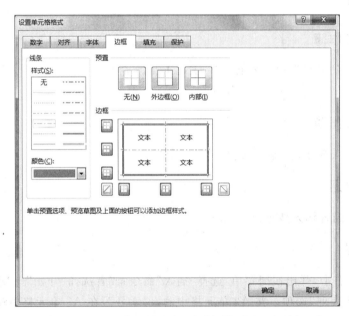

图 6-6 "设置单元格格式"对话框的"边框"选项卡

9. 冻结前 2 行

选定第 3 行,选择"视图"→"窗口"→"冻结窗格"→"冻结拆分窗格"选项。

10. 页面设置

单击"页面布局"→"页面设置"→"页边距、纸张大小、纸张方向"按钮,设置纸张方向为"横向",纸张大小为 A4,并设置页边距。

11. 重命名工作表

双击 Sheet1 工作表标签;或者右击,从弹出的快捷菜单中选择"重命名"命令,进入文件名的编辑状态,输入"计算机班学生信息表"。

12. 更改工作表标签颜色

在"计算机班学生信息表"工作表标签处右击,弹出快捷菜单,选择"工作表标签颜色"级联菜单中的"红色"。

13. 复制工作表

在"计算机班学生信息表"工作表标签处右击,弹出快捷菜单,选择"移动或复制"命令,打开"移动或复制工作表"对话框,单击"建立副本"复选框,再单击"确定"按钮,然后将复制后的工作表重命名为"学生信息表模板"。

14. 清除内容

方法 1:选中 A3:I20 单元格区域,按 Delete 键删除内容。

方法 2:选择"开始"→"编辑"→"清除"→"清除内容"选项,可以清除单元格内容,而不清除单元格格式。

15. 设置数据验证

选中 E3:E20 单元格,选择"数据"→"数据工具"→"数据验证"选项,打开"数据验证"对话框。在对话框中选择"设置"选项卡,"允许"下拉列表中选择"文本长度","数据"下拉列表中选择"等于","长度"框中输入 18,单击"确定"按钮,如图 6-7 所示,控制"身份证号"列数据长度为 18 位数。

图 6-7　"数据验证"对话框中的"设置"选项卡

16. 插入批注

选中 H2 单元格,选择"审阅"→"批注"→"新建批注"按钮;或者右击,弹出快捷菜单,选择"插入批注"命令。在"批注框"中输入批注内容"省内地区",此时在单元格右上角会出现红色的三角形,当光标移动到此处时,会显示批注内容。

17. 保护工作簿

单击"审阅"→"更改"→"保护工作簿"按钮,打开"保护结构和窗口"对话框,输入密码后单击"确定"按钮。再次输入密码后,单击"确定"按钮。

实验 6.2 公式与函数的使用

【实验目的】

熟练掌握 Excel 公式和函数的使用方法。

【实验内容】

打开"实验 6.2 某单位员工年龄统计表"文件,按照下列要求完成实验内容。

(1) 将 Sheet1 工作表的 A1:C1 单元格合并为一个单元格,内容水平居中。

(2) 在 E4 单元格内计算所有职工的平均年龄(利用 AVERAGE 函数;为数值型,保留小数点后 1 位)。

(3) 在 E5 和 E6 单元格内计算男职工人数和女职工人数(利用 COUNTIF 函数)。

(4) 在 E7 和 E8 单元格内计算男职工的平均年龄和女职工的平均年龄(先利用 SUMIF 函数分别求"总年龄";为数值型,保留小数点后 1 位)。

【实验步骤】

打开"实验 6.2 某单位员工年龄统计表.xlsx"文件。

1. 设置格式

选中工作表 Sheet1 中的 A1:C1 单元格区域,选择"开始"→"对齐方式"→"合并后居中"→"合并单元格"选项。

2. AVERAGE 函数

选定 E4 单元格,选择"开始"→"编辑"→"自动求和"→"平均值"选项,选定单元格区域 C3:C32,按 Enter 键,如图 6-8 所示。

3. 设置单元格属性

选定 E4 单元格,单击"开始"→"数字"组的箭头按钮,打开"设置单元格格式"对话框,选择"数字"选项卡,在"分类"中选择"数值",在"小数位数"中输入 1,单击"确定"按钮,如图 6-9 所示。

4. COUNTIF 函数

方法 1:选定 E5 单元格,输入公式"=COUNTIF(B3:B32,"男")",按 Enter 键。

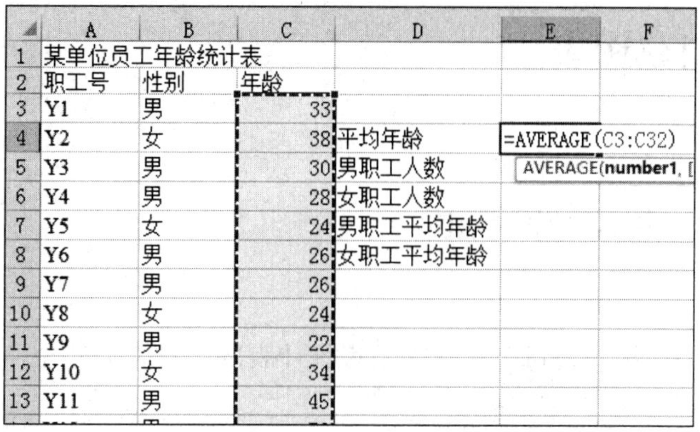

图 6-8　AVERAGE 函数的使用

图 6-9　"设置单元格格式"对话框

　　选定 E6 单元格,输入公式"＝COUNTIF(B3:B32,"女")",按 Enter 键。
方法 2:选择"开始"→"编辑"→"自动求和"→"其他函数"选项,选择 COUNTIF 函数。

5. SUMIF 函数

方法 1:选定 E7 单元格,输入公式"＝SUMIF(B3:B32,"男",C3:C32)/19",按 Enter 键。
　　选定 E8 单元格,输入公式"＝SUMIF(B3:B32,"女",C3:C32)/11",按 Enter 键。
方法 2:选择"开始"→"编辑"→"自动求和"→"其他函数"选项,选择 SUMIF 函数。
设置数值型,保留小数点后 1 位,在此不再赘述。

213

实验 6.3　创建图表

【实验目的】

熟练掌握 Excel 图表的创建和编辑。

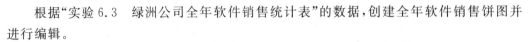

【实验内容】

根据"实验 6.3　绿洲公司全年软件销售统计表"的数据,创建全年软件销售饼图并进行编辑。

（1）创建全年软件销售三维饼图。

（2）为创建的饼图添加标题"全年软件销售统计",并设置字体为隶书、20 磅。

（3）为数据系列添加数据标签,显示百分比和引导线,标签位置为数据标签外。

（4）为图例区填充"细微效果-橙色",为图表区填充"纸莎草纸"纹理效果。

（5）把"全年软件销售统计"饼图修改成"带数据标记的折线图"。

【实验步骤】

打开"实验 6.3　绿洲公司全年软件销售统计表.xlsx"工作簿文件。

1. 创建图表

选定单元格区域 B3:E3;B9:E9,选择"插入"→"图表"→"饼图"→"三维饼图"选项。

2. 添加标题

选定图表,选择"图表工具"→"设计"→"图表布局"→"添加图表元素"→"图表标题"→"图表上方"选项,如图 6-10 所示,出现"图表标题"文本框,将其修改为"全年软件销售统计",设置字体为隶书、20 磅。

3. 添加数据标签

选定图表,选择"图表工具"→"设计"→"图表布局"→"添加图表元素"→"数据标签"→"其他数据标签选项",出现"设置数据标签格式"任务窗格,如图 6-11 所示,选择"百分比"和"显示引导线","标签位置"选择"数据标签外"。

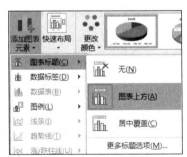

图 6-10　图表标题

4. 格式化图表

单击图例区,再单击"图表工具"→"格式"→"形状样式"组右边的 ⊡ 按钮,选择"细微效果-橙色,强调颜色 2",如图 6-12 所示。

图 6-11　"设置数据标签格式"任务窗格

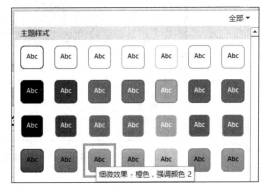

图 6-12　形状样式

在图表区空白处右击,弹出快捷菜单,选择"设置图表区域格式"命令,打开"设置图表区格式"任务窗格,如图 6-13 所示,选择"填充"选项卡,选择图片或纹理填充。单击"纹理"按钮 ,在打开的下拉列表中选择"纸莎草纸"效果。

图 6-13　"设置图表区格式"任务窗格

5. 更改图表类型

选定图表,选择"图表工具"→"设计"→"类型"→"更改图表类型"命令,打开"更改图表类型"对话框,在左侧的图表类型中选择"折线图",在右侧的子图表类型中选择"带数据标记的折线图",如图 6-14 所示。

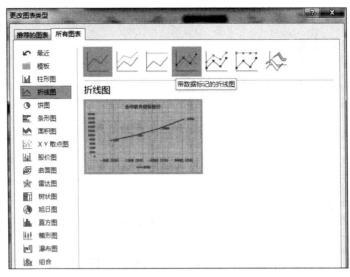

图 6-14 "更改图表类型"对话框

实验 6.4 数据分析与处理

【实验目的】

熟练掌握 Excel 数据分析与处理方法。

（1）打开"实验 6.4.1 图书销售集团销售情况表.xlsx"文件，按照下列要求完成实验内容。

① 对工作表"图书销售情况表"内数据清单的内容按主要关键字"图书名称"的递减次序、次要关键字"季度"的递增次序进行排序。

② 对排序后的数据进行分类汇总，分类字段为"季度"，汇总方式为"求和"，汇总项为"销售额"和"数量"，汇总结果显示在数据下方，工作表名不变，保存为原文件名。

（2）打开工作簿文件"实验 6.4.2 计算机公司某年人力资源情况表.xlsx"，按照操作要求完成实验内容。

① 对工作表"人力资源情况表"内数据清单的内容按主要关键字"部门"的递减次序和次要关键字"组别"的递增次序进行排序。

② 对排序后的数据进行自动筛选，条件是"职称"为"工程师"并且"学历"为"硕士"。

（3）打开工作簿"实验 6.4.3 威龙公司产品销售表.xlsx"，按照操作要求完成实验内容。

① 分别在"一季度销售情况表""二季度销售情况表"工作表内计算"一季度销售额"列和"二季度销售额"列内容，均为数值型，保留小数点后 0 位。

② 在"产品销售汇总图表"内计算"一二季度销售总量"和"一二季度销售总额"列内容，为数值型，保留小数点后 0 位；在不改变原有数据顺序的情况下，按一二季度销售总额

216

给出销售额排名。

③ 选择"产品销售汇总图表"内 A1:E21 单元格区域内容,建立数据透视表,行标签为"产品型号",列标签为"产品类别代码",用求和功能计算一二季度销售额的总和,将表置于现工作表 G1 为起点的单元格区域内。

【实验步骤】

1. 实验内容 1

打开"实验 6.4.1　图书销售集团销售情况表.xlsx"文件。

（1）排序

单击"数据"→"排序和筛选"→"排序"按钮,打开"排序"对话框,在"主要关键字"中选择"图书名称",在"次序"中选择"降序",在"次要关键字"中选择"季度",在"次序"中选择"升序",单击"确定"按钮,如图 6-15 所示。

图 6-15　"排序"对话框

（2）分类汇总

单击"数据"→"分级显示"→"分类汇总"按钮,打开"分类汇总"对话框,在"分类字段"中选择"季度",在"汇总方式"中选择"求和",在"选定汇总项"中选择"数量"和"销售额",选中"汇总结果显示在数据下方"选项,单击"确定"按钮,如图 6-16 所示。

注意:分类汇总前要按"分类字段"进行排序,前面已讲解了排序,在此不再赘述。

2. 实验内容 2

打开"实验 6.4.2　计算机公司某年人力资源情况表.xlsx"文件。

（1）排序

与实验内容 1 类似,在此不再赘述。

（2）筛选

单击"数据"→"排序和筛选"→"筛选"按钮,在列标题中将出现按钮,单击"职称"列,选择"工程师",如图 6-17 所示;单击"学历"列,选择"硕士"。

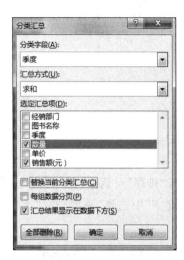

图 6-16 "分类汇总"对话框

图 6-17 数据筛选

3. 实验内容 3

打开工作簿"实验 6.4.3 威龙公司产品销售表.xlsx"。

（1）公式

单击"一季度销售情况表"的 D2 单元格，输入"＝产品基本信息表!C2＊C2"后按 Enter 键，利用自动填充功能完成其他单元格的计算操作。"二季度销售情况表"的计算与此类似，不再叙述。

（2）设置格式

在"一季度销售情况表"中，选中单元格区域 D2:D21，单击"开始"→"数字"组的箭头按钮，打开"设置单元格格式"对话框，在"数字"选项卡的"分类"中选择"数值"，在"小数位数"中输入 0，单击"确定"按钮。按上述方法，设置"二季度销售情况表"的单元格区域 D2:D21 为数值型，保留小数点后 0 位。

（3）RANK 函数

在"产品销售汇总图表"的 E2 单元格中输入"＝RANK(D2,$D$2:$D$21,0)"后按 Enter 键。选中 E2 单元格，将鼠标指针移动到该单元格右下角的填充柄上，当鼠标指针变为黑十字时，按住鼠标左键，拖动单元格填充柄到要填充的单元格中。

4. 数据透视表

在"产品销售汇总图表"中单击"插入"→"表格"→"数据透视表"按钮，打开"创建数据透视表"对话框，设置"表/区域"为"产品销售汇总图表!$A$1:$E$21"。"选择放置数据透视表的位置"为"现有工作表"，"位置"为"产品销售汇总图表!$G$1"，单击"确定"按钮，如图 6-18 所示。在"数据透视表字段"任务窗格中拖动"产品型号"到行标签，拖动

"产品类别代码"到列标签,拖动"一二季度销售总额"到数值,如图6-19所示。

图6-18　"创建数据透视表"对话框中的设置

图6-19　"数据透视表字段"任务
窗格中的设置

第四部分　习题精解

一、选择题

1. Excel 2013文件的扩展名是(　　)。

  A. .xls   B. .xlsx   C. .xlsm   D. .xltx

答案:B

解析:Excel 2003以前的版本扩展名为.xls,Excel 2007、Excel 2010、Excel 2013文件的扩展名为.xlsx,Excel模板的扩展名为.xltx,Excel启用宏的文件的扩展名为.xlsm。

2. 当向Excel工作表单元格输入公式时,使用单元格地址D$2引用D列2行单元格,该单元格的引用称为(　　)。

  A. 交叉地址引用   B. 混合地址引用

  C. 相对地址引用   D. 绝对地址引用

答案:B

解析:单元格的引用包括相对引用、绝对引用和混合引用三种形式。相对引用是引用单元格的相对位置,引用形式"列表行号",如A1。如果公式所在单元格的位置发生改变,引用也随着改变。绝对引用是引用单元格的精确位置,与公式所在单元格的位置无关,其引用形式为在引用地址前加上"＄"符号,如＄A＄1。混合引用是指对单元格的引用中既有相对引用,也有绝对引用。

3. 在一个 Excel 工作表中,最多可以有( )行数据。

A. 65536　　　　　B. 16384　　　　　C. 1048576　　　　　D. 256

答案:C

解析:Excel 2003 中一个工作表的最大行数是 65536 行,最大列数是 256 列。从 Excel 2007 开始,一个工作表的最大行数是 1048576 行,最大列数是 16384 列。

4. 如果想引用名为 abc 的工作表中的 B3 单元格,则它的地址应表示为( )。

A. abc\B3　　　　　B. abc/B3　　　　　C. B3!abc　　　　　D. abc!B3

答案:D

解析:在 Excel 表格中除了可以引用本工作表单元格中的数据,还可以引用其他工作表或工作簿中的单元格数据。如果要引用同一个工作簿中的其他工作表单元格中的数据,引用格式为"＝工作表名称!单元格地址"。如果要引用一个不同工作簿中的单元格,引用格式为"＝[工作簿名称]工作表名称!单元格地址"。

5. 在 Excel 中,下列运算符中优先级最高的是( )。

A. ^　　　　　B. *　　　　　C. +　　　　　D. ％

答案:D

解析:如果在一个公式中用到了多个运算符,则 Excel 将由高级到低级进行计算;如果公式中用到多个相同优先级的运算符,那么将从左到右进行计算。优先级由高到低依次为:引用运算符、负号、百分比、乘方、乘除、加减、连接符、比较运算符。

6. 在 Excel 中,输入公式或函数时必须先输入( )。

A. －　　　　　B. ＝　　　　　C. ＄　　　　　D. '

答案:B

解析:在 Excel 中输入公式或函数时必须先输入"＝",否则 Excel 会将输入内容作为文本处理。

7. 在 Excel 中,默认情况下,输入数值型数据时自动( )。

A. 居中　　　　　B. 左对齐　　　　　C. 右对齐　　　　　D. 随机

答案:C

解析:默认情况下,在 Excel 的某单元格中,如果输入数值型数据,则会自动右对齐;如果输入文本,则会自动左对齐。

8. 在 Excel 的某个单元格中输入分数 3/5 的方法是( )。

A. －3/5　　　　　B. 3/5　　　　　C. '3/5　　　　　D. 0 3/5

答案:D

解析:使用 Excel 时,在单元格中输入分数后会自动变成日期。为避免这种情况出现,如输入分数 3/5,前面没有整数,可以先输入 0,然后输入空格,再输入 3/5。

9. 在 Excel 2013 中,如果工作表超过一页长,可以指定在打印工作表时每一页上都重复打印标题行,需要进行的操作是( )。

A. 设置分页预览　　　　　　　　　　　　B. 设置页边距

C. 设置页眉和页脚　　　　　　　　D. 设置顶端标题行

答案：D

解析：当工作表纵向超过一页长或横向超过一页宽时，为使数据更加容易阅读，可以单击"页面布局"选项卡"页面设置"组中的"打印标题"按钮，打开"页面设置"对话框的"工作表"选项卡，在其中的"顶端标题行"和"左端标题行"中进行设置，使打印时可以在每一页上重复显示标题行或列。

10. 在 Excel 表格中，对数据清单做分类汇总前必须先进行(　　)操作。

A. 排序　　　　　B. 筛选　　　　　C. 制定单元格　　　D. 合并计算

答案：A

解析：在进行分类汇总前，应先按照分类字段进行排序。

二、简答题

1. 在 Excel 中，函数＝SUM(10，MIN(15，MAX (2，1)，3))的值是什么？

答案：12。

解析：此函数使用了求和函数 SUM、最大值函数 MAX、最小值函数 MIN。计算顺序为先计算 MAX(2,1)＝2，然后计算 MIN(15,2,3)＝2，最后计算 SUM(10,2)＝12。

2. 在某工作表的某一单元格中输入"＝LEFT(RIGHT("ABCDE123"，6)，3)"后按 Enter 键，该单元格的显示结果是什么？

答案：CDE。

解析：LEFT 函数是左侧截取字符串函数，即从文本字符串最左边开始返回指定个数的字符。RIGHT 函数是右侧截取字符串函数，即从文本字符串最右边开始返回指定个数的字符。此函数首先计算 RIGHT("ABCDE123"，6)＝CDE123，然后计算 LEFT("CDE123",3)＝CDE。

3. 假设在图 6-20 所示的工作表中，某单位的奖金是根据员工的销售额来确定的，如果某个员工的销售额在 10 万元或以上，则其奖金为销售额的 0.5％，否则为销售额的 0.1％。如何利用公式和函数计算奖金这一列的值？

答案：在 C2 单元格中输入公式＝IF(B2＞＝100000,B2＊0.5％,B2＊0.1％)，然后选中 C2 单元格，将光标移动到单元格右下角，当光标变成十字形时，拖动鼠标至 C4 单元格。

	A	B	C
1	姓名	销售额	奖金
2	张三	236720	
3	李四	9832	
4	王五	12982	

图 6-20　计算员工奖金

解析：题目要求不同的销售额有不同的奖金，使用 IF 函数。IF 函数的格式为 IF(logical_test,value_if_true,value_if_false)，第一个参数 logical_test 作为判断条件的任意值或表达式，第二个参数 value_if_true 是 logical_test 参数的计算结果为 true 时要返回的值，第三个参数 value_if_false 是 logical_test 参数的计算结果为 false 时要返回的值。此题中条件为 B2＞＝100000(B2 的值是否大于 100000)，满足条件则计算 B2＊0.5％，不满足条件则计算 B2＊0.1％。在 C2 单元格输入公式后，剩余单元格可以进行自动填充。

4. 在图 6-21 所示的工作表中,如果要计算工资为 800 元的员工的销售总额,应使用什么公式?

答案:SUMIF(A2:A5,800,B2:B5)。

解析:题目中要求对工资为 800 元的员工的销售总额进行计算,使用条件求和函数 SUMIF,此函数的格式为 SUMIF(range,criteria,sum_range),第一个参数 range 表示用于条件计算的单元格区域,第二个参数 criteria 表示求和的条件,第三个参数 sum_range 表示要求和的单元格。

	A	B	C
1	姓名	工资	销售额
2	张三	800	23571
3	李四	1000	29765
4	王五	800	16753

图 6-21　计算员工销售额

5. 请进行以下操作。

(1) 通过上网收集资料,建立关于太阳系八大行星的数据表格,包括中文名称、英文名称、轨道长半轴、行星赤道半径、自转周期、公转周期、天然卫星数、密度。

(2) 通过以上数据计算各个行星的质量。

(3) 通过以上数据,验证开普勒第三定律(即所有的行星的轨道的半长轴的三次方跟公转周期的二次方的比值都相等)的正确性。

答案:(1) 通过搜索引擎,查找有关太阳系八大行星的数据,建立如图 6-22 所示的数据表格。

	A	B	C	D	E	F	G	H
1	太阳系行星数据表							
2	中文名称	英文名称	轨道长半轴(万千米)	行星半径(千米)	自转周期(太阳日)	公转周期(太阳日)	天然卫星数	密度(克/立方厘米)
3	水星	Mercury	5790	2440	58.653485	87.7	0	5.43
4	金星	Venus	10820	6051.9	243.02	224.701	0	5.24
5	地球	Earth	14960	6378.1	0.9973	365.2422	1	5.51
6	火星	Mars	22790	3398	1.026	686.98	2	3.94
7	木星	Jupiter	77830	71492	0.41	4332.71	66	1.31
8	土星	Saturn	142700	60268	0.426	10759.5	60	0.7
9	天王星	Uranus	288230	25559	0.646	30685	25	1.24
10	海王星	Neptune	452390	24788	0.658	60190	9	1.64

图 6-22　太阳系行星数据

(2) 建立求行星质量的数学表达式,再转化为 Excel 公式。转化时应注意数值的单位。因所有行星都近似球体,所以利用球的体积和密度相乘,即可得出行星质量,表达式为 $m=\rho V=\rho \frac{4}{3}(\pi R^3)$,转化为 Excel 公式 "= H3 * ((4/3) * 3.1415926 * (D3 * 1000 * 100)^3)/1000/1000"。按 Enter 键,在 I3 单元即得到结果。自动填充单元格计算出其他行星的质量,如图 6-23 所示。

	A	B	C	D	E	F	G	H	I
1	太阳系行星数据表								
2	中文名称	英文名称	轨道长半轴(万千米)	行星半径(千米)	自转周期(太阳日)	公转周期(太阳日)	天然卫星数	密度(克/立方厘米)	质量(吨)
3	水星	Mercury	5790	2440	58.653485	87.7	0	5.43	3.30414E+20
4	金星	Venus	10820	6051.9	243.02	224.701	0	5.24	4.86514E+21
5	地球	Earth	14960	6378.1	0.9973	365.2422	1	5.51	5.98845E+21
6	火星	Mars	22790	3398	1.026	686.98	2	3.94	6.47523E+20
7	木星	Jupiter	77830	71492	0.41	4332.71	66	1.31	2.00508E+24
8	土星	Saturn	142700	60268	0.426	10759.5	60	0.7	6.4187E+23
9	天王星	Uranus	288230	25559	0.646	30685	25	1.24	8.67245E+22
10	海王星	Neptune	452390	24788	0.658	60190	9	1.64	1.0463E+23

图 6-23　计算各行星的质量

（3）验证开普勒第三定律。先建立开普勒常数的数学表达式 $K = \dfrac{R^3}{T^2}$，转化为 Excel 公式＝"C3^3/F3^2"，如图 6-24 所示。然后按 Enter 键。自动填充单元格，计算其他行星的开普勒常数。查看开普勒常数列，数值在误差范围内相等，从而验证了开普勒第三定律。

图 6-24　求各行星的质量

第五部分　综合任务

任务6.1　员工档案信息管理

【任务目的】

掌握 Excel 2013 数据输入、公式、函数的用法。

【任务要求】

（1）通过调查收集某单位员工档案信息，包含身份证号、入职时间、职务、基本工资等信息。

（2）利用函数计算出生日期、工龄、工龄工资、基础工资、平均工资，如图 6-25 所示。

图 6-25　"东方公司员工档案表"部分截图

【任务分析】

本任务旨在考查 Excel 2013 不同类型数据的输入，以及公式和函数的应用。

【步骤提示】

打开工作簿文件"任务 6.1　东方公司员工档案表"。

（1）根据身份证号,使用 MID 函数提取员工生日,单元格式类型为"yyyy 年 mm 月 dd 日"。

（2）根据入职时间,使用 TODAY 函数和 INT 函数计算员工的工龄,工作满一年才计入工龄。

（3）引用"工龄工资"工作表中的数据来计算"员工档案表"工作表员工的工龄工资。

（4）在"统计报告"工作表的 B2 单元格中输入"＝SUM(员工档案!M3:M37)",计算出"所有人的基础工资总额";B3 单元格中输入"＝员工档案!K6＋员工档案!K7",计算出"项目经理的基本工资总额";B4 单元格中输入"＝AVERAGEIF(员工档案!H3:H37, "本科",员工档案!K3:K37)",计算出本科生平均基本工资。

任务 6.2　成绩统计分析

【任务目的】

掌握 Excel 2013 格式设置、格式化操作、样式设置、数据透视表的综合应用。

【任务要求】

（1）对工作表进行格式设置、格式化操作。

（2）进行条件格式设置、表格套用格式、单元格样式设置。

（3）根据工作表数据创建数据透视表。

【任务分析】

本任务旨在考查 Excel 2013 格式化操作、样式设置、数据透视表的综合应用能力。

【步骤提示】

打开工作簿文件"任务 6.2　成绩统计分析"。

（1）对班级成绩区域套用带标题行的"表样式中等深浅　15"的表格格式,单击"开始"→"样式"→"套用表格格式"按钮进行设置。

（2）利用 SUM、AVERAGE、RANK 函数分别计算"总分""平均分""年级排名"列的值,注意 RANK 函数中混合地址的使用。

（3）对学生成绩不及格(小于 60)的单元格套用格式突出显示为"黄色(标准色)填充色红色(标准色)文本",选择"开始"→"样式"→"条件格式"→"突出显示单元格规则"→"小于"选项,打开"小于"对话框,在该对话框中的文本框中输入文字 60,然后单击"设置为"右侧的下三角按钮,在下拉列表中选择"自定义格式"选项,如图 6-26 所示。打开"设置单元格格式"对话框,在该对话框中切换至"字体"选项卡,将"颜色"设置为

"标准色"中的红色,切换至"填充"选项卡,将"背景色"设置为"标准色"中的黄色。

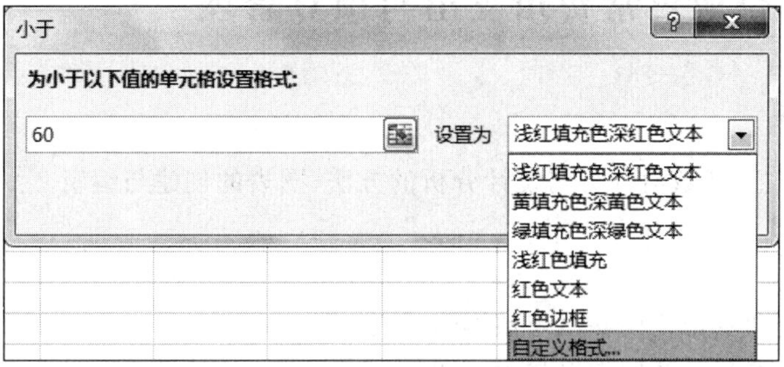

图 6-26　"小于"对话框

（4）根据学生的学号,将其班级的名称填入"班级"列,规则为:学号的第三位为专业代码,第四位代表班级序号,即 01 为"法律一班",02 为"法律二班",03 为"法律三班",04 为"法律四班"。运用公式操作,选择 A3 单元格,在该单元格内输入"＝"法律"＆TEXT(MID(B3,3,2),"[DBNum1]")＆"班"",按 Enter 键完成操作,利用自动填充功能对余下的单元格进行填充计算。制作的"成绩统计表"效果如图 6-27 所示。

	A	B	C	D	E	F	G	H	I
1	2012级法律专业学生期末成绩分析表								
2	班级	学号	姓名	英语	体育	计算机	总分	平均分	年级排名
3	法律一班	1201001	潘志阳	76.1	82.8	76.5	235.4	78.6	90
4	法律一班	1201002	蒋文奇	68.5	88.7	78.6	235.8	82.1	88
5	法律一班	1201003	苗超鹏	72.9	89.9	83.5	246.3	81.1	57
6	法律一班	1201004	阮军胜	81.0	89.3	73.0	243.3	80.2	64
7	法律一班	1201005	邢尧磊	78.5	95.6	66.5	240.6	81.9	77
8	法律一班	1201006	王圣斌	76.8	89.6	78.6	245.0	83.6	60
9	法律一班	1201007	焦宝亮	82.7	88.2	80.0	250.9	79.1	42
10	法律一班	1201008	翁建民	80.0	80.1	77.2	237.3	79.2	85
11	法律一班	1201009	张志权	76.6	88.7	72.3	237.6	76.7	83
12	法律一班	1201010	李帅帅	82.0	80.0	68.0	230.0	73.7	93
13	法律一班	1201011	王帅	67.5	70.0	83.5	221.0	87.0	98
14	法律一班	1201012	乔泽宇	86.3	84.2	90.5	261.0	83.6	17
15	法律一班	1201013	钱超群	75.4	86.2	89.1	250.7	68.8	43
16	法律一班	1201014	陈称意	75.7	53.4	77.2	206.3	86.8	99

图 6-27　"成绩统计表"效果图

（5）创建一个数据透视表,如图 6-28 所示。

	A	B	C	D
1				
2				
3	行标签	平均值项:英语	平均值项:体育	平均值项:计算机
4	法律二班	83.008	88.584	80.176
5	法律三班	81.136	85.792	80.156
6	法律四班	82.136	84.052	79.248
7	法律一班	80.7	85.852	80.144
8	总计	81.745	86.07	79.931

图 6-28　"数据透视表"效果图

任务6.3 企业日常费用支出与预算管理

【任务目的】

掌握Excel 2013数值计算与统计分析的方法、图表的创建与编辑。

【任务要求】

(1) 制作企业日常费用支出与预算账目表。

(2) 制作企业日常费用支出与预算图表。

【任务分析】

本任务旨在考查Excel综合应用的能力。首先,需要设计日常费用支出与预算统计分析表样式,然后,制作图表直观分析比较。

【步骤提示】

1. 制作企业日常费用支出与预算账目表

企业日常费用支出与预算账目表效果可参考图6-29。

	A	B	C	D	E
1	企业日常费用支出与预算管理				
2	单位：万元/月				
3	序号	费用项目	预算金额	实际支出金额	差额
4	1	房租费	30	32	-2
5	2	水电费	12.5	13.75	-1.25
6	3	文印费	8	6.5	1.5
7	4	通信费	1.2	1.15	0.05
8	5	交通费	5.8	6.2	-0.4
9	6	办公费	4	3.6	0.4
10	7	工资及社保费	56.5	58.59	-2.09
11	8	维修费	3	4.5	-1.5

图6-29 “企业日常费用支出与预算管理”效果图

提示:

(1) 可以设置“实际支出金额”和“预算金额”的数据验证功能。

(2) 计算相关数据。可以对使用公式进行计算的单元格进行保护,以防非法改动。

2. 制作企业日常费用支出与预算图表

企业日常费用支出与预算图表效果可参考图6-30。

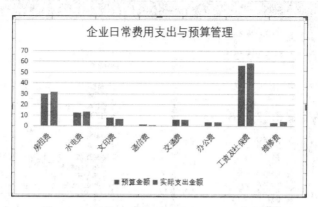

图 6-30　"企业日常费用支出与预算管理"图表

任务 6.4　制作电子调查问卷

【任务目的】

掌握 Excel 2013"开发工具"菜单的应用,公式、函数、宏、VB 编辑器、数据统计的综合应用。

【任务要求】

制作电子调查问卷。

【任务分析】

本任务旨在考查 Excel 综合应用的能力。

【步骤提示】

一、准备工作

打开 Excel 工作簿,准备三个空表,将空表依次命名为调查表、数据表、数据统计,如图 6-31 所示。

右击工具栏空白处,弹出快捷菜单,选择"自定义功能区"命令,打开"Excel 选项"对话框,在右边"主选项卡"中选择"开发工具"选项,如图 6-32 所示。接下来再单击图 6-32 中的"信任中心",在出现的对话框中单击"信任中心设置",在"宏设置"选项内选择"启用所有宏",如图 6-33 所示,当以上两项设置完后单击"确定"按钮,可以看到在表格最上方的菜单栏中出现了"开发工具"选项,如图 6-34 所示。在"插入"选项中有制作问卷选项的所有控件。

图 6-31　创建三个空表

227

图 6-32 "Excel 选项"对话框

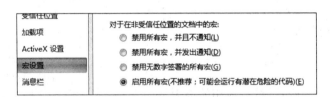

图 6-33 "信任中心"对话框

图 6-34 "开发工具"菜单选项

二、制作问卷

1. 选项按钮的添加

所谓"选项按钮",就是我们通常所说的"单选"按钮。我们以"年龄"调查项为例,来看看具体的添加过程。

第一步：选择"开发工具"→"插入"→"分组框"选项，然后在工作表中拖拉出一个分组框，并将"分组框"名字修改为"年龄"。

第二步：选择"开发工具"→"插入"→"选项按钮"选项，如图 6-35 所示，然后在上述"年龄"分组框中拖拉出一个按钮，并将按钮名字修改为相应的调查项字符，如"20 岁以下"，如图 6-36 所示。

图 6-35　表单控件中的"选项按钮"

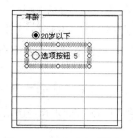

图 6-36　添加"选项按钮"

第三步：重复上述操作，再添加若干"选项按钮"。

提示：选中第 1 个"选项按钮"，在按住 Ctrl 键的同时拖动一下鼠标，复制一个选项按钮，修改一下其中的字符，即可快速制作出另一个"选项按钮"。

第四步：右击其中任意一个"选项按钮"，弹出快捷菜单，选择"设置控件格式"命令，打开"设置控制格式"对话框。切换到"控制"选项卡，在"单元格链接"右侧的方框中输入 $C$50，如图 6-37 所示。

提示：此步操作的目的是将"年龄"调查项的选择结果保存在 C50 单元格中（选择第 1 个、第 2 个……选项按钮，该单元格分别显示出 1、2……）。

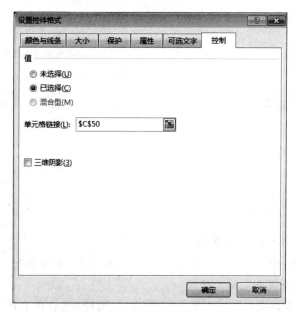

图 6-37　"设置控件格式"对话框

第五步：调整选项按钮的位置。

提示：最好利用键盘方向键来调整，只要用鼠标单击选项按钮即可（对复选框同样适用）。

2. 复选框的添加

所谓"复选框"，就是允许一次性选择多个选项。我们以"存在哪些质量问题"调查项为例，来看看具体的添加过程。

第一步：制作一个"存在哪些质量问题"分组框。

第二步：选择"开发工具"→"插入"→"复选框"选项，然后在上述"分组框"中拖拉出一个"复选框"，并将"复选框"名字修改为相应的调查项字符，如"屋面渗水"，如图 6-38 所示。

第三步：右击刚才添加的第 1 个"复选框"按钮，弹出快捷菜单，打开"设置控件格式"对话框，切换到"控制"选项卡，在"单元格链接"右侧的方框中输入＄K＄50，单击"确定"按钮后返回。

第四步：重复上述第二、三步的操作，根据调查内容添加其他复选框。

提示：由于是"复选框"，所以每一个"复选框"的"单元格链接"地址是不同的，需要逐一设置。

第五步：调整"分组框""复选框"的大小和位置。

3. 组合框的添加

所谓"组合框"，就是我们通常所说的"下拉框"。我们以"学历"调查项为例，来看看具体的添加过程。

第一步：在 L4 至 L11 单元格区域（也可以是其他区域）中输入各学历的分类，如图 6-39 所示。

L	M	N	O
学历	入住时间	家庭人口	何时购买
博士	30年以上	1人	1年以内
硕士	26-30年	2人	2年以内
大学	21-25年	3人	3年以内
大专	16-20年	4人	4年以内
中专	11-15年	5人	5年以内
高中	6-10年	5人以上	6年以内
初中	1-5年		6年以上
初中以下			

图 6-38 添加"复选框"　　　　图 6-39 "调查项"分类

第二步：制作一个"学历"分组框。

提示：这里只有一个"组合框"，完全不需要添加一个"分组框"。我们之所以添加一个分组框，是为了保持调查表格式的统一。

第三步：选择"开发工具"→"插入"→"组合框"选项，然后在上述"分组框"中拖拉出一个"组合框"。

第四步：右击"组合框"，弹出快捷菜单，选择"设置控件格式"命令，打开"设置控件格式"对话框，在"数据源区域"右侧的方框中输入 ＄L＄4：＄L＄11，在"单元格链接"右侧的方框中输入 ＄D＄50，如图 6-40 所示。

图 6-40　"组合框"对应的"设置控件格式"对话框

第五步：调整"分组框""组合框"的大小和位置，如图 6-41 所示。依次完成其他调查项的制作。

4. 保存数据

我们通过"宏"，将居民选择的结果（显示在"调查表"工作表第 50 行相应的单元格中）依次复制并保存到"数据表"工作表中，再通过一个按钮来运行该宏。

第一步：切换到"数据表"工作表下，制作一张用来保存数据的空白表格，如图 6-42 所示。

图 6-41　"学历"调查项的制作结果

	A	B	C	D	E	F	
1	参加调查人数：			0			
2	序号	性别	年龄	学历	个人收入	建筑面积	入住
3							
4							
5							

图 6-42　"数据表"工作表

第二步：在 D1 单元格中输入公式"＝COUNTA（A：A）－2"，用于统计参加调查的人数。

第三步：选择"开发工具"→"代码"→Visual Basic 选项，打开 Visual Basic 编辑器，如

图 6-43 所示。

图 6-43　Visual Basic 编辑器

第四步：在左侧窗格中选中 VBAProject 选项，然后选择"插入"→"模块"选项，插入一个新模块。

第五步：将下述代码输入右侧编辑区域中。

```
Sub 保存()
Dim rs As Integer
Sheets("调查表").Select
Rows(50).Select
Selection.Copy
Sheets("数据表").Select
rs =Cells(1, 4)
Rows(rs +3).Select
ActiveSheet.Paste
Cells(rs +3, 1).Value =rs +1
Sheets("调查表").Select
Application.CutCopyMode =False
Range("A1").Select
MsgBox "你的选择已经保存,感谢支持!"
End Sub
```

第六步：输入完成后，关闭 Visual Basic 编辑器。

第七步：切换到"调查表"工作表中，选择"开发工具"→"插入"→"按钮（窗体控件）"选项，然后在工作表中拖拉出一个按钮，此时系统自动弹出"指定宏"对话框，"宏名"设为"提交"，单击"确定"按钮后返回，如图 6-44 所示。

图 6-44 "指定宏"对话框

第八步：将"命令"按钮名（如"按钮 75"）修改为"完成"字符。再调整好按钮的大小，定位在调查表的右上角。

第九步：同时选中 49 行和 50 行，右击，在随后弹出的快捷菜单中选择"隐藏"命令，将保存结果的两行隐藏起来；同时选中 L 至 O 列，也将其隐藏起来。

提示：将上述行、列隐藏起来的目的，只是为了美化调查表而已。如果不隐藏，对调查表的使用没有任何影响。

第六部分 考 证 辅 导

一、全国计算机等级考试考证辅导

1. 一级

（1）基本要求

了解电子表格软件的基本知识，掌握电子表格软件 Excel 的基本操作和应用。

（2）考试内容

① 电子表格的基本概念和基本功能，Excel 的基本功能、运行环境、启动和退出。

② 工作簿和工作表的基本概念和基本操作，工作簿和工作表的建立、保存和退出；数据的输入和编辑；工作表和单元格的选定、插入、删除、复制、移动；工作表的重命名和工作表窗口的拆分和冻结。

③ 工作表的格式化，包括设置单元格格式，设置列宽和行高，设置条件格式，设置单元格样式，套用表格样式和使用模板等。

④ 单元格绝对地址和相对地址的概念，工作表中公式的输入和复制，常用函数的

使用。

⑤ 图表的建立、编辑、修改以及修饰。

⑥ 数据清单的概念,数据清单的建立,数据清单内容的排序、筛选、分类汇总,数据合并,数据透视表的建立。

⑦ 工作表的页面设置、打印预览和打印,工作表中链接的建立。

⑧ 保护和隐藏工作簿与工作表。

(3) 模拟练习

① 打开工作簿文件"考证6.1 某企业产品季度销售数量情况表.xlsx",将工作表Sheet1 的 A1:F1 单元格合并为一个单元格,内容水平居中,计算"季度平均值"列的内容,将工作表命名为"季度销售数量情况表"。

② 选取"季度销售数量情况表"的"产品名称"列和"季度平均值"列的单元格内容,建立"簇状柱形图",X 轴上的项为产品名称,图表标题为"季度销售数量情况图",插入表的A7:F18 单元格区域内。

2. 二级

(1) 基本要求

掌握 Excel 的操作技能,并熟练应用进行数据计算及分析。

(2) 考试内容

① Excel 的基本功能,工作簿和工作表的基本操作,工作视图的控制。

② 工作表数据的输入、编辑和修改。

③ 单元格格式化操作,数据格式的设置。

④ 工作簿和工作表的保护、共享及修订。

⑤ 单元格的引用,公式和函数的使用。

⑥ 多个工作表的联动操作。

⑦ 迷你图和图表的创建、编辑与修饰。

⑧ 数据的排序、筛选、分类汇总、分组显示和合并计算。

⑨ 数据透视表和数据透视图的使用。

⑩ 数据模拟分析和运算。

⑪ 宏功能的简单使用。

⑫ 获取外部数据并分析处理。

⑬ 分析数据素材,并根据需求提取相关信息引用到 Excel 文档中。

(3) 模拟练习

打开工作簿文件"考证6.2 12月份计算机图书销售情况统计表.xlsx",并按下列要求进行操作。

① 将"销售统计"表中的"单价"列数值的格式设为会计专用,保留2位小数。

② 对数据表"销售统计"进行适当的格式化,操作如下:合并 A1:E1 单元格,为标题名"12月份计算机图书销售情况统计表"设置适当的对齐方式、字体、字号以及颜色;为数

据区域设置边框底纹以使工作表更加美观等。

③ 将工作表"销量"中的区域 B3：D16 定义名称为"销量信息"。在"销售统计"表中的"销量"列右侧增加一列"销售额"，根据"销售额＝销量×单价"构建公式计算出各类图书的销售额。要求在公式中通过 VLOOKUP 函数自动在工作表"销量"中查找相关商品的具体销量，并在公式中引用所定义的名称"销量信息"。

④ 为"销售统计"工作表创建一个数据透视表，放在一个名为"数据透视分析"的新的工作表中。

⑤ 为数据透视表数据创建一个类型为饼图的数据透视图，设置数据标签显示在外侧，将图表的标题改为"12 月份计算机图书销量"。

⑥ 将工作表另存为"计算机类图书 12 月份销售情况统计．xlsx"文件。

二、全国计算机信息高新技术考试考证辅导

1. 考试要求

（1）工作表的行、列操作。插入、删除、移动行或列，设置行高和列宽，移动单元格区域。

（2）设置单元格格式。设置单元格或单元格区域的字体、字号、字形、字体颜色、底纹和边框线、对齐方式、数字格式。

（3）为工作表插入批注。为指定单元格添加批注。

（4）多工作表操作。将现有工作表复制到指定工作中，重命名工作表。

（5）工作表的打印设置。设置打印区域、打印标题。

（6）建立公式。利用建立公式程序建立指定的公式。

（7）建立图表。使用指定的数据建立指定类型的图表，并对图表进行必要的设置。

（8）公式、函数的应用。应用公式或函数计算数据的总和、均值、最大值、最小值或指定的运算内容。

（9）数据的管理。对指定的数据排序、筛选、合并计算、分类汇总。

（10）数据分析。为指定的数据建立数据透视表。

（11）文本与表格间的相互转换。在字表处理程序中，按要求将表格转换为文本，或将文本转换为表格。

（12）录制新宏。在电子表格程序中录制指定的宏。

（13）邮件合并。创建主控文档，获取并引用数据源，合并数据和文档。

2. 模拟练习

在 Excel 2010 中打开素材文件，并按下列要求进行操作。

（1）设置工作表及表格，结果如图 6-45 所示。

① 工作表的基本操作。

• 将 Sheet1 工作表中的所有内容复制到 Sheet2 工作表中，并将 Sheet2 工作表重命

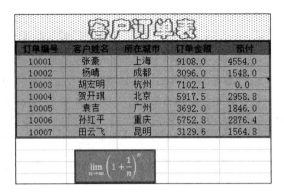

图 6-45　设置工作表和表格

名为"客户订单查询表",将此工作表标签的颜色设置为标准色中的"紫色"。

- 将 10005 一行移至 10006 一行的上方,将 E 列(空列)删除;设置标题行的行高为 33,整个表格的列宽均为 10。

② 单元格格式的设置。

- 在"客户订单查询表"工作表中,将单元格区域 A1:E1 合并后居中,设置字体为华文彩云、26 磅、加粗、橙色(RGB:226,110,10),并为其填充图案样式 6.25% 灰色底纹。

- 将单元格区域 A2:E2 的字体设置为华文细黑,居中对齐,并为其填充橙色(RGB:226,110,10)底纹。

- 将单元格区域 A3:E9 的底纹设置为浅橙色(RGB:250,190,140)。设置整个表格中文本的对齐方式均为水平居中、垂直居中。

- 设置单元格区域 D3:E9 中的数据小数位数只显示 1 位。

- 将单元格区域 A2:E9 的外边框设置为深蓝色的双实线,内部框线设置为浅蓝色的细实线。

③ 表格的插入设置。

- 在"客户订单查询表"工作表中,为 0.0(E5)单元格插入批注"未付定金"。

- 在"客户订单查询表"工作表中表格的下方建立公式 $\lim\limits_{n\to\infty}\left(1+\dfrac{1}{n}\right)^n$,并为其应用"彩色填充-橙色,强调颜色 6"的形状样式。

(2) 建立图表,结果如图 6-46 所示。

- 使用"客户订单查询表"工作表中的相关数据在 Sheet3 工作表中创建一个三维簇状条形图。

- 按图 6-46 所示为图表添加图表标题及坐标标题。

(3) 工作表的打印设置。

- 在"客户订单查询表"工作表第 6 行的上方插入分页符。

- 设置表格的标题行为顶端打印标题,设置完成后进行打印预览。

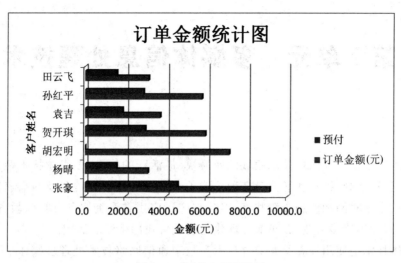

图 6-46　订单金额统计图

第7单元 多媒体信息处理技术

多媒体技术是当今信息技术领域发展最快、最活跃的技术，多媒体技术融计算机、声音、文本、图像、动画、视频和通信等多种功能于一体。它借助日益普及的高速信息网，可实现计算机全球联网和信息资源共享，因此被广泛应用在咨询服务、图书、教育、通信、军事、金融和医疗等诸多行业，并正潜移默化地改变着我们生活的面貌。

多媒体技术是使用计算交互综合技术和数字通信网络技术处理多媒体信息，使多种信息建立逻辑连接，集成为一个交互式系统。手机作为网络终端的使用已越来越渗透到人类社会工作和生活的方方面面。

本单元的学习旨在使大家借助互联网及手机终端，了解多媒体的概念以及处理多媒体信息的新软件、新方法、新技术，同时，学习一些利用手机终端、微信或 QQ 与计算机的共享方式，更加方便地处理信息。在日常工作和生活中，掌握多媒体素材的获取和查看、编辑的简单方法，利用 PPT 快速制作视频的方法。

单元学习目标

- 了解多媒体的概念以及处理多媒体信息的新软件、新方法、新技术。
- 掌握用手机 APP——扫描全能王软件快速将纸质资料转化为 PDF 文档。
- 掌握用手机搜狗拼音输入法的扫描功能快速获取纸质资料的方法。
- 掌握具有特殊思维方式的思维导图对知识进行归纳总结的方法。
- 掌握用 PPT 快速制作视频的方法，完成多媒体宣传短片的制作。

第一部分 能力自测

一、先前学习成果评价

首先，请向任课教师提交能证明你先前学习过本单元内容的证据。然后在 20 分钟内回答下列问题。

（1）请列举你曾经使用过的多媒体演示软件。

（2）请列举你所知道的一些多媒体技术的应用。

二、当前技能水平测试

（1）借用互联网和手机的便利，如何快速获取多媒体资源？

①　获取图片的方法有哪些？

②　获取音频的方法有哪些？

③　获取视频的方法有哪些？

④　获取文字的方法有哪些？

（2）利用何种软件可以制作视频或动画？

①　制作视频的方法有哪些？

②　制作动画的方法有哪些？

第二部分　学习指南

一、知识要点

1. 多媒体、多媒体技术、多媒体系统

媒体有两重含义，一是指存储信息的实体，也称为媒质，例如磁盘、光盘等；二是指传递信息的载体，也称为媒介，例如数字、文字、声音和图形等。多媒体是文字、声音、图像、动画、视频等多种媒体信息的统称。多媒体就是由单媒体复合而成的。

在计算机系统中，多媒体是指组合两种或两种以上媒体的一种人机交互式信息交流和传播媒体。

多媒体技术是计算机交互式综合处理多媒体信息——文本、图形、图像以及逻辑分析方法等与视频、音频以及为了知识创建和表达的交互式应用的结合体，具有集成性、实时性、交互性和多样性的特点。

2. 文本和文本格式

文本是以文字和各种专用符号表达的信息形式，它是现实生活中使用最多的一种信息存储和传递方式。文本主要用于对内容的描述性表示，如阐述概念、定义、原理和问题以及显示标题、菜单等内容。相对于其他类型的多媒体信息，文本对存储空间和信道传输能力的要求都是最少的。

常用的文本文件格式有纯文本文件格式（＊.txt）、写字板文件格式（＊.wri）、Word 文件格式（＊.doc 或 ＊.docx）、WPS 文件格式（＊.wps）、Rich Text Format 文件格式（＊.rtf）等。

3. 音频和音频格式

声音是一种模拟信号。计算机中只能处理数字化的信号，所以为了使计算机能够处理声音，必须将声音转换成数字编码的形式，即声音信号数字化。

常见的音频格式有 WAV、MP3、CD 音频、MID 及 WMA 等。

4. 图形、图像及它们的格式

图形是指从点、线、面到三维空间的黑白或彩色的几何图形,也称矢量图。

图像是人对视觉感知到的物质的再现,是由称为像素的点构成的矩阵,也称位图。

常见的图形图像格式有 JPEG、BMP、PNG、GIF 及 PSD 等。

5. 动画和动画格式

动画是利用人的视觉暂留特性,快速播放一系列连续运动变化的图形图像,也包括画面的缩放、旋转、变换、淡入淡出等特殊效果。

常见的动画格式有 SWF、FLA、GIF、MAX 等。

6. 视频和视频格式

视频是一组静态图像的连续播放,具有时序性与丰富的信息内涵,常用于交代事物的发展过程。

微软视频格式:.wmv、.asf、.asx;RealPlayer 格式:.rm、.rmvb;MPEG 视频格式:.mp4;手机视频格式:.3gp;Apple 视频格式:.mov、.m4v;其他常见视频格式:.avi、.dat、.mkv、.flv、.vob。

7. 超文本与超媒体

超文本(Hypertext)可以简单地定义为收集、存储和浏览离散信息,以及建立和表示信息之间关系的技术,从概念上讲,一般把已组成网的信息称为超文本,而把对其进行管理使用的系统称为超文本系统。

随着多媒体技术的发展,超文本中的媒体信息除了文字外,还可以是声音、图形、图像、影视等多媒体信息,从而引入了"超媒体"这一概念,超媒体即"多媒体+超文本"。"超文本"和"超媒体"这两个概念一般不严格区分,通常可以看作同义词。

8. 多媒体系统

多媒体系统是指利用计算机技术和数字通信技术来处理和控制多媒体信息的系统。从广义上讲,多媒体系统就是集电话、电视、媒体、计算机网络于一体的信息综合化系统。

多媒体系统一般由多媒体硬件系统和多媒体软件系统组成。

(1) 多媒体硬件系统

多媒体硬件系统包括主机、多媒体接口卡和多媒体外部设备。

常见的多媒体输入设备有手写板、扫描仪、条形码阅读器、数码摄像机、数码相机、语音输入设备、触摸屏等。常见的多媒体输出设备有显示器、打印机及绘图仪等。

(2) 多媒体软件系统

多媒体软件系统分为多媒体操作系统、多媒体素材采集与制作软件、多媒体作品创作软件及多媒体应用软件。

所谓多媒体操作系统,是指除具有普通操作系统的功能外,还扩充了多媒体功能,内置多媒体程序,支持高层多媒体信息的采集、编辑、播放和传输等处理功能的系统。多媒体素材采集与制作软件用于实现多媒体数据的采集、输入、存储、处理和导出等任务,根据多媒体信息的不同类型,可分为文本制作软件、图形图像制作编辑软件、声音制作编辑软件、视频制作编辑软件、动画制作编辑软件等几种类型。

多媒体作品创作软件根据设计需要,集合多媒体素材合成多媒体作品。多媒体创作软件都提供编排各种媒体素材的功能。根据工作流程的特点,多媒体创作软件可简单分为图标类型、时间轴类型、页/幻灯片类型、网页类型、屏幕捕获软件等几种类型。

9. 光盘和光盘刻录机

光盘是利用激光原理进行读、写的设备,可以存放各种文字、声音、图形、图像和动画等多媒体数字信息。CD 光盘的最大容量约为 700MB,DVD 光盘单面容量约为 4.7GB,最多能刻录约 4.59GB 的数据,蓝光 DVD(BD)的容量根据不同的种类,能刻录的数据为 15~100GB。

光盘刻录机是一种数据写入设备,利用激光将数据写到空光盘上,从而实现数据的存储,其写入过程可以看作普通光驱读取光盘的逆过程。刻录机可以分两种:一种是 CD 刻录;另一种是 DVD 刻录。绝大部分 DVD 刻录机都能“向下兼容”进行 CD 刻录。

光盘刻录机的读写速度用“倍速”来衡量,1 倍速即 150KB/s。

二、技能要点

1. 文字获取

最传统的文字的获取方式是利用拼音、五笔字型等输入法进行文字的录入,还可以对文字进行复制、粘贴、扫描等。

在语言输入法中,语音的识别长久以来一直是人们的美好梦想,让计算机听懂人机语音通信是新一代智能计算的主要目标,如何给不熟悉计算机的人提供一个友好的人机交互手段,是人们感兴趣的问题,而语音识别技术就是其中最自然的一种交互手段。

讯飞语音输入法是中文语音产业领导者科大讯飞推出的一款输入软件,集语音、手写、拼音、笔画、双拼等多种输入方式于一体,又可以在同一界面实现多种输入方式的平滑切换,符合用户的使用习惯,大大提升了输入速度。

讯飞语音输入法的语音识别模式,除了支持普通话、英语语音录入外,还支持中译英、英译中、中译日、中译韩 4 种随声译,并且推出 20 多种的方言语音输入,例如,客家话、四川话、东北话等。

讯飞语音输入法支持 Android、iPad、iPhone、Windows PC 平台,极大地方便了用户随时随地地办公。例如,手机版讯飞语音输入法设置如图 7-1 所示,计算机版讯飞语音输入法设置如图 7-2 所示。

图 7-1　手机版讯飞语音输入法设置

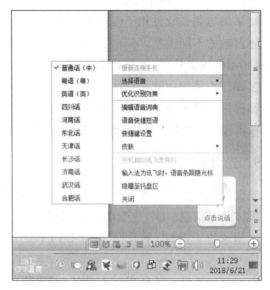

图 7-2　计算机版讯飞语音输入法设置

　　人们常常利用手机搜狗输入法中的拼音或手写的功能进行录入。但如果利用搜狗输入法中的"文字扫描"功能，如图 7-3 所示，结合手机自带摄像头，可以方便、快捷地获取大量的纸质文字，取代传统的扫描仪，大大提高了人们的办公效率。

2. 音频获取

　　音频的获取方式主要有自行录制、网络下载和素材库 3 种。

　　（1）自行录制。现在最方便的录音方式是利用手机或者录音笔，除此之外，可以利用演示文稿中"幻灯片放映"→"录制幻灯片演示"中的录制功能直接录制，完成演示文稿中的配音。然后选择"文件"→"另存为"命令，选取 .mp4 视频格式，即可直接生成视频，完成多媒体宣传片的制作。

　　（2）网络下载。打开百度搜索引擎，选择"音乐"选项，输入关键字，如"背景音乐"，然后单击"百度一下"按钮，可进行素材试听并下载。但由于版权所属问题，很多的音乐需要花钱才能获取。

　　（3）素材库。也可以从素材库中查找和下载音频素材。

图 7-3　手机搜狗输入法的
"文字扫描"功能

3. 图形图像获取

可通过网络下载、抓图软件抓图、扫描仪扫描、手机(相机、摄像机)拍摄的办法获取图形图像。

现在获取图像的方式有很多,最方便的是可以利用手机拍照、微信或 QQ 中的截图方式,直接可以获取任意大小的图片,利用其与计算机的共享方式快速获取,大大地替代了扫描仪的功能。

4. 视频的获取

根据设备及软件的不同,有导入视频光盘中的视频素材、通过网络下载、利用视频编辑软件制作、利用手机(数码相机、数码摄像机)录制等多种获取视频的方式。

迅捷屏幕录像工具(luping.exe)是一款非常方便的录屏软件,非常便于安装和使用。

(1) 迅捷屏幕录像工具很容易在百度上找到,只要在计算机上下载并安装软件即可使用。

(2) 单击"设置"按钮,可打开录制选项,界面可调整画质以及声音来源,也可修改文件保存路径。

(3) 单击"开始录制"按钮,开始录制视频。

(4) 查找录制的视频可单击"打开文件夹"。

5. 光盘刻录

要将数据文件刻录成光盘存储,首先要选择带有刻录功能光驱的计算机。在 Windows 7 系统中,可以直接使用系统自带的光盘刻录功能,也可使用专业的刻录软件。刻录软件有很多,主要涵盖了数据刻录、影音光盘制作、音乐光盘制作、音视频编辑以及光盘备份与复制。Nero 就是一款功能强大的刻录软件,支持多种刻录格式和完善的刻录功能,可以自由创建、翻录、复制、刻录、编辑、共享和上传各种数字文件,如音乐、视频、照片等。

第三部分　实 验 指 导

实验 7.1　利用"扫描全能王"制作 PDF 文件

【实验目的】

了解"扫描全能王"制作 PDF 文件的方法。

【实验内容】

(1) 下载和安装手机 APP——"扫描全能王"。

（2）按"照相机"图标启动拍照和扫描功能。

（3）把资料全部显示在画框中，再进行拍照扫描。

（4）再次按窗口下部中间的照相机按钮，确定被扫描的对象。

（5）拉动调整方框与被扫描对象重合，调整扫描区域的大小。

（6）将扫描完成的文档保存到新文档中。

（7）如果需要继续扫描，则按右下角的照相机按钮重复上面的操作。

（8）打开菜单，选择需要发送的文件类型。

（9）选择传送文件的尺寸。

（10）将选择的类型文件发送到微信或 QQ 中。

（11）通过手机微信或 QQ 与计算机共享，查看或下载发送的文件。

【实验步骤】

现在手机微信已经成为我们与他人沟通的常用方式，通过无线与计算机通信，也给我们的工作带来了极大的便利。日常工作中，我们常常需要扫描一些图片、书籍、杂志等资料以备留存或使用。如果身边没有扫描仪，我们可以借用手机用拍照代替扫描，就可以完成此功能，现在介绍一款非常好用的手机软件——"扫描全能王"，它可以将原始资料转为 PDF 格式的文件，方便阅读与留存。

我们可以在手机上下载并安装该免费的 APP 软件。下面简单介绍其使用方法。

（1）首先需要下载安装"扫描全能王"，可以在官网或者应用商店下载安装。安装后在桌面上显示的图标如图 7-4 所示。

（2）打开 APP 显示"我的文档"窗口，如图 7-5 所示。以前扫描的资料会显示在这里。另外，窗口右下角有个"照相机"图标，按该图标可以启动拍照功能以扫描资料。

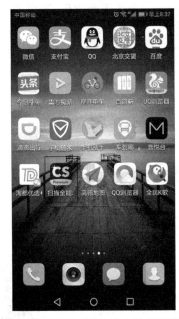

图 7-4　桌面上的"扫描全能王"图标　　　　图 7-5　"我的文档"窗口

（3）按"照相机"图标则打开照相机，把资料全部显示在画框中，并尽量垂直拍照，如图 7-6 所示。

（4）再次按窗口下部中间的照相机按钮，确定被扫描的对象，然后窗口中出现一个可以拉动调整的方框，如图 7-7 所示。

图 7-6　对被扫描的资料拍照

图 7-7　被扫描对象的调整方框

（5）拉动调整方框与被扫描对象重合，调整四个顶点重合即可，如图 7-8 所示。

（6）按窗口右下角的"√"按钮确认，如图 7-9 所示。

图 7-8　调整方框

图 7-9　确认调整

（7）再次按右下角的"√"按钮完成本次扫描工作。被扫描的对象保存到新文档中，如图 7-10 所示。

图 7-10　扫描完成并保存到新文档中的对象

（8）如果需要继续扫描，则按右下角的照相机按钮重复上面的操作，如图 7-11 所示。

图 7-11　继续扫描

（9）按窗口右上角的"分享"按钮 ，可以打开菜单，选择需要发送的文件类型，例如 PDF 文档或者文本文件，如图 7-12 所示。

（10）如果文件大小超过 1MB，可以选择缩小尺寸，如图 7-13 所示。

图 7-12　选择菜单　　　　　　　　　　　　图 7-13　选择文档的大小

（11）如果习惯用微信与计算机连接，上传到"文件传输助手"或者通过邮箱发给自己，这样就可以很方便地传到计算机上，如图 7-14 所示。

（12）由于现在微信方式非常方便，手机微信也方便与计算机共享，所以选择微信方式发给好友或者通过文件传输给自己都非常方便，如图 7-15 所示。

图 7-14　发送给朋友　　　　　　　　　　图 7-15　微信中的"文件传输助手"

（13）这样就可以在微信中看到发送的文档，如图 7-16 所示。

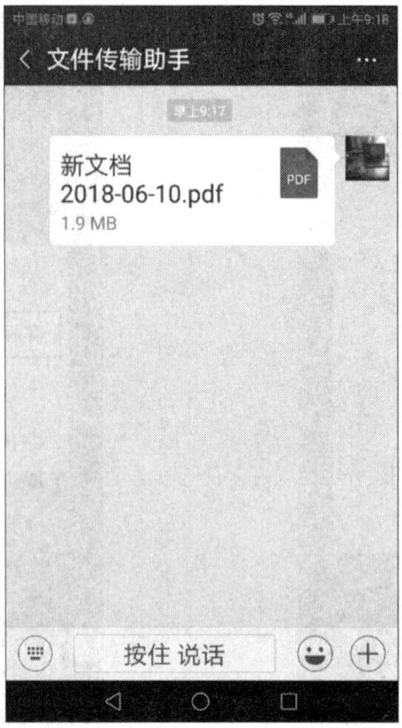

图 7-16　发送到微信"文件传输助手"中的文档

实验 7.2　利用搜狗输入法快速处理纸质文字

【实验目的】

了解将纸质上的文字转换为电子文档的方法。

【实验内容】

（1）打开微信。

（2）打开"文字输入方式"，选择"搜狗拼音输入法"中的"文字输入模式"。

（3）选择"文字扫描"图标，开启扫描功能。

（4）扫描全文字资料时先拍照，再进入扫描状态。

（5）对文字经过几秒钟扫描后，出现"单击要识别的区域"的提示。

（6）选择要选取的文字区域后，单击"确认"图标。

（7）当文字扫描结果显示成功后，按"发送到输入框"按钮，将扫描成功的文字发送到所选的微信对象中。

（8）选择手机的微信对象再选择"发送"功能，将文字真正发送出去。

（9）利用手机微信与计算机共享，查阅手机微信对象中的文字，利用复制、粘贴的方式，将其粘贴到所需类型的文档中进行编辑。

【实验步骤】

手机中的语言输入法有很多,但人们常常习惯利用手写或拼音进行输入,其他的扩展功能常常被人们忽略。下面就人们常用的搜狗输入法中的"文字扫描"功能进行讲解,利用此方法,可以很方便地将纸质上的文字迅速转化为电子文档,并进行编辑或使用。

（1）打开微信的"文件传输助手",按左下角的"输入方式"按钮 ，如图 7-17 所示。

（2）打开"文字输入方式",如图 7-18 所示。按"搜狗拼音输入法"中的"文字输入模式"按钮 ，显示"文字输入模式"。

图 7-17　"输入方式"按钮　　　　图 7-18　"搜狗拼音输入法"中的"文字输入模式"按钮

（3）按"文字扫描"图标 ，如图 7-19 所示,开启扫描功能。

（4）将要扫描的资料放在手机下面,将文字方向与虚线平行,按照相图标 ,对被扫描的文字资料拍照,如图 7-20 所示。然后直接进入扫描状态。

（5）经过几秒钟对文字的扫描后,提示"单击要识别的区域",如图 7-21 所示。

（6）用手从所选第一行文字开始,向下垂直划动,直至最后一行,当选取文字的外框从白色变成橙色后,单击"确认"图标 ,如图 7-22 所示。

（7）当文字扫描结果显示成功后,按"发送到输入框"按钮 发送到输入框 ,将扫描成功的文字发送到"文件传输助手",如图 7-23 所示(有识别时产生的错别字)。

（8）将复制的文字粘贴到所选取的"文件传输助手"中,按"发送"按钮,如图 7-24 所示,这样文字就发送到微信中了,如图 7-25 所示。

（9）利用手机微信与计算机互联的便利,可在计算机上直接将微信文件传输助手中的文字进行复制,然后粘贴到文档中进行编辑。这样,就可以借用手机的便利,迅速地将纸质的文字转成方便在计算机上进行编辑的电子文档。

图 7-19 "文字输入模式"中的
"文字扫描"图标

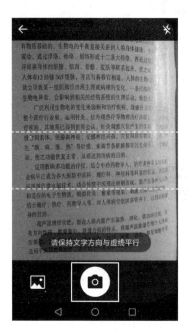

图 7-20 将纸质介质上的文字方向与虚线平行
放置，对被扫描的文字资料进行拍照

图 7-21 扫描完成后，出现"单击
要识别的区域"

图 7-22 单击要识别的区域后
再单击"确认"图标

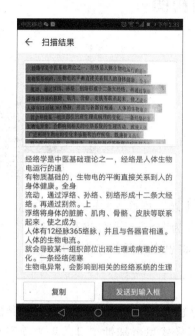

图 7-23 将扫描成功的文字发送到 "文件传输助手"

图 7-24 将复制的文字粘贴到微信"文件 传输助手"中再按"发送"按钮

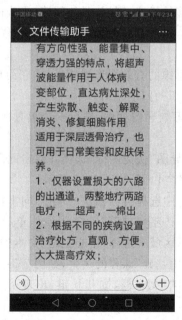

图 7-25 "文件传输助手"中成功接收到的文字扫描结果

实验 7.3　利用思维导图构造知识结构图

【实验目的】

了解思维导图的制作方法。

【实验内容】

（1）双击打开桌面上的"思维导图"快捷图标。

（2）选择一个思维导图的"样式"和"风格"。

（3）在"中心主题"中输入所要的文字。

（4）选取"主心主题"，然后按 Tab 键制作"分支主题"，再输入"分支主题"名称。

（5）当思维导图编辑完成后，选择"文件"→"另存为"命令对文件进行保存。

（6）还可以选择"文件"→"导出"→"图片"命令，将思维导图保存为图片。

【实验步骤】

思维导图又称脑图、心智地图、脑力激荡图、灵感触发图、概念地图、树状图、树枝图或思维地图，是一种图像式思维的工具以及一种利用图像式思考辅助工具。思维导图是使用一个中央关键词或想法引起形象化的构造和分类的想法；它用一个中央关键词或想法以辐射线连接所有的代表字词、想法、任务或其他关联项目的图解方式。

思维导图充分运用左右脑的机能，利用记忆、阅读、思维的规律，协助人们在科学与艺术、逻辑与想象之间平衡发展，从而开启人类大脑的无限潜能。思维导图因此具有人类思维的强大功能。

思维导图是表达发散性思维的有效图形思维工具，它简单却又很有效，是一种革命性的思维工具，便于人们对于知识的归纳总结。

从网上下载一款免费的思维导图软件，进行安装很方便。下面对 XMind8 进行简单介绍。

（1）在桌面上找到"思维导图"快捷图标，选择并双击此图标，如图 7-26 所示。

（2）选择"逻辑图（向右）"空白图，如图 7-27 所示。

（3）在"选择风格"的窗口中选择自己喜欢的风格，向下拖动滚动条，如图 7-28 所示。

（4）在"选择风格"对话框中选择"绿茶"风格的图标，单击"新建"按钮，如图 7-29 所示。

（5）在"思维导图"的编辑区域中选择"中心主题"文本框，如图 7-30 所示。

（6）输入文字"计算机应用基础"课程的名字，如图 7-31 所示。

（7）选择"计算机应用基础"文本框，按 Tab 键，出现下一层"分支主题 1"，如图 7-32 所示。

（8）将"分支主题 1"修改为"第一单元　计算机与信息素养"，如图 7-33 所示。

（9）选择"第一单元　计算机与信息素养"分支主题，按 Tab 键，出现分支主题下一级分支节点"子主题 1"文本框，如图 7-34 所示。

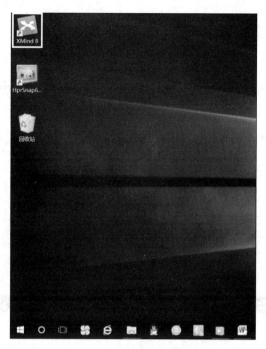

图 7-26　"思维导图"快捷图标

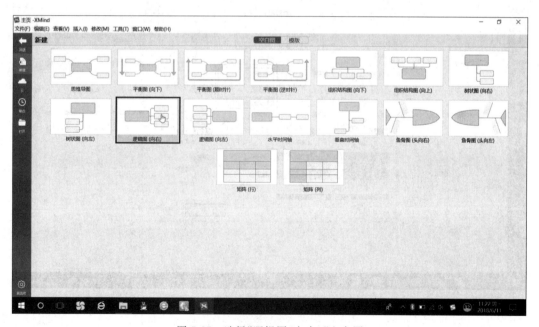

图 7-27　选择"逻辑图(向右)"空白图

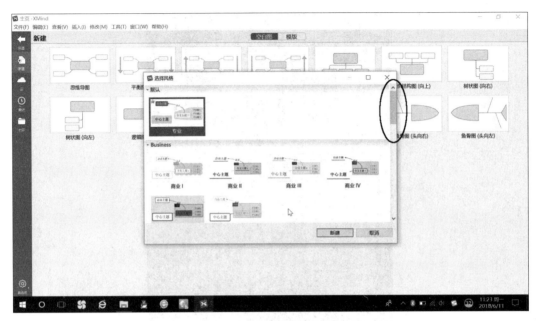

图 7-28 "选择风格"的窗口

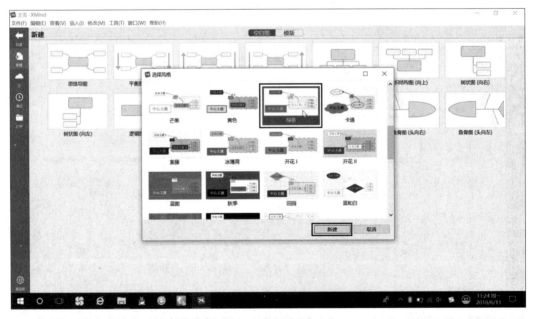

图 7-29 "绿茶"风格的图标

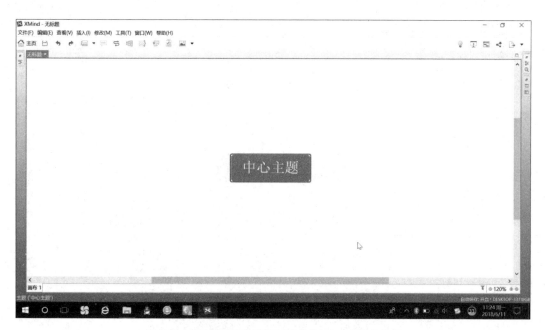

图 7-30　"思维导图"编辑区域的"中心主题"文本框

图 7-31　修改"中心主题"为"计算机应用基础"

图 7-32 分支主题 1

图 7-33 修改"分支主题 1"为"第一单元 计算机与信息素养"

图 7-34　子主题 1 节点

（10）修改"子主题 1"名称为"1.1　信息与信息处理"，如图 7-35 所示。

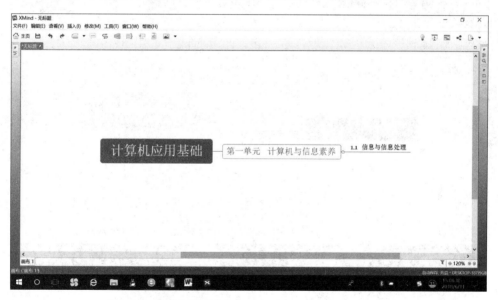

图 7-35　修改"子主题 1"名称为"1.1　信息与信息处理"

（11）依照"子主题 1"方式，添加子主题 2、子主题 3……并修改其名字，如图 7-36 所示。

（12）选择"计算机应用基础"中心主题，按 Tab 键，生成分支主题 2，如图 7-37 所示。

（13）依照上述的操作，分别添加分支主题 3、分支主题 4……并修改其名字为单元名称，如图 7-38 所示。

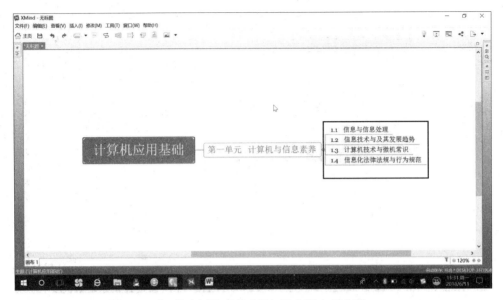

图 7-36　依照"子主题 1"方式添加子主题 2、子主题 3……

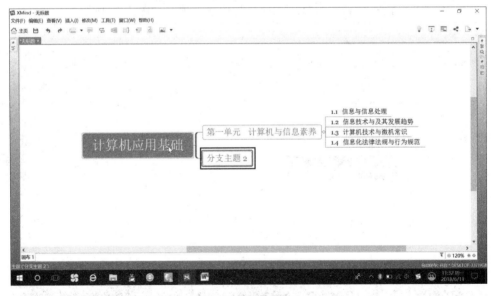

图 7-37　分支主题 2

（14）如果在编辑的过程中出现错误，则选取错误内容，在编辑的空白处右击，会出现一个快捷菜单，在菜单中选择"删除"命令进行内容的删除，也可以按 Delete 键进行删除，如图 7-39 所示。

（15）当"思维导图"编辑完成后，选择"文件"→"导出"命令，可以导出各种类型的文件，如图 7-40 所示。

（16）在"选择"窗口中选择"图片"选项，然后单击"下一步"按钮，如图 7-41 所示。

（17）选择生成图片的格式及存储的位置，然后单击"完成"按钮，如图 7-42 所示。

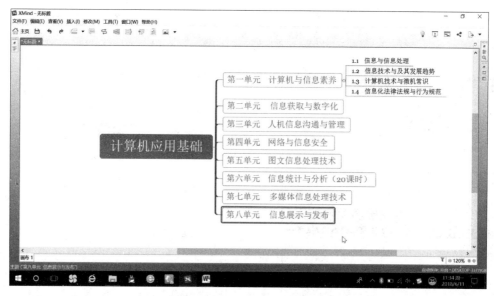

图 7-38　添加分支主题 3、分支主题 4……并修改其名字为单元名称

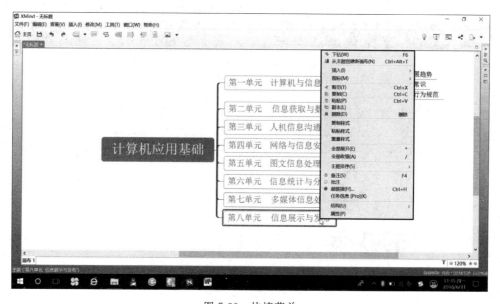

图 7-39　快捷菜单

　　(18) 当图片成功导出之后，会出现一个提示对话框，单击"打开"按钮，如图 7-43 所示，就可以看到成功导出的思维导图的图片，如图 7-44 所示。

　　(19) 选择"文件"→"另存为"命令，保存思维导图的原始文件，如图 7-45 所示。

　　(20) 在"保存"对话框中给"思维导图"文件取一个名称，默认名称与"中心主题"中的名称相同。选择"我的电脑"单选按钮，单击"保存"按钮，如图 7-46 所示。

　　(21) 桌面上生成一个名称为"计算机应用基础"的思维导图文件，如图 7-47 所示。

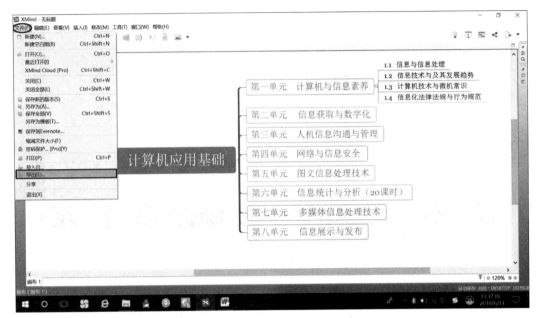

图 7-40　选择"文件"→"导出"命令

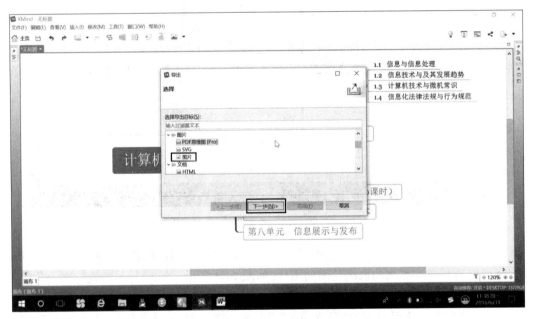

图 7-41　在"选择"窗口中选择"图片"选项

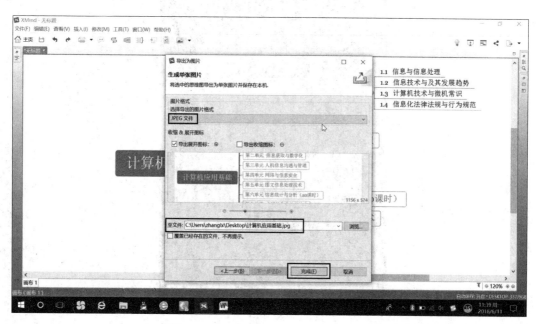

图 7-42　图片的格式及存储位置的选择

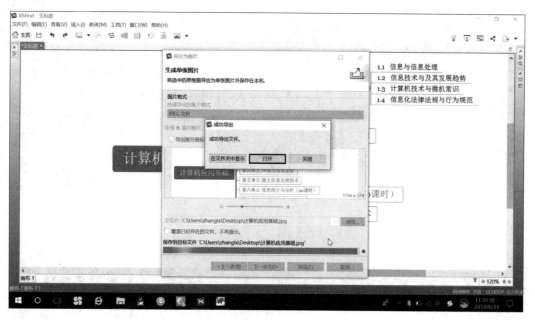

图 7-43　"成功导出"提示对话框

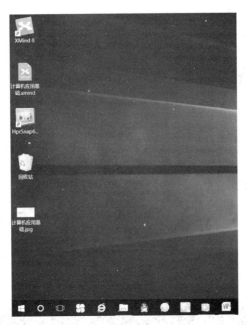

图 7-44　由"思维导图"导出的图片

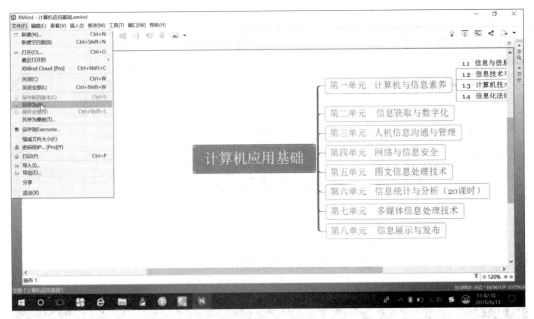

图 7-45　选择"文件"→"另存为"命令

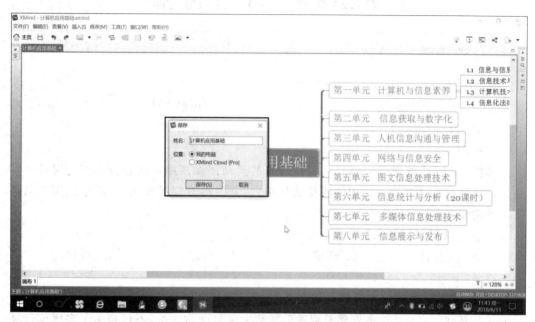

图 7-46　"保存"对话框

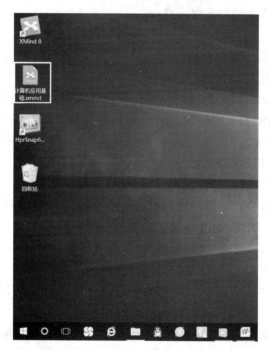

图 7-47　桌面上显示"计算机应用基础"思维导图文件

263

第四部分 习题精解

一、选择题

1. MPEG 是（　　）的压缩编码方案。

    A. 单色静态图像　　　　　　　　　　B. 彩色静态图像

    C. 数字视频　　　　　　　　　　　　D. 数字音频

答案：C

解析：MPEG 格式是采用 ISO/IEC 颁布的运动图像压缩算法进行压缩的视频文件格式。与之对应，JPEG 是常用的图像文件格式，是一种有损压缩格式，广泛应用于网络图像传输和光盘读物中。

2. 多媒体的关键技术是数据（　　）。

    A. 交互性　　　　　B. 压缩　　　　　　C. 格式　　　　　　　D. 可靠性

答案：B

解析：数据压缩技术是计算机处理语音、静止图像和视频图像数据，进行数据网络传输的重要基础。未经压缩的图像及视频信号数据量是非常大的，不仅超出了多媒体计算机的存储和处理能力，更是当前通信信道速率所不能及的。因此，为了使这些数据能够进行存储、处理和传输，必须进行数据压缩。

二、简答题

1. 什么是 PDF 格式文件？这种格式文件有哪些特点？

答案：PDF（Portable Document Format，便携式文件格式）也称为可移植文档格式，是 Adobe 公司开发的电子文件格式。PDF 格式文件与操作系统平台无关，即不管是在 Windows、UNIX 还是 Mac OS 操作系统中，这种格式的文件都是通用的。

PDF 格式文件具有以下特点。

（1）支持跨平台。使用与操作系统平台无关。

（2）保留文件原有格式。PDF 格式文件在传输过程中及被对方收到时，均保持"原貌"，具有安全可靠性。如果对 PDF 格式文件进行修改，将留下相应的痕迹。

（3）可以将带有格式的文字、图形图像、超文本链接、声音和动态影像等多媒体电子信息均封装在一个文件中，不论大小。

（4）PDF 文件包含一个或多个"页"，每一页都可单独处理，特别适合多处理器系统的工作。

（5）文件使用工业标准的压缩算法，集成度高，易于存储与传输。PDF 文件的这些特点使它成为在 Internet 上进行电子文档发行和数字化信息传播的理想文档格式。

2. 比较数码设备中 CF 卡、SD 卡和 TF 卡的异同。

答案：这些存储卡本质上都是闪存卡，功能基本一样，只是存储卡的规格不同。不同的存储卡适合不同的数码设备(品牌和机型)。

CF 卡(Compact Flash Card)多用于解决数码单反相机的存储问题,有可永久保存数据、无须电源、速度快等优点,价格低于其他类型的存储卡。

SD 卡(Secure Digital Memory Card)是小型数码相机等数码设备的存储卡或读写设备。多数笔记本电脑都集成了 SD 读卡器,可以方便地读取 SD 卡的信息。

TF 卡(Trans-Flash Card)即 micro SD 卡,是一种超小型大容量移动存储卡,多用于智能手机、平板电脑等小型电子产品。

第五部分　综合任务

任务 7.1　截图软件的使用

【任务目的】

以 HyperSnap 6 为例,掌握截图软件的使用。

【任务要求】

使用 HyperSnap 6 软件进行全屏幕截取、选定区域的截取、带光标截取、记录屏幕操作的视频等功能。

【任务分析】

在日常生活和工作中经常需要截取屏幕、聊天窗口等,HyperSnap 6 是一款优秀的屏幕截图工具,它不仅能抓取标准桌面程序,还能抓取 DirectX、3Dfx Glide 的游戏视频或DVD 屏幕图,并且在抓取的图像中显示鼠标轨迹等。本任务重点熟悉此软件的常用功能,如全屏幕截图、选定区域截图、连同光标截图等,以方便大家的使用。

【步骤提示】

首先运行 HyperSnap 6 软件,打开如图 7-48 所示的 HyperSnap 6 的主界面窗口。

1. 全屏幕截取

选择"捕捉"→"全屏"命令,软件会自动缩小,然后显示当前屏幕,此时会听到"咔嚓"一声,屏幕闪动,然后软件自动还原,在其图像编辑区域中显示刚刚捕捉到的整个屏幕的效果。

2. 连同光标截取

有时为了得到更加真实的效果,往往需要连同光标一起截取。单击"捕捉"→"捕捉设置"按钮,在打开的"捕捉设置"对话框的"捕捉"选项卡中选中"包括光标图像"复选框,如图 7-49 所示。单击"确定"按钮退出,截取的图像上就会显示光标图像。

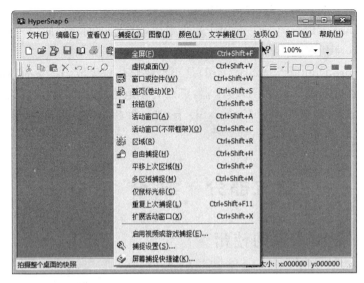

图 7-48　HyperSnap 6 主界面

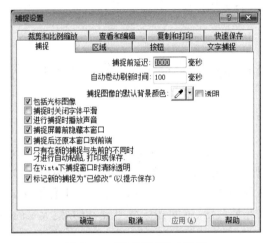

图 7-49　"捕捉设置"对话框

3. 选定区域截取

单击"捕捉"→"区域"按钮或按 Ctrl＋Shift＋R 组合键,软件自动缩小,当前屏幕上出现十字线,单击要截取范围的一个角,软件在屏幕上显示一个放大区域,以便用户观察,然后再按住左键拖动鼠标,在选取范围的另外一个角上单击,就成功地选取了所要的范围。如果放弃截取,右击即可。

4. 截取扩展窗口

通过这个功能,可以真正把屏幕上显示的内容全部截取。例如,在浏览一个网站时,若 IE 中显示的内容较多,会在窗口的右侧出现滚动条,这时通过一般的方法无法截取滚动条下面的扩展内容。通过选择"捕捉"→"扩展活动窗口"命令或者按 Ctrl＋Shift＋X 组合键,即可对窗口滚动条下的扩展内容进行截取,如图 7-50 所示。

5. 截取 VCD、DVD 及 DirectX 显示图像

能否顺利地截取电影画面,取决于用户所使用的播放器。当用户的播放器能够支持捕捉图像时,选择"捕捉"→"启用视频或游戏捕捉"选项,并在弹出的设置框中选中所有选项,如图 7-51 所示,按 Scroll Lock 键就可以截取到 VCD、DVD 或 DirectX 图像。

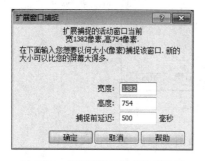

图 7-50　"扩展窗口捕捉"对话框

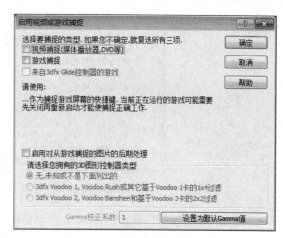

图 7-51　"启用视频或游戏捕捉"对话框

6. 自由捕捉

大多数截图软件只能截取矩形、圆形、多边形窗口,但这还不够自由。如在网上见到一幅精美的建筑图片,只想选取其中一部分,这时 HyperSnap 6 的自由捕捉(Freehand)功能就派上用场了。选择"捕捉"→"自由捕捉"命令,然后将所需截取的部分一点点圈出来,再右击,选择"结束捕捉"命令,即可完成截取。

提示:

(1) 按住鼠标左键时,将会以点的方式记录鼠标的轨迹。如果在中间松开左键,则会以直线方式连接。

(2) 使用 HyperSnap 6 截图时,右击会弹出功能菜单,可以完成或取消捕捉,还可以在多种捕捉方式间进行切换。

7. 直接将捕捉图像粘贴到 Word 文件中

HyperSnap 6 的"将捕捉的图像直接粘贴到当前的 Word 文件"这一功能,在写文章时如果需要一些插图,捕捉后立刻就可以将它粘贴到所编辑的 Word 文件中,而不必像在 Word 中那样,每插入一幅图片都要进行几步操作。

具体操作方法如下。

(1) 打开要编辑的 Word 文件。

（2）单击"捕捉设置"按钮，打开"捕捉设置"对话框。

（3）选择"复制和打印"选项卡，选中"复制每次捕捉的图像到剪贴板"复选框，然后选中"粘贴每次捕捉的图像到"复选框，在其下拉列表框中选中当前正在编辑的 Word 文件，如图 7-52 所示。

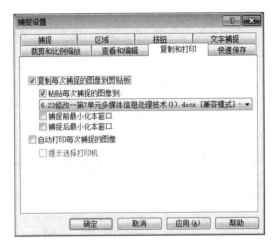

图 7-52 "复制和打印"选项卡

（4）单击"确定"按钮，截图后图像全自动粘贴到当前编辑的 Word 文档中。

8. 自动保存捕捉文件

（1）单击"捕捉"→"捕捉设置"按钮，打开"捕捉设置"对话框的"快速保存"选项卡，如图 7-53 所示。

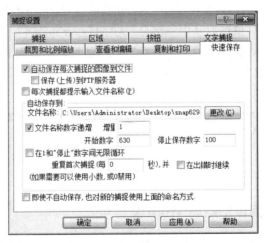

图 7-53 "快速保存"选项卡

（2）选中"自动保存每次捕捉的图像到文件"复选框，程序将捕捉到的图像自动保存到一个文件夹。由于 Windows 的剪贴板只能存放一幅图像，所以只有最后一幅被截取的图像才会保留在剪贴板中。单击"更改"按钮，可以更改自动保存文件的路径。如果选中"每次捕捉都提示输入文件名称"复选框,则在每一次捕捉完成后均需输入要保存的文件名。

任务7.2　制作多媒体宣传短片

【任务目的】

熟练掌握多媒体素材的获取与简单制作方法,能制作多媒体短片。

【任务要求】

习近平在中国共产党第十九次全国代表大会上的报告,是目前全国人民都关心的一件大事,也是一件学习任务,因现在只有一本纸质材料,所以,需要将纸质材料制作成多媒体宣传片,可以进行循环播放,达到全员了解并学习的目的。

【任务分析】

本任务旨在考查学生多媒体技术的灵活使用情况。

【步骤提示】

要完成本任务,首先要用思维导图制作十九大报告内容的总体框架,获取报告的关键文字内容,从网上获取图像素材,制作成演示幻灯片,然后利用演示文稿中的"动画"制作幻灯片的放映效果,并且利用"幻灯片放映"中的"录制幻灯片演示"完成幻灯片的录制,然后选择"文件"→"另存为"命令,再选取 .mp4 文件类型进行保存,即可完成多媒体宣传片的制作。

(1)利用思维导图获取十九大报告的框架,并制作成图片,如图 7-54 所示,作为多媒体宣传片内容。

(2)从网上下载或利用 HyperSnap 6 软件截取宣传短片中所需的图片,应用到演示文稿中。

(3)在思维导图中,利用文字的复制、粘贴等方式制作演示文稿。对于大幅的文字,可以利用"手机搜狗输入法"中的"文字扫描"功能,从纸质资料中迅速获取。

(4)当演示文稿制作完成后,制作演示文稿的动画效果。

(5)利用演示文稿中的"幻灯片放映"→"录制幻灯片演示"功能,边手动播放,边进行录音,如图 7-55 所示,完成多媒体宣传片演示文稿的制作。

(6)选择"文件"→"另存为"命令,选取 .mp4 格式将制作完成的多媒体宣传片的演示文稿进行保存,如图 7-56 所示,即完成了多媒体宣传片视频的制作。

(7)可以通过网络下载或者迅捷屏幕录像工具获取其他视频资料,然后通过编辑操作将视频进行裁剪,最后制作成一部完整的多媒体宣传短片。

(8)使用系统自带的光盘刻录功能,使用专业的刻录软件制成光盘并永久保存。

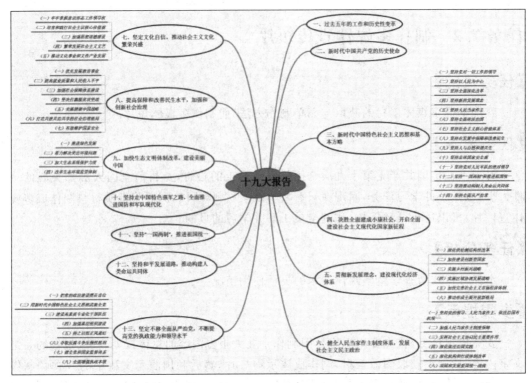

图 7-54　用思维导图制作的十九大报告内容框架

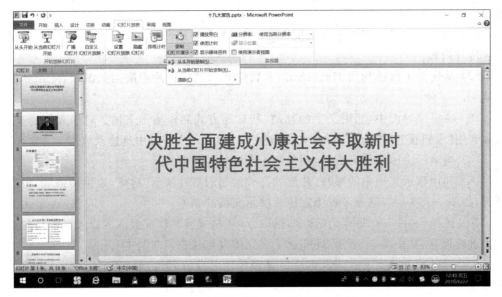

图 7-55　录制幻灯片演示文稿的播放效果

图 7-56　演示文稿另存为 mp4 类型视频

第六部分　考证辅导

一、全国计算机等级考试考证辅导

1. 考试要求

一级考试的考试内容为：多媒体技术的概念与应用。

二级考试的基本要求为：掌握多媒体技术基本概念和基本应用。考试内容与一级相同。

2. 模拟练习

（1）在一片直径为 5 英寸的 CD-ROM 上，大约可以存储（　　）MB 的数据。

  A. 128   B. 256   C. 700   D. 1024

（2）与传统媒体相比，多媒体的特点不包括（　　）。

  A. 多样性   B. 集成性   C. 交互性   D. 分时性

（3）以下文件格式中，不属于视频文件的是（　　）。

  A. JPG   B. AVI   C. MOV   D. MPEG

（4）DVD 视频节目和 HDTV 编码压缩都采用（　　）压缩标准。

  A. MPEG-1   B. MPEG-2   C. MPEG-4   D. MP3

（5）GIF 格式文件的最大缺点是最多只能处理（　　）种色彩，因此不能用于存储真彩色的大图像文件。

  A. 128   B. 256   C. 512   D. 160 万

271

（6）Photoshop 是目前使用最广泛的专业（　　　）处理软件。

    A. 动画　　　　　　　B. 图像　　　　　　　C. 音频　　　　　　　D. 多媒体

（7）图像印刷分辨率单位一般用（　　　）表示。

    A. KB　　　　　　　　B. 像素　　　　　　　C. dpi　　　　　　　D. bps

（8）灰度图像中亮度表示范围有（　　　）个灰度等级。

    A. 128　　　　　　　B. 255　　　　　　　C. 1024　　　　　　　D. 160 万

（9）目前通用的压缩编码国际标准主要有（　　　）和 MPEG。

    A. JPEG　　　　　　B. AVI　　　　　　　C. MP3　　　　　　　D. DVD

（10）数据压缩技术利用了数据的（　　　）性，以减少图像、声音、视频中的数据量。

    A. 冗余　　　　　　B. 可靠　　　　　　　C. 压缩　　　　　　　D. 安全

二、全国计算机信息高新技术考试考证辅导

此部分内容在全国计算机信息高新技术考试中不涉及。

第8单元 信息展示与发布

PowerPoint 2013 是 Microsoft Office 2013 系列办公组件之一,主要用于制作电子演示文稿,提供了在计算机上生成、显示和制作演示文稿的各种工具,同时在演示文稿中可以嵌入音频、视频剪辑及 Word 或 Excel 等其他应用程序的文档。学会使用 PowerPoint 2013,是当代信息发展的要求。

单元学习目标

- 掌握 PowerPoint 2013 的基本概念。
- 掌握演示文稿的创建方法。
- 掌握编辑演示文稿的一些基本操作。
- 了解并掌握演示文稿的基本修饰方法。
- 掌握演示文稿的播放方法。
- 掌握演示文稿的打印方法。
- 了解演示文稿的打包方法。

第一部分 能力自测

一、先前学习成果评价

首先,请向任课教师提交能证明你先前学习过本单元内容的证据。然后,在 20 分钟内回答下列问题。

(1) 你有过使用 PowerPoint 2013 做演讲的经历吗?

(2) 你知道演示文稿的设计原则是什么吗?

(3) 你知道如何制作出吸引人的演示文稿吗?

二、当前技能水平测评

按照要求制作自我介绍的 PPT,具体要求如下。

(1) 要介绍本人的基本情况、爱好、特长、性格等内容。

(2) 要有本人的照片。

(3) 要有标题幻灯片。

（4）将要介绍的几部分标题组成一个目录页，并设置超链接，使单击标题能够进入相应的介绍页，该部分介绍结束后可以返回目录页。

（5）在 PPT 首页插入背景音乐，循环播放到 PPT 演示结束。

（6）对选用的幻灯片模板，采用不同的配色方案来修饰演示文稿。

（7）为幻灯片设置动画效果和幻灯片切换效果。

第二部分　学　习　指　南

一、知识要点

1. 演示文稿

演示文稿由一组幻灯片组成，集文字、图片、声音以及视频剪辑等多媒体元素于一体，并使用专门软件进行设计制作并播放电子文档，具有向公众传递信息的作用，已广泛应用于多媒体教学、公众演讲、公共信息展示等诸多领域。PowerPoint 2013 是一款演示文稿制作与放映软件，用其制作的演示文稿文件扩展名为.pptx。

2. 幻灯片

幻灯片是演示文稿的基本组成单元，用户要演示的全部信息包括文字图形、表格、图表、声音和视频等都以幻灯片为单位进行组织。

3. 占位符

占位符是 PowerPoint 中特有的概念，是指创建新幻灯片时出现的虚线方框，这些方框代表特定的对象，用来放置标题、正文、图表、表格和图片等。占位符是幻灯片设计模板的主要组成元素，在占位符中添加文本和其他对象，可以方便地建立规整、美观的演示文稿。在文本占位符上单击，可以输入或粘贴文本。如果文本大小超出了占位符的大小，PowerPoint 会自动调整输入的字号和行间距，以使文本大小合适。

4. 对象

对象是指 PowerPoint 中可编辑、可展示，并具有特定功能的一些信息展示模式，包括文本框、艺术字、页眉/页脚、图形、图片、图标、音频、视频、超链接等。使用这些对象可以丰富幻灯片的内容，制作图文声像并茂的多媒体演示文稿。

5. 视图

PowerPoint 2013 提供了 4 种演示文稿视图（普通视图、幻灯片浏览视图、备注页视图、阅读视图）和 3 种母版视图（幻灯片母版视图、讲义母版视图、备注母版视图）。每种视图都有其特定的显示方式，选用不同的视图，可以使文档的浏览或编辑更加方便。

6. 主题

主题是事先设计的一组演示文稿的样式框架,规定了演示文稿的外观模式,包括配色方案、背景、字体样式和占位符位置等。在演示文稿中使用某种主题后,则该演示文稿中设置使用该主题的所有幻灯片都具有统一的颜色配置和布局风格。

制作演示文稿时,用户可以直接在主题库中选择使用,也可以通过自定义方式修改主题的颜色、字体和效果并形成自定义主题。

7. 母版

母版是具有特定格式的一类幻灯片模板,它包含字体、占位符的大小和位置、背景设计等信息。更改母版中的某些信息,将会影响到使用该母版的所有幻灯片的外观。PowerPoint 2013 共有幻灯片母版、讲义母版和备注母版三种母版,分别用于控制演示文稿中的幻灯片格式、讲义页格式和备注页格式。

8. 动画

动画是指可以赋予文本或其他对象(如图形或图像)的特殊视觉和声音效果。利用动画可以突出重点、控制信息流并增加演示文稿的趣味性。幻灯片的动画效果包括幻灯片中的某个动画效果的设置和幻灯片之间切换的动画效果。

二、技能要点

1. 创建演示文稿

(1) 创建空白演示文稿。依次选择"开始"→"所有程序"→Microsoft Office→Microsoft PowerPoint 2013 命令,启动 PowerPoint 2013,打开模板搜索和选择页面,在这里可以创建一个空白演示文稿。如果要在已经启动的 PowerPoint 中创建一个新的空白演示文稿,依次选择"文件"→"新建"命令,在模板搜索和选择页面选择"空白演示文稿",即可完成创建。

(2)用模板和主题创建演示文稿。选择"文件"→"新建"命令,在模板搜索和选择页面选择一个模板,单击右侧的"创建"按钮,或直接双击模板,即可完成创建。也可以从 Office.com 下载模板来创建演示文稿。

2. 打开演示文稿

若 PowerPoint 2013 未打开,可直接双击需要打开的演示文稿图标。若 PowerPoint 2013 已打开,选择"文件"→"打开"命令,出现"打开"对话框,选择需要打开的演示文稿,然后单击"打开"按钮。

还可根据需要选择打开最近使用的演示文稿、以只读方式打开演示文稿、以副本方式打开演示文稿的不同的打开方式。

3. 保存演示文稿

选择"文件"→"保存"命令,或单击工具栏中的"保存"按钮,在弹出的"另存为"对话框中选择要保存的路径,在"文件名"文本框中为演示文稿命名,最后单击"保存"按钮,即可保存演示文稿。

在 PowerPoint 2013 中,可以将幻灯片转换为视频,以便他人分享。单击"文件"按钮,在后台视图中切换到"另存为"选项卡,然后单击保存类型为 Windows Media 的视频即可。

4. 文本的输入

(1) 在占位符中输入:在文本占位符上单击,可以输入或粘贴文本。

(2) 使用文本框输入:如果要在占位符以外的位置输入文本,必须在文本框中输入。

5. 文本的编辑

要对幻灯片中的某文本进行编辑,必须先选择该文本。根据需要,可以选取整个文本框、整段文本或部分文本。

幻灯片的文本编辑通常在普通视图下进行,主要包括插入、删除、复制、移动等,方式与 Word 中基本相同。

6. 格式化幻灯片

格式化幻灯片包括文本格式化、使用主题和幻灯片背景等。

通过"开始"功能选项卡的"字体"组中的命令可以设置字体、字号、颜色等;通过"段落"组中的"行距"命令可以设置行间、段前、段后的距离;通过"段落"组中的"分栏"按钮可以对幻灯片文本进行分栏;使用"段落"组中的"项目符号"命令可以设置项目符号和编号。

通过"设计"功能选项卡的"自定义"组中的"设置背景格式"命令可以设置幻灯片的背景。

7. 插入对象

插入对象共有两种方法。

(1) 通过"插入"功能选项卡的命令直接插入。

(2) 利用包含该对象占位符的版式进行。

8. 管理幻灯片

幻灯片管理包括插入、删除、移动、复制、隐藏幻灯片。在插入新幻灯片,或者删除、复制、移动幻灯片之前,均应先选中相应的一张或多张幻灯片。

(1) 选择幻灯片有以下三种方式。

① 选择一张幻灯片,只需在幻灯片/大纲窗格中单击对应幻灯片的缩略图即可。

② 选择多张连续的幻灯片,在幻灯片/大纲窗格中单击所选第一张幻灯片的缩略图,

然后按住 Shift 键的同时单击最后一张幻灯片的缩略图。

③ 选择多张不连续的幻灯片,在幻灯片/大纲窗格中单击所选第一张幻灯片的缩略图,然后按住 Ctrl 键的同时逐个单击要选择的各幻灯片缩略图。

(2) 插入同版式幻灯片有以下 4 种方式。

① 在大纲/幻灯片视图窗格中选中一张幻灯片,直接按 Enter 键,即可插入一张幻灯片,插入位置位于当前所选中幻灯片之后。

② 在需要插入幻灯片的位置右击,在弹出的快捷菜单中选择"新建幻灯片"命令。

③ 直接单击"开始"功能选项卡的"幻灯片"组中的"新建幻灯片"按钮。

④ 按 Ctrl＋M 组合键。

(3) 通过选择版式插入新幻灯片:将鼠标指针移到需要插入的位置,单击"开始"功能选项卡的"幻灯片"组中"新建幻灯片"按钮下的小三角,在下拉列表框中选择新建的幻灯片版式,即可新建一张指定版式的幻灯片。

(4) 删除幻灯片:选中要删除的幻灯片,然后按 Delete 键即可删除。

(5) 复制幻灯片:选中要复制的幻灯片,单击"开始"功能选项卡的"剪贴板"组中的"复制"按钮,或按 Ctrl＋C 组合键,在目标位置再单击"粘贴"按钮或按 Ctrl＋V 组合键,即可将幻灯片复制到目标位置。

(6) 移动幻灯片:移动幻灯片就是将幻灯片的次序进行调整,更改幻灯片放映时的播放顺序。选中要复制的幻灯片,单击"开始"功能选项卡的"剪贴板"组中的"剪切"按钮,或按 Ctrl＋X 组合键,在目标位置再单击"粘贴"按钮或按 Ctrl＋V 组合键,即可将幻灯片移动到目标位置。

(7) 隐藏幻灯片:单击"幻灯片放映"功能选项卡下的"隐藏幻灯片"按钮;或右击要隐藏的幻灯片,选择"隐藏幻灯片"命令。

9. 设置幻灯片主题

先选中需要设置为所选主题的幻灯片,然后单击"设计"功能选项卡下的"主题"组,单击预览图右侧的下拉按钮,打开主题库并选择一个主题即可。

10. 编辑幻灯片母版

选择"视图"功能选项卡,单击"母版视图"组中的"幻灯片母版"按钮,即可进入母版的编辑状态。关闭母版后,母版将按修改后的格式保存。

11. 设置动画效果

(1) 设置动画效果:先选中需要设置动画效果的对象,然后通过"动画"功能选项卡的"动画"组进行设置。

(2) 设置幻灯片切换效果:先选中幻灯片,然后通过在"切换"功能选项卡的"切换到此幻灯片"组中选择相应切换效果来设置。

12. 演示文稿放映

（1）选择"幻灯片放映"功能选项卡，单击"开始放映幻灯片"组中的"从头开始"（或按 F5 键），即可开始放映幻灯片。

（2）单击演示文稿窗口左下角的按钮，计算机开始播放当前的幻灯片。

（3）在放映过程中可以通过逐张单击幻灯片依次放映；也可右击，在弹出的快捷菜单中选择"上一张""下一张""定位幻灯片""结束放映"命令进行放映。

（4）可以通过单击"幻灯片放映"功能选项卡的"设置"组中的"设置幻灯片放映"按钮，打开"设置放映方式"对话框，进行放映效果的设置。

13. 打印演示文稿

选择"文件"→"打印"命令，可以在打开的对话框中设置演示文稿的打印范围、打印方式等。

14. 打包演示文稿

打开要打包的演示文稿，选择"文件"功能选项卡中的"导出"命令，双击"将演示文稿打包成 CD"命令，然后按提示操作。

第三部分　实　验　指　导

实验 8.1　相册制作

【实验目的】

（1）掌握 PowerPoint 2013 的启动方法，认识 PowerPoint 2013 的界面。

（2）能创建演示文稿并根据需求创建不同版式的幻灯片。

（3）学会幻灯片背景格式的设置。

（4）能在幻灯片中插入艺术字和设置换片方式。

（5）掌握将演示文稿转换成视频的方法。

【实验内容】

使用 PPT 制作相册，要求学生自己准备相册素材。

【实验步骤】

1. 新建相册

（1）启动 Microsoft PowerPoint 2013，进入模板搜索和选择页面，选择"空白演示文稿"，如图 8-1 所示。

图 8-1　在模板中搜索和选择页面

　　（2）在"插入"功能选项卡的"图像"组中单击"相册"下三角按钮，在弹出的下拉列表中选择"新建相册"，打开"相册"对话框，如图 8-2 所示。

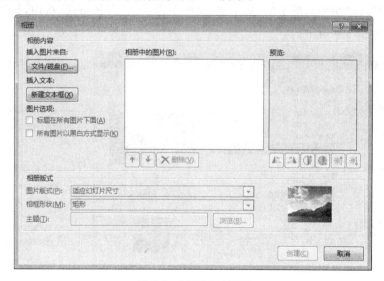

图 8-2　"相册"对话框

　　（3）在"相册"对话框中单击"插入图片来自："→"文件/磁盘..."按钮。打开"插入新图片"对话框，在出现的选择路径中寻找保存图片素材的文件夹。找到图片素材文件夹后，按 Ctrl 键选中所有需要插入的图片后，单击"插入"按钮，如图 8-3 所示。

　　（4）此时的"相册"对话框中可对照片进行预览、校对并确认。如要对某一照片调整，就选中该照片前面的方框，对话框的图片预览下的调整项目，如删除、上下调整以及照片的左转右转、对比度、亮度等调整的按钮就被激活了。同样可以设定图片版式的主题等。调整满意后，单击"创建"按钮会将所有照片插入新相册中，如图 8-4 所示。

图 8-3 "插入新图片"对话框

2. 设置相册背景格式、内容调整修饰

(1) 在"设计"功能选项卡的"自定义"组中单击"设置背景格式"按钮,打开"设置背景格式"窗格,如图 8-5 所示。

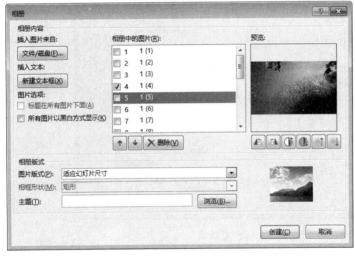

图 8-4 "相册"对话框

图 8-5 "设置背景格式"
窗格

在窗口中选择"渐变填充","类型"设置为路径,"颜色"设置为"黑色,背景 1",单击"全部应用"按钮。这样就为所有的页面都换成了统一的背景。

(2) 选择相册的第一张幻灯片,设计相册首页。单击幻灯片上的"相册"文本框,修改文字内容为"走过的足迹",如图 8-6 所示。

图 8-6　修改文本框内容

在文本框处于选中状态下，在"绘图工具"→"格式"功能选项卡的"艺术字样式"组中单击"其他"按钮，显示更多艺术字样式，选择"填充-金色，着色 4，软棱台"样式。创建者和制作时间也照此方法设置，如图 8-7 所示。

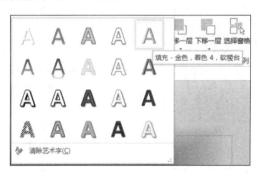

图 8-7　插入艺术字样式

（3）在如图 8-8 所示的"切换"功能选项卡的"切换到此幻灯片"组中为每一张幻灯片设置换片方式，第一张幻灯片设置切换方式为"帘式"。为其他每一张幻灯片加上或更改切换方式。

（4）为相册增加片尾。选中最后一张幻灯片，在"开始"功能选项卡的"幻灯片"组中单击"新建幻灯片"下三角按钮，在图 8-9 中选择幻灯片空白版式。

（5）在"插入"功能选项卡的"文本"组中单击"艺术字"下三角按钮，选择"渐变填充-蓝色，着色 1，反射"样式，如图 8-10 所示。将在幻灯片上出现的字样"请在此放置您的文字"提示语改写为"谢谢观看！再见！"。可自行调整其字体字号。

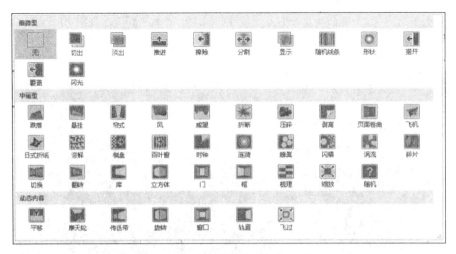

图 8-8　设置换片方式

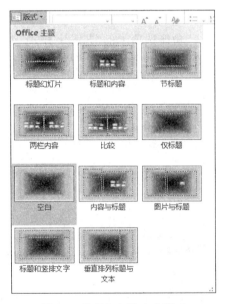

图 8-9　选择幻灯片空白版式

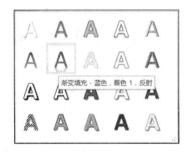

图 8-10　插入"渐变填充-蓝色,着色 1,反射"样式

3. 发布

选择"文件"→"另存为"命令,在出现的对话框中选择保存目标,例如"桌面",如图 8-11 所示。在弹出的下拉菜单中选择"MPEG-4 视频(＊.mp4)"选项,将项目命名为"走过的足迹.mp4",如图 8-12 所示。单击"保存"按钮,相册就制作成视频文件了。

图 8-11　另存文件

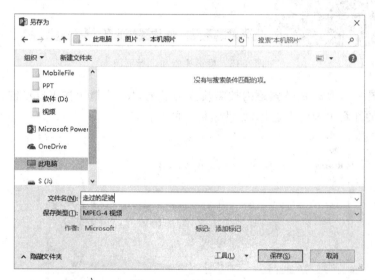

图 8-12　选择保存类型

实验 8.2　图书策划案演示文稿

【实验目的】

（1）学会使用模板和主题创建演示文稿。

（2）掌握演示文稿中表格的使用。

（3）掌握使用 SmartArt 图形展示幻灯片内容的方法。

【实验内容】

制作图书策划案演示文稿。

【实验步骤】

1. 使用模板和主题

（1）打开 Microsoft PowerPoint 2013，进入模板搜索和选择页面，如图 8-13 所示。

图 8-13　模板搜索和选择页面

（2）在图 8-14 所示的搜索框内按需输入关键词，如"营销"，按 Enter 键；也可以直接在它所提供的几个关键词中选择，如搜索框下的"营销"等。

图 8-14　搜索模板"营销"

（3）等待搜索结果。可以看到营销关键词下有很多款模板，如图 8-15 所示。

图 8-15　营销关键词

（4）选择"产品或服务的业务销售演示文稿"，单击"创建"按钮，即可下载并新建演示文稿，如图 8-16 所示。

图 8-16　产品或服务的业务销售演示文稿

（5）在"设计"功能选项卡的"主题"组中单击"其他"按钮，选择"保存当前主题"，如图 8-17 和图 8-18 所示。

图 8-17　展开"主题"组

图 8-18　"保存当前主题"对话框

（6）单击"保存"按钮，保存该主题，文件名"主题 1. thmx"。

（7）在选项卡下单击"打开"按钮，选择打开"计算机"。单击"浏览"按钮，在"打开"对话框中打开素材文件"图书策划素材. pptx"。

（8）为打开的素材文件"图书策划素材. pptx"应用"主题 1. thmx"。在"设计"功能选项卡的"主题"组中单击"其他"按钮，选择"自定义"分类中的"主题 1"，如图 8-19 所示。

图 8-19　主题应用结果

（9）修改第二张幻灯片的版式为"标题和竖排文字"。选中演示文稿中的第二页幻灯片，在"开始"功能选项卡的"幻灯片"组中单击"版式"下三角按钮，在弹出的下拉列表中选择"标题和竖排文字"即可，如图 8-20 所示。

2. 插入表格

（1）选中第五张幻灯片，在"插入"功能选项卡的"表格"组中单击"表格"下三角按钮，在弹出的下拉列表中选择"插入表格"命令，即可弹出"插入表格"对话框。

（2）在"列数"微调框中输入 5，在"行数"微调框中输入 6，然后单击"确定"按钮，即可在幻灯片中插入一个 6 行、5 列的表格。

（3）在表格中分别依次输入列标题"图书名称""出版社""作者""定价""销量"，如图 8-21 所示。

图 8-20　选择版式

图书名称	出版社	作者	定价	销量

图 8-21　插入的表格

3．文本转换成 SmartArt 图形

（1）选中第六张幻灯片，选中内容文本框，在"开始"功能选项卡的"段落"组中单击"转换为 SmartArt"下三角按钮，在弹出的对话框中单击"其他 SmartArt 图形"按钮，如图 8-22 所示。

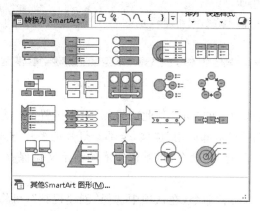

图 8-22　将选定文本转换成 SmartArt 图形

（2）会看到弹出图 8-23 所示的"选择 SmartArt 图形"对话框。

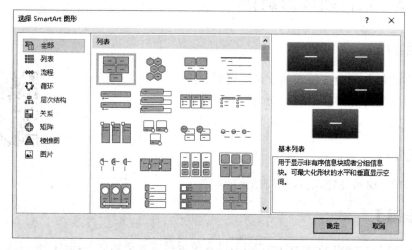

图 8-23　"选择 SmartArt 图形"对话框

（3）此处选择图形分类"流程"中的"步骤上移流程"，然后单击"确定"按钮，如图 8-24 所示。

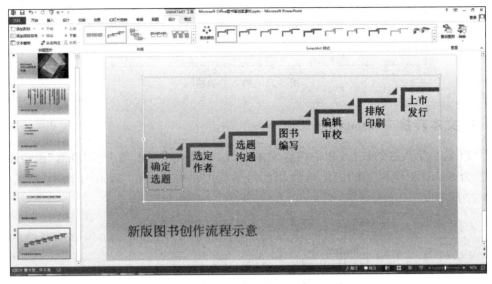

图 8-24 SmartArt 图形

（4）在"切换"功能选项卡的"切换到此幻灯片"组中设置换片方式。这里可以设置为"淡出"，选择"计时"组中的"全部应用"选项，全部幻灯片的换片方式即设置成"淡出"。

（5）选择"文件"→"另存为"命令，将制作完成的演示文稿保存为"图书策划案.pptx"文件。

（6）选择"文件"→"导出"命令，在选项中选择"创建视频"，可将制作完成的演示文稿保存为 MPEG-4 或 Windows Media 格式的视频文件。

实验8.3 快闪动画的制作

【实验目的】

（1）掌握幻灯片中各种动画效果的设置方法。
（2）掌握幻灯片切换中翻页动画的设置方法。
（3）掌握幻灯片对象和动画的复制与排版。

【实验内容】

使用 PPT 动画设置，实现快闪动画的制作。

【实验步骤】

（1）启动 Microsoft PowerPoint 2013，进入模板搜索和选择页面，选择"空白演示文稿"。
（2）在窗口左侧幻灯片导航缩略图中选中第一张幻灯片，在"开始"功能选项卡的"幻灯片"组中单击"版式"下三角按钮,修改为"空白"版式,如图 8-25 所示。

(3) 在"设计"功能选项卡的"自定义"组中单击"设置背景格式"按钮,打开"设置背景格式"窗格,设置"填充"为"纯色填充",修改颜色为"黑色,文字 1",如图 8-26 所示。

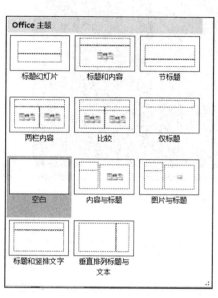

图 8-25 修改版式

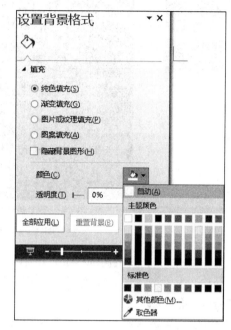

图 8-26 "设置背景格式"窗格

(4) 在"插入"功能选项卡的"媒体"组中单击"音频"按钮,选择"PC 上的音频",在弹出的"插入音频"对话框中选择已准备好的音频文件。

(5) 在"切换"功能选项卡的"计时"组中设置自动换片时间为 0.3 秒(00:00.30),如图 8-27 所示。

(6) 在"插入"功能选项卡的"幻灯片"组中新建一空白版式幻灯片。

(7) 重复步骤(3),修改背景颜色为"黑色,文字 1"。

(8) 通过"插入"功能选项卡的"文本"组插入一个"横排文本框"。选中该文本框对象,在"开始"功能选项卡的"字体"组中设置字体颜色为"白色,背景 1",输入汉字"我",设置字体为黑体、字号为 200。选中该文本框对象,在"绘图工具"→"格式"功能选项卡的"排列"组的"对齐"选项中设置对齐方式为"左右居中""上下居中",如图 8-28 所示。

图 8-27 设置自动换片时间

(9) 选中第二张幻灯片,在"切换"功能选项卡的"计时"组中设置自动换片时间为 0.3 秒(00:00.30)。

(10) 选中第二张幻灯片,右击,在快捷菜单中选择"复制幻灯片",得到第三张幻灯片,将第三张幻灯片文本框中的汉字替换成"来"。

(11) 回到第二张幻灯片,单击该幻灯片上的文本框对象,在"动画"功能选项卡的"动画"组中选择进入动画效果"缩放",设置"效果选项"中"消失点"为"对象中心","序列"为

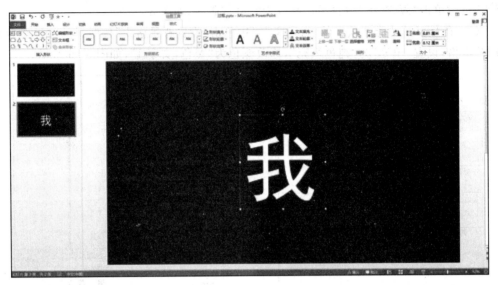

图 8-28　插入文本框对象

"作为一个对象","持续时间"为 0.25 秒,如图 8-29 所示。

图 8-29　设置动画的
持续时间

（12）选中第三张幻灯片,右击,在快捷菜单中选择"复制幻灯片"命令,得到第四张幻灯片。

（13）选中第四张幻灯片中的文本框,修改字号为 150,文本内容改为"做个自我"。调整文本框宽度,使文字横排。调整文本框对齐方式为"左右居中""上下居中"。

（14）选中该文本框对象,设置动画。在"动画"功能选项卡的"动画"组中选择强调动画效果"放大/缩小",设置"效果选项"中"方向"为"两者","数量"为"较大","序列"为"作为一个对象","持续时间"为 0.25 秒。

（15）复制第四张幻灯片,得到第五张幻灯片,修改文本框文字为"介绍",调整文本框大小,对齐方式改为"左右居中""上下居中",如图 8-30 所示。

（16）修改第五张幻灯片上文本框的动画效果。选中该文本框对象,在"动画"功能选项卡的"动画"组中单击"其他"按钮,如图 8-31 所示。在弹出的动画效果窗口（见图 8-32）中选择"更多进入效果",如图 8-33 所示,单击"温和型"类中的"基本缩放"选项。

（17）在"动画"功能选项卡的"高级动画"组中单击动画窗格按钮,可打开动画窗格,如图 8-34 所示。在动画窗格中选中该动画,在"动画"组中设置"效果选项"中的"显示比例"为"从屏幕底部缩小","序列"为"作为一个对象","持续时间"为 0.15 秒,如图 8-35 所示。

（18）选中文本框对象,按 Ctrl＋D 组合键复制文本框。再修改复制后的新文本框"效果选项"为"轻微放大","开始"时间为"上一动画之后",设置"持续时间"为 0.20 秒,如图 8-36 所示。

（19）在选中其中一个文本框的情况下,连续两次使用 Ctrl＋D 组合键,复制文本框,如图 8-37 所示。

（20）修改第三个文本框"效果选项"为"放大","开始"时间为"与一动画同时",设置

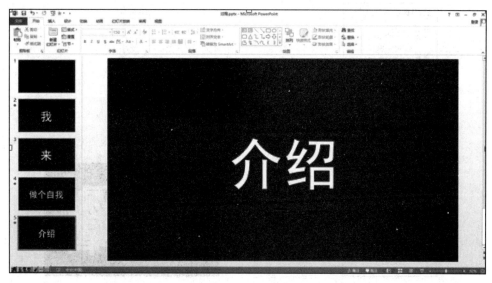

图 8-30 第五张幻灯片

"持续时间"为 0.20 秒,延迟为 0.02 秒,如图 8-38 所示。

(21)修改第四个文本框"效果选项"为"缩小","开始"时间为"与上一动画同时",设置"持续时间"为 0.20 秒,延迟为 0.04 秒,如图 8-39 所示。

图 8-31 单击"其他"按钮

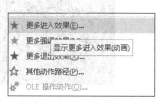

图 8-32 动画效果窗口

图 8-33 选择"更多进入效果"

图 8-34 动画窗格

图 8-35 设置动画效果

图 8-36　轻微放大效果

图 8-37　复制文本框

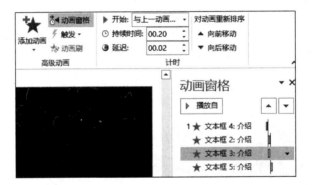

图 8-38　第三个文本框的设置

（22）使用鼠标拖动的方式,同时选中四个文本框,在"绘图工具"→"格式"功能选项卡的"排列"组中单击"对齐"下三角按钮,设置对齐方式为"左右居中"和"上下居中",如图 8-40 所示。

图 8-39　第四个文本框的设置

图 8-40　设置对齐方式

（23）可重复以上步骤，添加更多幻灯片。

（24）选择"文件"→"保存"命令，在出现的对话框页面中选择保存目标，例如"桌面"，将演示文稿命名为"自我介绍.pptx"，单击"保存"按钮。按 F5 键或在"幻灯片放映"功能选项卡中单击"从头开始放映"按钮，可观看演示文稿。

第四部分　习题精解

一、选择题

1. 幻灯片模板文件的默认扩展名是（　　）。

　　A．.ppsx　　　　　　B．.pptx　　　　　　C．.potx　　　　　　D．.ppt

答案：C

解析：PowerPoint 2003 版本及以前的默认扩展名为.ppt，2007 版本及以后的默认扩展名为.pptx。模板文件的默认扩展名为.potx。如果将幻灯片保存为.ppsx 类型，则始终在幻灯片放映视图（而不是普通视图）中打开演示文稿。

2. 在制作过程中如果对页面版式不满意，可以通过（　　）功能选项卡中的"版式"来调整。

　　A．文件　　　　　　B．开始　　　　　　C．插入　　　　　　D．设计

答案：B

解析：单击"开始"功能选项卡中的"版式"按钮，在下拉菜单中选择相应的版式，可以更换当前幻灯片的版式。

3. 在幻灯片视图下，单击"开始"功能选项卡中的"新建幻灯片"按钮，将（　　）。

　　A．在当前幻灯片之前插入一张新幻灯片

　　B．在当前幻灯片之后插入一张新幻灯片

　　C．可能在当前幻灯片之后或之前插入一张新幻灯片

　　D．覆盖当前幻灯片

答案：B

解析：单击"开始"功能选项卡中的"新建幻灯片"按钮后，会在当前幻灯片之后插入一张新幻灯片。

4. 在 PowerPoint 2013 中，如果希望在演示过程中终止幻灯片的放映，则可随时按（　　）键。

　　A．Esc　　　　　　B．Alt＋F4　　　　　　C．Ctrl＋C　　　　　　D．Delete

答案：A

解析：在播放幻灯片的过程中，按 Esc 键可以随时终止幻灯片的放映。

5. 如果一组幻灯片中的几张暂时不想让观众看见，最好使用（　　）方法。

　　A．删除这些幻灯片

　　B．自定义放映方式时，取消这些幻灯片

C. 新建一组不含这些幻灯片的演示文稿

D. 隐藏这些幻灯片

答案：D

解析：对于制作好的演示文稿，如果希望其中的部分幻灯片在放映时不显示出来，可以选中不想播放的幻灯片，单击"幻灯片放映"功能选项卡中的"隐藏幻灯片"按钮，将其隐藏即可。

6. 在 PowerPoint 中如果希望幻灯片能够按照预设时间自动播放，应设置（ ）。

A. 排练计时　　　　B. 自定义放映　　　C. 动作设置　　　D. 观看方式

答案：A

解析：在 PowerPoint 2013 中，使用排练计时可以在全屏的方式下放映幻灯片，将每张幻灯片播放所用的时间记录下来，在播放幻灯片时就能够按照预设时间自动播放。

7. PowerPoint 的（ ）功能可以解决在没有安装 PowerPoint 的计算机上播放制作好的幻灯片。

A. 打包　　　　　B. 排练计时　　　C. 自定义动画　　　D. 自定义放映

答案：A

解析：将 PPT 打包能解决运行环境的限制和文件损坏或无法调用的不可预料的问题，比如，打包文件能在没有安装 PowerPoint、Flash 等环境下运行等。

8. 关闭 PowerPoint 2013 的方法是按（ ）键。

A. Alt＋F4 组合　　B. Ctrl＋F4 组合　　C. Esc　　　　D. End

答案：A

解析：按 Alt＋F4 组合键可以退出 PowerPoint。

二、简答题

1. 如何调整演示文稿的主题？

答案：在"设计"功能选项卡的"主题"组中单击常用主题右侧的下拉按钮，在弹出的下拉列表中根据需要选择一种主题即可。

2. 如何添加组织结构图？

（1）选择要添加组织结构图的幻灯片。

（2）单击"插入"功能选项卡中的 SmartArt 按钮，在弹出的"选择 SmartArt 图形"对话框中选择"组织结构图"，然后单击"确定"按钮。

3. 如何在幻灯片中插入艺术字？

答案：

（1）选择要插入艺术字的幻灯片。

（2）在"插入"功能选项卡的"文本"组中单击"艺术字"按钮。

（3）单击任一艺术字样式，然后输入艺术字文本即可。

4. PowerPoint 2013 设置了哪些幻灯片切换效果？如何进行切换效果的设置？

答案：PowerPoint 2013 设置了"细微型""华丽型"以及"动态内容"3 种切换效果。

设置方法：选择要应用切换效果的幻灯片，在"切换"功能选项卡的"切换到此幻灯片"组中单击要应用于该幻灯片的幻灯片切换效果。

5. PowerPoint 2013 如何进行自定义动画的设置？

答案：PowerPoint 2013 中有以下 4 种自定义动画效果。

（1）"进入"效果。在"动画"功能选项卡的"添加动画"中选择"进入"或"更多进入效果"，自定义动画对象的出现形式，比如可以使对象逐渐淡入焦点、从边缘飞入幻灯片或者跳入视图中等。

（2）"强调"效果。在"动画"功能选项卡的"添加动画"中选择"强调"或"更多强调效果"，这些效果的示例包括使对象缩小或放大、更改颜色或沿着其中心旋转等。

（3）"退出"效果。在"动画"功能选项卡的"添加动画"中选择"退出"或"更多退出效果"，自定义对象退出时所表现的动画形式，如让对象飞出幻灯片、从视图中消失或者从幻灯片旋出等。

（4）"动作路径"效果。在"动画"功能选项卡的"添加动画"中选择"动作路径"或"其他动作路径"，这一动画效果是根据形状或者直线、曲线的路径来展示对象游走的路径，使用这些效果可以使对象上下移动、左右移动，或者沿着星形或圆形图案移动。

第五部分　综　合　任　务

任务 8.1　毕业论文答辩模板

【任务目的】

通过毕业论文答辩模板演示文稿的制作，掌握演示文稿的设计方法与制作过程。

【任务要求】

了解毕业答辩的流程，熟悉论文答辩的主要内容，会利用 PPT 中的表格、SmartArt 图形、文本框等对象制作幻灯片。

【任务分析】

本任务主要考查各种对象的运用以及在制作演示文稿时内容的安排与布局。能够突出主要内容，结构清晰，可以通过多媒体素材的运用提升演示文稿的视觉冲击力。

【步骤提示】

（1）搜集素材，包括文字素材、图像素材和学校 LOGO 素材。

（2）制作答辩模板封面，结果如图 8-41 所示。

① 打开 Microsoft PowerPoint 2013，新建空白演示文稿。在"开始"功能选项卡的

图 8-41 答辩模板封面

"幻灯片"组中单击"版式"下三角按钮,选择空白版式。

② 在"设计"功能选项卡的"自定义"组中单击"设置背景格式"按钮,打开设置背景格式窗格。选中"填充""图片或纹理填充"后,单击"纹理"后的纹理选择按钮 纹理(U) ，打开纹理列表。这里选择"羊皮纸"纹理做背景。

③ 在"插入"功能选项卡的"图像"组中单击"图片"按钮,打开"插入图片"对话框,选择学校 LOGO 的存放路径,插入学校 LOGO,移动位置到页面左上角,如图 8-41 所示。

④ 在"插入"功能选项卡的"插图"组中单击 SmartArt 按钮,打开"选择 SmartArt 图形"对话框。选中列表类型下的"交替图片块",单击"确定"按钮,调整插入图形的大小和位置。

⑤ 选中插入的 SmartArt 图形,在"SmartArt 工具"的"设计"功能选项卡的"重置"组中单击"转换"选项的下三角按钮,选择"转换为形状"。

⑥ 选中该对象,右击,在右键菜单中选择"设置形状格式",打开设置形状格式窗格。

⑦ 在设置形状格式窗格中选中"填充"中的"图片或纹理填充"后,单击"插入图片来自""文件…"按钮,选择预先准备好的图片。

⑧ 在"插入"功能选项卡的"文本"组中单击"文本框"选项的下三角按钮,插入横排文本框。

⑨ 在幻灯片右侧拖出文本框,输入文字"毕业论文答辩",字体为微软雅黑,字号为40,加粗。调整文本框的位置。

⑩ 在"插入"功能选项卡的"表格"组中单击"表格"选项的下三角按钮,选择"插入表格…",在弹出的"插入表格"对话框中设置列数为2,行数为3。

⑪ 选中表格对象,在"表格工具"→"布局"功能选项卡的"单元格大小"组中设置表格行高为2厘米,表格列宽为6厘米,调整表格的位置。

⑫ 在表格第一列中输入"答辩学生:""指导老师:""答辩时间:",设置字体为微软雅黑,字号为18号,字体颜色为"黑色,文字1",加粗。

⑬ 选中表格对象,在"表格工具"→"设计"功能选项卡的"表格样式"组中选择"无样式,无网格"选项。

(3)利用 SmartArt 图形、文本框等对象制作答辩模板目录与内页,结果如图 8-42 所示。

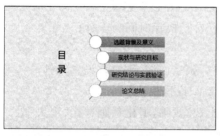
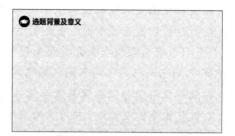
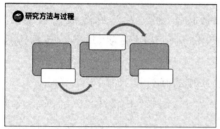

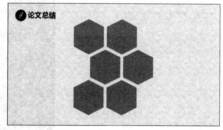

图 8-42　答辩模板目录与内页

任务8.2　倒计时动画

【任务目的】

通过倒计时动画的制作,掌握演示文稿的切换动画与对象动画的设置。

【任务要求】

制作一个倒计时的片头。

【任务分析】

本任务主要考查对切换动画与对象动画的应用,这两种方式都可以实现倒计时的效果。

【步骤提示】

(1) 使用切换动画制作倒计时动画效果。

① 打开 Microsoft PowerPoint 2013,新建三张空白演示文稿,设置背景。

② 在演示文稿上分别放置艺术字样式数字 3、2、1,设置格式。

③ 在"切换"功能选项卡对三张幻灯片设置自动换片时间为 1 秒。

(2) 使用对象动画制作倒计时动画效果。

① 打开 Microsoft PowerPoint 2013,新建一张空白演示文稿,设置背景。

② 在演示文稿上分别放置艺术字样式数字 3,设置格式。

③ 对该艺术字定义动画,进入动画选择"出现"效果,退出动画选择"消失"效果,设置退出动画计时选项"与上一动画同时,延迟 1 秒"。

④ 按 Ctrl+D 组合键复制艺术字对象,修改内容为数字 2,修改该艺术字的进入动画,计时选项"与上一动画同时,延迟 1 秒"。退出动画,计时选项"与上一动画之后,延迟 1 秒"。

⑤ 重复上一步骤,设置艺术字样式数字 1 及其动画效果,如图 8-43 所示。

⑥ 同时选中三个艺术字,设置对齐方式为"左右对齐""上下对齐",如图 8-44 所示。

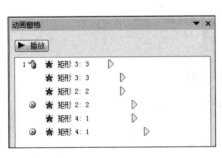

图 8-43　自定义动画的设置

图 8-44　艺术字位置

第六部分　考　证　辅　导

一、全国计算机等级考试考证辅导

1. 考试要求

(1) 一级考试

一级考试的基本要求:了解多媒体演示软件的基本知识,掌握演示文稿制作软件 PowerPoint 的基本操作和应用。

一级考试的考试内容。

① 中文 PowerPoint 的功能、运行环境、启动和退出。

② 演示文稿的创建、打开、关闭和保存。

③ 演示文稿视图的使用,幻灯片的基本操作(版式、插入、移动、复制和删除)。

④ 幻灯片的基本制作(文本、图片、艺术字、形状、表格等内容的插入及其格式化)。

⑤ 演示文稿的主题选用与幻灯片背景的设置。

⑥ 演示文稿的放映设计(动画设计、放映方式、切换效果)。

⑦ 演示文稿的打包和打印。

(2) 二级考试

二级考试的基本要求:掌握 PowerPoint 的操作技能,并熟练应用以制作演示文稿。

二级考试的考试内容。

① PowerPoint 的基本功能和基本操作,演示文稿的视图模式和使用。

② 演示文稿中幻灯片的主题设置、背景设置、母版制作。

③ 幻灯片中文本、图形、SmartArt、图像(片)、图表、音频、视频、艺术字等对象的编辑和应用。

④ 幻灯片中对象动画、幻灯片切换效果、链接操作等交互设置。

⑤ 幻灯片放映设置,演示文稿的打包和输出。

⑥ 分析图文素材,根据需求提取相关信息并引用到 PowerPoint 文档中。

2. 模拟练习

(1) 将所给素材(见图 8-45)按照下列要求完成对此文稿的修饰并保存。

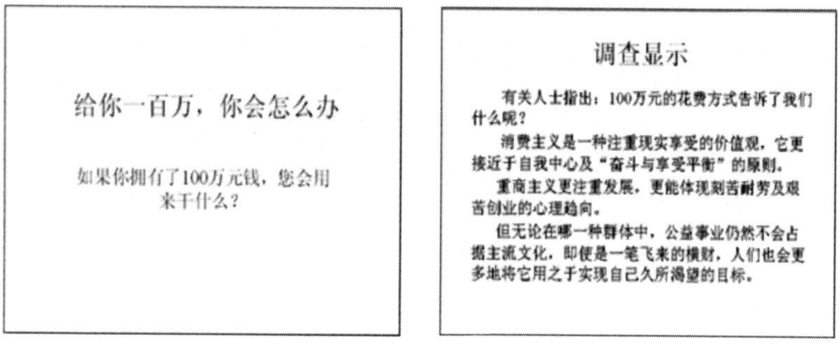

图 8-45　素材

① 第一张幻灯片副标题的动画效果设置为"切入"和"自左侧";将第二张幻灯片版式改变为"垂直排列标题与文本";在演示文稿的最后插入一张版式设置为"仅标题"幻灯片,输入"细说生活得失"。

② 使用演示文稿设计中的"透视"模板来修饰全文。全部幻灯片的切换效果设置成"切换"。

(2) 文慧是新东方学校的人力资源培训讲师,负责对新入职的教师进行入职培训,其 PowerPoint 演示文稿的制作水平广受好评。最近,她应北京节水展馆的邀请,为展馆制作一份宣传水知识及节水工作重要性的演示文稿。

制作要求如下。

① 标题页包含演示主题、制作单位(北京节水展馆)和日期(××××年××月××日)。

② 演示文稿应指定一个主题,幻灯片不少于 5 页,且版式不少于 3 种。

③ 演示文稿中除文字外要有 2 张以上的图片,并有 2 个以上的超链接进行幻灯片之间的跳转。

④ 动画效果要丰富,幻灯片切换效果要多样。

⑤ 演示文稿播放的全称需要有背景音乐。

⑥ 将制作完成的演示文稿以"水资源利用与节水.pptx"为文件名进行保存。

二、全国计算机信息高新技术考试考证辅导

此部分内容在全国计算机信息高新技术考试中不涉及。

参 考 文 献

［1］黄林国.计算机应用基础项目化教程[M].北京：清华大学出版社，2013.

［2］万雅静.计算机文化基础(Windows 7＋Office 2010)[M].北京：机械工业出版社，2016.

［3］邵燕，邢茹.计算机文化基础[M].北京：清华大学出版社，2013.

［4］郭艳华.计算机基础与应用案例教程[M].北京：科学出版社，2013.

［5］张静.办公应用项目化教程[M].北京：清华大学出版社，2012.

［6］张晓景.计算机应用基础——Windows 7＋Office 2010 中文版[M].北京：清华大学出版社，2011.

［7］冷淑君.计算机应用基础(项目式教程)[M].北京：科学出版社，2011.

［8］陆思辰，李政，等.Excel 2010 高级应用案例教程[M].北京：清华大学出版社，2016.